Annales 2019

SUJETS & CORRIGÉS

Mathématiques

Term S

Spécifique & Spécialité

Chrisitan Lixi
Professeur agrégé

Nathan

PRÉSENTATION

Ces *Annales ABC du BAC* ont été conçues pour vous aider à préparer efficacement l'épreuve de Mathématiques **du Bac 2019** de la **série S**. Vous y trouverez les sujets du **Bac 2018** (celui de France métropolitaine, mais aussi ceux des centres étrangers sur lesquels ont travaillé les élèves de lycées français résidant à l'étranger) ainsi que les sujets des sessions antérieures.

12 sujets complets de Bac

- Les sujets complets du **Bac 2018**, celui de France métropolitaine, mais aussi les sujets des centres étrangers sur lesquels ont travaillé les élèves de lycées français.
- Les **sujets les plus intéressants** des sessions précédentes du Bac.

3 sujets de concours

- Le sujet du Concours général de Mathématiques 2018, ainsi que trois sujets de concours d'écoles d'ingénieur de mai 2018.

131 exercices classés par thèmes

- Une sélection d'exercices et de problèmes de Bac des années antérieures.
- Ces exercices ont parfois été modifiés pour être conformes au programme et sont classés par thèmes, pour permettre un entraînement efficace tout au long de l'année.

Et en plus, des compléments indispensables et pratiques

- **L'Infos-Bac** : un dossier complet pour bien aborder la nouvelle épreuve à l'écrit et à l'oral de rattrapage.
- Au début de chaque sujet complet, un encadré précise les notions abordées dans les différents exercices.
- Un barème indicatif de correction et le temps imparti pour chaque exercice vous aideront à évaluer votre travail.

Couverture : Élise Launay
Coordination éditoriale : Marion Gautier - Quentin Le Quéau
Édition : Régine Delay **Fabrication** : Camille Friquet
Mise en page : Desk **Conception graphique intérieur** : Julie Lannes

Nathan 2018 - 25, avenue de Coubertin - 75013 Paris - ISBN 978-2-09-157341-0

SOMMAIRE

Ce symbole indique que le sujet n° X est corrigé dans les Annales ABC DU BAC 2018 Mathématiques S (spécifique et spécialité) n° 5.

INFOS-BAC

LES SUJETS COMPLETS DU BAC

À refaire | Réussi

LES SUJETS DE CONCOURS

LES EXERCICES CLASSÉS PAR THÈMES

Tableau des sujets classés par thèmes

Thèmes		Numéro du sujet et nature
Suites		**2** E_4 (spécifique) **2** E_4 (spécialité) **3** E_4 (spécifique) **3** E_4 (spécialité) **4** E_3 **5** E_5 (spécifique) **5** E_5 (spécialité) **7** E_1 **8** E_1 **9** E_1 **10** E_5 (spécifique) **12** E_5 (spécifique) **12** E_5 (spécialité)
Fonctions	Dérivées	**7** E_1
	Fonction rationnelle	**3** E_3
	Fonction trigonométrique	**3** E_3
	Fonction exponentielle	**1** E_1 **4** E_1 **7** E_1 **9** E_1 **10** E_3 **12** E_3
	Fonction logarithme	**2** E_2 **2** E_4 **4** E_2 **5** E_4 **10** E_1 **11** E_3 **12** E_2
	Intégration	**2** E_1 **4** E_1 **5** E_4 **7** E_1 **8** E_1 **9** E_1 **10** E_1 **11** E_3 **12** E_3
	Lectures graphiques	
Nombres complexes		**1** E_4 (spécifique) **4** E_2 **5** E_2 **7** E_2 **8** E_4 (spécifique) **9** E_2 **10** E_4 **11** E_2 **12** E_4
Géométrie dans l'espace		**1** E_3 **2** E_3 **3** E_2 **4** E_4 (spécifique) **5** E_3 **7** E_4 (spécifique) **8** E_3 **9** E_4 (spécifique) **9** E_4 (spécialité) **10** E_2 **11** E_4 (spécifique)

Probabilités	Conditionnement et indépendance	**1** E_2 **3** E_1 **4** E_3 **5** E_5 (spécifique) **7** E_3 **8** E_2 **9** E_3 **10** E_2 **11** E_1 **12** E_1
	Variables aléatoires	**1** E_2 **4** E_2
	Loi à densité	**1** E_2 **2** E_1 **3** E_1 **4** E_2 **4** E_3 **5** E_1 **7** E_3 **8** E_2 **9** E_3 **10** E_3 **11** E_1 **12** E_1
	Intervalle de fluctuation et estimation	**3** E_1 **4** E_3 **7** E_3 **9** E_3 **10** E_3 **10** E_2
Arithmétique		**1** E_4 (spécialité) **4** E_4 (spécialité) **5** E_5 (spécialité) **7** E_4 (spécialité) **9** E_4 (spécialité) **10** E_5 (spécialité) **12** E_5 (spécialité)
Matrices		**1** E_4 (spécialité) **3** E_4 (spécialité) **5** E_5 (spécialité) **8** E_4 (spécialité) **10** E_5 (spécialité) **11** E_4 (spécialité) **12** E_5 (spécialité)
Graphes		**10** E_5 (spécialité)
QCM		
Tableur		**2** E_4 (spécialité)
Algorithmes		**1** E_1 **3** E_4 (spécifique) **3** E_4 (spécialité) **4** E_1 **5** E_5 (spécialité) **7** E_1 **8** E_4 (spécifique) **9** E_1 **10** E_5 (spécifique) **10** E_5 (spécialité) **12** E_5 (spécialité)
Codage		**4** E_4 (spécialité) **7** E_4 (spécialité)

Infos-Bac

L'épreuve en bref

Comment s'organise l'épreuve ?

- **Durée** : 4 heures
- **Coefficient** : 7 (coefficient 9 pour les candidats ayant choisi cette discipline comme enseignement de spécialité).
- **Nature de l'épreuve** : le sujet comporte trois à cinq exercices indépendants les uns des autres, notés chacun sur 3 à 10 points ; ils abordent une grande variété de domaines du programme de mathématiques de la série S.
- **Enseignement de spécialité** : un de ces exercices, noté sur 5 points, diffère du sujet proposé aux candidats n'ayant pas suivi l'enseignement de spécialité. Cet exercice peut porter sur la totalité du programme (enseignement spécifique et de spécialité). Le sujet portera clairement la mention « spécifique » ou « spécialité ».

Top chrono !

- Pour **déterminer le temps à passer sur chaque exercice**, il vous suffit de faire un calcul simple à partir des points attribués aux différents exercices. L'épreuve dure 4 heures, et vous aurez besoin de 30 minutes en fin d'épreuve, cela veut dire que vous disposez de **210 min pour acquérir 20 points.**
- Voici la durée à accorder à chaque exercice en fonction du nombre de points, si vous voulez vous laisser du temps pour la relecture :

– 3 points → $(210 \times 3)/20 = 30$ min environ

– 4 points → $(210 \times 4)/20 = 40$ min environ

– 5 points → $(210 \times 5)/20 = 50$ min environ

– 6 points → $(210 \times 6)/20 = 1$ h environ

– 7 points → $(210 \times 7)/20 = 1$ h 15 environ

– 8 points → $(210 \times 8)/20 = 1$ h 25 environ

- **Réservez 30 minutes pour vous relire**.

Comment assurer une bonne note à ma copie de Bac ?

Vous devez savoir :

- acquérir des connaissances et les organiser ;
- mobiliser des notions, des résultats et des méthodes utiles dans le cadre de la résolution d'exercices ;
- prendre des initiatives ;
- comprendre et construire un raisonnement ;
- mettre en forme un raisonnement mathématique, une démonstration.

La méthode pour l'écrit

Bien comprendre l'épreuve

Pour bien comprendre ce que l'on attend de vous le jour de l'épreuve, nous vous conseillons de lire le BO du 3 octobre 2011, qui définit la nature de l'épreuve, et qui est donné aux concepteurs des sujets.

Les connaissances requises

- L'épreuve aura **une ampleur et une difficulté modérées.**
- Le sujet doit aborder **une grande partie des connaissances du programme**. On peut vous demander :
  – la restitution organisée de connaissances (comme l'exposé d'une question citée en exemple dans le programme) ;
  – l'application directe de résultats ou de méthodes ;
  – l'étude d'une situation conduisant à choisir un modèle simple ;
  – la présentation ou l'exploitation des données ou une information ;
  – la formulation d'un raisonnement.
- Les notions du **programme de première**, mais non approfondies en terminale, doivent être connues et mobilisables. Elles ne peuvent cependant constituer un ressort essentiel du sujet.

Conseil
Révisez les notions de première que votre professeur n'a pas revues en terminale.

- Certains exercices peuvent faire référence à **d'autres disciplines de la série considérée**, mais les connaissances spécifiques requises doivent être fournies dans l'énoncé.
- Vous devez savoir « **construire un raisonnement et démontrer** », cela signifie que, par exemple, lors de l'utilisation d'un théorème, il faudra vérifier si les hypothèses présentes dans le théorème se retrouvent dans le cadre de la question.

Par exemple : on peut vous demander de chercher la probabilité de l'événement B sachant que l'événement A est réalisé ; connaître la relation qui permet de calculer $p_A(B)$ est indispensable, mais savoir que cette relation ne peut être utilisée que si $p(A) \neq 0$ est tout aussi indispensable, car c'est cela une démarche scientifique. Il faudra donc, dans votre réponse, commencer par calculer $p(A)$ et dire que puisque $p(A) \neq 0$, on peut calculer $p_A(B)$.

• On peut vous demander de **rédiger une démonstration du cours** qui figure dans le programme officiel. Faites la liste de ces démonstrations et apprenez-les bien !

• **La forme des questions** ne doit pas être source de difficultés supplémentaires. Si des questionnaires à choix multiple (QCM) sont proposés, les modalités de notation doivent en être précisées.

• Des exercices avec prise d'initiative pourront être posés (la question ne comportera ni éléments d'aide à la démonstration, ni éléments de réponse).

Conseil
Si le sujet comporte un QCM, mieux vaut ne pas répondre que de « répondre au hasard »... Les réponses fausses peuvent être pénalisées !

L'usage de la calculatrice

• **Les calculatrices sont autorisées**, sauf mention contraire en tête du sujet. Ce sont les responsables de l'élaboration des sujets qui le décident. Ce point doit être précisé en tête des sujets.

• En revanche, **on ne vous fournit plus de formulaire**, le travail de mémorisation des principales formules du programme est donc indispensable (formules de dérivation, de calculs de primitives, de probabilités, sur les suites...). En conséquence, tout au long de l'année lorsque vous cherchez des exercices, ne gardez jamais à côté de vous formulaires, fiches, manuels. La démarche d'aller chercher une formule vous alerte sur votre connaissance du cours, prenez alors le temps de réapprendre les formules, refermez le cahier ou le livre et reprenez la recherche de vos exercices. Si vous travaillez avec des « pense-bêtes » à côté de vous, vous n'aurez pas ces alertes et vous pourrez croire que vous savez votre cours.

• Si vous êtes amené à utiliser une calculatrice, il vous sera demandé de situer ce qui apparaît à l'affichage dans le contexte de la question posée et de **rédiger une réponse distincte de la simple copie d'écran**.

• Si votre calculatrice calcule une dérivée demandée, ne tentez pas de faire croire au correcteur que vous avez trouvé le résultat sans faire de calculs intermédiaires, il ne sera pas dupe.

• Attention, **votre calculatrice peut vous induire en erreur**, la précision des écrans n'est pas toujours suffisante, les calculs ne sont pas toujours bien simplifiés.

• Les sujets éviteront de valoriser les questions dont la résolution peut n'exiger que la manipulation des touches d'une **calculatrice évoluée** (représentation graphique d'une fonction, recherche formelle d'une primitive, etc.).

Conseil
Mieux vaut une calculatrice que vous maîtrisez qu'une calculatrice très élaborée dont vous découvrez le fonctionnement le jour de l'épreuve !

Le matériel à apporter

- **Préparez vos affaires à l'avance...** Vous rendre compte que votre pièce d'identité n'est plus valide ou que vous n'avez plus de piles dans votre calculatrice la veille de l'examen risque de vous stresser inutilement...
- **N'oubliez pas :**
  - Votre **convocation.**
  - Une **pièce d'identité** (attention ! tout document avec votre photo n'est pas une pièce d'identité : carte d'identité, permis de séjour, carte de résident, passeport, permis de conduire).
  - Votre **stylo** et des **cartouches compatibles** avec celui-ci. N'hésitez pas à avoir plusieurs instruments d'écriture, le stylo bille rouge étant interdit bien sûr. Si vous écrivez en bleu, encadrez en noir et réciproquement.
  - Une **règle** suffisamment longue (30 cm), un compas (contrôlez-le en faisant un cercle quelques jours avant, la veille à 10 h du soir il sera peut-être difficile d'en trouver un), une gomme.
  - Une **calculatrice** avec des **piles neuves**. Vous n'avez pas le droit d'avoir deux calculatrices en même temps sur votre table, mais, si vous en avez deux, vous pouvez demander au surveillant de prendre celle qui est restée dans votre cartable. Ne faites rien sans demander l'autorisation au surveillant de la salle. Ne prenez que des calculatrices que vous maîtrisez, cela ne sert à rien d'emprunter une calculatrice performante, mais que vous ne maîtrisez pas.

Que faire si...

- **Vous avez perdu votre pièce d'identité** : faites votre déclaration de perte au commissariat qui vous délivrera un document que vous présenterez avec la convocation.
- **Vous n'avez pas reçu votre convocation** : si vous ne l'avez pas reçue une semaine avant l'épreuve, signalez-le auprès de votre établissement.

Le jour J

L'entrée dans la salle

Après être entré dans la salle, le surveillant vous demandera de garder sur votre table le strict nécessaire, tout le reste sera déposé le long du mur. Ce strict nécessaire comporte les outils d'écriture, les outils de dessin, une gomme, une calculatrice, votre convocation et une pièce d'identité.

La distribution du sujet

- Lisez le **texte en entier.**
- Relevez les **points attribués aux différents exercices,** déterminez alors le temps à passer sur chaque exercice et écrivez ce temps dans la marge.

• **Choisissez le premier exercice à résoudre.** Le mieux est de choisir un exercice que l'on sait savoir traiter parce que l'on a déjà réussi un exercice similaire. Réussir le premier exercice rapidement met en confiance et donne des forces pour les questions plus difficiles.

Au brouillon

• L'énoncé d'un exercice d'une épreuve de mathématiques au baccalauréat a été conçu par un professeur qui voulait vérifier si une démarche du programme a été comprise des candidats. **Essayez de comprendre cette démarche.**

• Le choix de numéroter trois questions successives 1.2.3. ou 1.a.1.b.2. ou 1.a. 1.b. 1.c. indique trois démarches différentes ; lorsque plusieurs questions sont à l'intérieur d'une même question cela indique la plupart du temps que l'on est dans une même démarche, au contraire changer de question par exemple 1.b. 2. indique que l'on va tester un nouveau point de vue. Faites l'expérience tout au long de l'année d'essayer de découvrir « la pensée de l'auteur ».

• Si le concepteur a écrit « en déduire », ne cherchez pas ailleurs que dans la question précédente.

• **Notez l'heure du début** de votre recherche et le temps que vous disposez pour cet exercice.

• **Notez l'heure finale.**

Conseil

Si vous « butez » sur une question, n'y passez pas trop de temps, admettez le résultat et cherchez les questions suivantes.

• **Relisez complètement de nouveau l'exercice** pour bien le mémoriser, car lorsque vous chercherez une question, il se trouve parfois des indications dans les questions suivantes.

Comment gagner des points ?

• **Si vous n'avez pas fini un exercice**, indiquez sur votre copie votre démarche, même si celle-ci n'a pas abouti. Mais n'essayez pas de faire croire au correcteur que vous avez fait la démonstration !

• Soignez la **rédaction**, la **clarté** et la **précision** des raisonnements, la cohérence globale de vos réponses.

• N'hésitez pas à **recourir à des tableaux et graphiques** pour soutenir une argumentation ou présenter des résultats, dès lors que vous en précisez clairement la signification.

Sur votre copie

• **Recopiez régulièrement au propre** en refaisant les calculs, surtout si vous ne trouvez pas un résultat donné dans le texte. En recopiant et en détaillant bien votre démarche, vous allez trouver votre erreur. N'oubliez pas que la rigueur de votre raisonnement est la garantie que votre démarche vous mène au « succès ».

- **Respectez la numérotation des questions** et faites-la apparaître très clairement.
- **Séparez les questions** par deux lignes blanches, encadrez les résultats et, si vous ne traitez pas une question, mettez le numéro et laissez deux lignes blanches.
- Inutile de vouloir faire croire au correcteur que vous avez démontré une question en recopiant la réponse qui est dans l'énoncé, la **malhonnêteté peut vous coûter très cher...**
- **N'oubliez pas de tracer les traits dans les tableaux de variation**, la première ligne du tableau comporte les valeurs qui interviennent réellement, répartissez les différentes valeurs de manière équidistante, il est donc nécessaire d'en avoir fait la liste au préalable, respectez le code classique d'une double barre si la fonction n'est pas définie au point considéré.
- **Contrôlez le temps** qui vous reste et, si vous dépassez le temps imparti, prenez un nouvel intercalaire pour un nouvel exercice, le correcteur peut apprécier de ne pas avoir plusieurs exercices sur une même copie.

Conseil

Énoncez complètement les théorèmes avant leur utilisation. Contrôlez que les hypothèses du théorème sont bien vérifiées dans le cadre de la question. L'un des mots les plus difficiles à employer dans une copie est « donc » !

Comment bien présenter votre copie ?

- **Soignez votre écriture** : certaines lettres, mal formées, peuvent se confondre, par exemple x et n, un Z et un 2, un $\mathfrak{z}$ et un 3. Apprenez à bien dessiner des accolades, le symbole $\int$, le symbole ∞, les quelques lettres grecques courantes : α, β, γ, δ, ρ, σ, Δ. Attention aux indices et aux exposants, veillez à bien les placer. Respectez les notations du texte même si ce ne sont pas celles que vous utilisez habituellement.
- **N'utilisez pas les symboles de mathématiques** comme une abréviation au milieu d'une phrase.
- **Tout calcul doit être suivi d'une conclusion** sous forme d'une phrase, une copie de mathématiques n'est pas qu'une suite de calculs.

La relecture

Prenez la dernière demi-heure pour relire votre copie, encadrer les résultats que vous auriez oubliés, corriger les fautes d'orthographe, contrôler la numérotation des questions puis numérotez vos pages et comptez les annexes à rendre.

La méthode pour l'oral de rattrapage

Quelles matières choisir ?

• **Vous avez entre 8 et 10 de moyenne** : les oraux de rattrapage sont pour vous. Pas de panique : s'ils vous ont offert cette chance, c'est avant tout parce que les examinateurs estiment que vous n'aurez pas besoin d'une année supplémentaire pour décrocher votre diplôme...

• Vous ne pourrez rattraper que **deux matières**. Autant bien les choisir pour gagner un maximum de points ! Repasser la matière dans laquelle vous excellez n'est pas un bon calcul. Au contraire, choisissez les matières qui ont le plus fort coefficient, et dans lesquelles vous avez obtenu de mauvaises notes.

Définition de l'épreuve

• **Durée** : 20 minutes

• **Temps de préparation** : 20 minutes

• **Coefficient** : 7 ou 9 pour les candidats ayant choisi cette discipline comme enseignement de spécialité.

• **L'épreuve** consiste en une interrogation du candidat, visant à apprécier sa maîtrise des connaissances de base. Pour préparer l'entretien, l'examinateur propose au moins **deux questions** au candidat, portant sur des parties différentes du programme.

→ Si vous avez choisi la **spécialité Mathématiques** : une question abordera le programme de spécialité, les autres abordant exclusivement le programme de l'enseignement obligatoire. Il est donc très important de revoir autant le programme d'enseignement spécifique que celui de spécialité.

→ Si vous avez choisi une **autre spécialité** : les questions aborderont exclusivement le programme de l'enseignement spécifique.

Conseil

Commencez à réviser dès la fin des épreuves écrites, sans attendre de connaître vos notes : il ne s'écoule que deux à dix jours entre les résultats et les épreuves orales...

À savoir

• **Les sujets** sont souvent des extraits d'exercices de baccalauréat des années antérieures.

• **Les conditions matérielles** (en particulier la présence d'un tableau), les énoncés des questions posées, seront adaptés aux modalités orales de cette épreuve.

• L'usage des **calculatrices** électroniques est autorisé, dans le cadre de la réglementation en vigueur. L'examinateur pourra fournir avec les questions certaines formules jugées nécessaires.

Temps de préparation 20 min

- Vous tirerez un sujet au hasard, ne croyez pas que passer en premier vous donne plus de chance de ne pas tomber sur le sujet qui vous dérange, la probabilité est la même pour le dernier à qui il ne reste qu'un seul sujet (cela pourrait être votre sujet de probabilité).
- Vous disposez d'un temps de préparation de vingt minutes et vous pouvez, au cours de l'entretien, vous appuyer sur les notes prises pendant la préparation.
- Ne traitez pas un exercice complètement comme si c'était un écrit en ne travaillant pas l'autre exercice. Vous devez aborder les deux exercices, faites les calculs qui vous semblent difficiles.

Conseils pour l'entretien 20 min

- L'examinateur veillera à faciliter l'expression du candidat et à lui permettre de mettre en avant ses connaissances.
- Lorsque vous serez devant votre interrogateur, il vous demandera peut-être d'exposer au tableau. PARLEZ, ce n'est pas un écrit, parlez distinctement et soyez poli, si l'on vous demande de répéter ce que vous venez de dire, faites-le.

Conseil

Préparez cette épreuve pendant l'année en passant au tableau lorsque votre professeur vous en donne l'opportunité.

Les sujets

Sujet 1 France métropolitaine – La Réunion, juin 2018

4 heures

LISTE DES NOTIONS

Exercice 1
- Fonction exponentielle
- Équation
- Tableau de variation
- Algorithme

Exercice 2
- Probabilité
- Arbre de probabilité
- Loi binomiale
- Loi normale

Exercice 3
- Géométrie dans l'espace
- Cube
- Tétraèdre
- Tétraèdre orthocentrique

Exercice 4 (S spécifique)
- Nombre complexe
- Application géométrique

Exercice 4 (S spécialité)
- Arithmétique
- Équation
- Matrice
- Suite

Exercice 1 1 h 10 6 pts

Dans cet exercice, on munit le plan d'un repère orthonormé.

On a représenté ci-dessous la courbe d'équation :

$$y = \frac{1}{2}\left(e^x + e^{-x} - 2\right).$$

Cette courbe est appelée une « chaînette ».

On s'intéresse ici aux « arcs de chaînette » délimités par deux points de cette courbe symétriques par rapport à l'axe des ordonnées.

Un tel arc est représenté sur le graphique ci-dessous en trait plein.

On définit la « largeur » et la « hauteur » de l'arc de chaînette délimité par les points M et M′ comme indiqué sur le graphique.

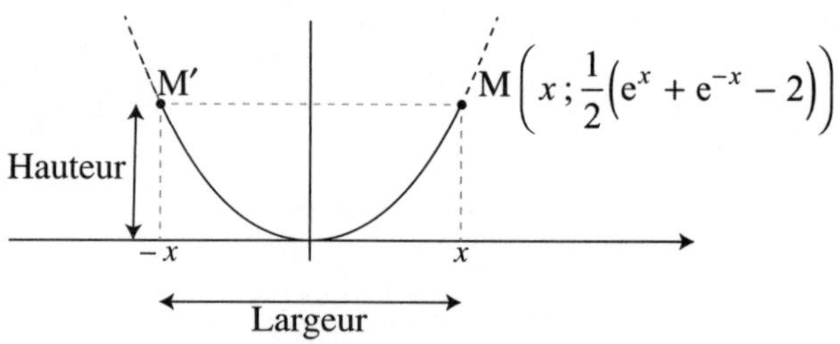

Le but de l'exercice est d'étudier les positions possibles sur la courbe du point M d'abscisse x strictement positive afin que la largeur de l'arc de chaînette soit égale à sa hauteur.

1 Justifier que le problème étudié se ramène à la recherche des solutions strictement positives de l'équation (E) :

$$e^x + e^{-x} - 4x - 2 = 0.$$ **0,5 pt**

2 On note f la fonction définie sur l'intervalle $[0\,;+\infty[$ par :

$$f(x) = e^x + e^{-x} - 4x - 2.$$

a. Vérifier que pour tout $x > 0$:

$$f(x) = x\left(\frac{e^x}{x} - 4\right) + e^{-x} - 2.$$ **0,5 pt**

b. Déterminer $\lim\limits_{x \to +\infty} f(x)$. **0,5 pt**

3 **a.** On note f' la fonction dérivée de la fonction f. Calculer $f'(x)$, où x appartient à l'intervalle $[0\,;+\infty[$. **0,5 pt**

b. Montrer que l'équation $f'(x) = 0$ équivaut à l'équation :

$$\left(e^x\right)^2 - 4e^x - 1 = 0.$$ **0,5 pt**

c. En posant $X = e^x$, montrer que l'équation $f'(x) = 0$ admet pour unique solution réelle le nombre $\ln\left(2+\sqrt{5}\right)$. **0,5 pt**

4 On donne ci-dessous le tableau de signes de la fonction dérivée f' de f :

x	0		$\ln\left(2+\sqrt{5}\right)$		$+\infty$
$f'(x)$		$-$	0	$+$	

a. Dresser le tableau de variation de la fonction f. **0,5 pt**

b. Démontrer que l'équation $f(x) = 0$ admet une unique solution strictement positive que l'on notera α. **0,5 pt**

5 On considère l'algorithme suivant où les variables a, b et m sont des nombres réels :

```
Tant que b – a > 0,1 faire :
Pour i allant de 1 à n
    m ← (a + b)/2
```


SUJETS DE BAC

```
    Si e^m + e^-m − 4m − 2 > 0, alors :
        b ← m
    Sinon :
        a ← m
    Fin Si
Fin Tant que
```

a. Avant l'exécution de cet algorithme, les variables a et b contiennent respectivement les valeurs 2 et 3.
Que contiennent-elles à la fin de l'exécution de l'algorithme ?
On justifiera la réponse en reproduisant et en complétant le tableau ci-dessous avec les différentes valeurs prises par les variables, à chaque étape de l'algorithme. **0,5 pt**

m	a	b	$b-a$
	2	3	1
2,5			
…	…	…	…

b. Comment peut-on utiliser les valeurs obtenues en fin d'algorithme à la question précédente ? **0,5 pt**

6 La *Gateway Arch*, édifiée dans la ville de Saint-Louis aux États-Unis, a l'allure ci-dessous.

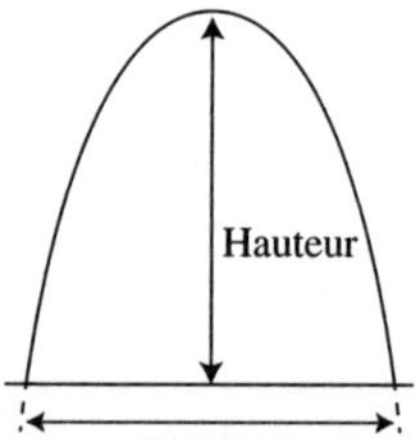

Son profil peut-être approché par un arc de chaînette renversé dont la largeur est égale à la hauteur.
La largeur de cet arc, exprimée en mètre, est égale au double de la solution strictement positive de l'équation :

$$(\text{E}') : \; e^{\frac{t}{39}} + e^{-\frac{t}{39}} - 4\frac{t}{39} - 2 = 0.$$

Donner un encadrement de la hauteur de la *Gateway Arch*. **1 pt**

Exercice 2 50 min **4 pts**

Les ***partie A*** *et* ***B*** *de cet exercice sont indépendantes.*

Le virus de la grippe atteint chaque année, en période hivernale, une partie de la population d'une ville.

La vaccination contre la grippe est possible ; elle doit être renouvelée chaque année.

Partie A

L'efficacité du vaccin contre la grippe peut être diminuée en fonction des caractéristiques individuelles des personnes vaccinées, ou en raison du vaccin, qui n'est pas toujours totalement adapté aux souches du virus qui circulent. Il est donc possible de contracter la grippe tout en étant vacciné.

Une étude menée dans la population de la ville à l'issue de la période hivernale a permis de constater que :

- 40 % de la population est vaccinée ;
- 8 % des personnes vaccinées ont contracté la grippe ;
- 20 % de la population a contracté la grippe.

On choisit une personne au hasard dans la population de la ville et on considère les événements :

V « la personne est vaccinée contre la grippe » ;

G « la personne a contracté la grippe ».

1 a. Donner la probabilité de l'événement G. **0,5 pt**

b. Reproduire l'arbre pondéré ci-dessous et compléter les pointillés indiqués sur quatre de ses branches.

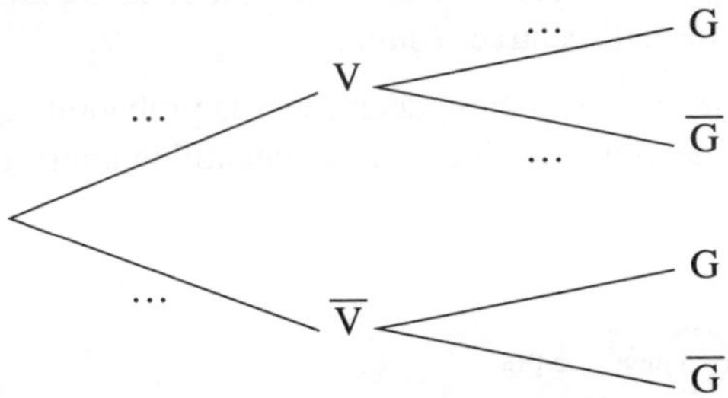

0,5 pt

2 Déterminer la probabilité que la personne choisie ait contracté la grippe et soit vaccinée. **0,5 pt**

3 La personne choisie n'est pas vaccinée. Montrer que la probabilité qu'elle ait contracté la grippe est égale à 0,28. **0,5 pt**

Partie B

Dans cette partie, les probabilités demandées seront données à 10^{-3} près.

Un laboratoire pharmaceutique mène une étude sur la vaccination contre la grippe dans cette ville.

Après la période hivernale, on interroge au hasard n habitants de la ville, en admettant que ce choix se ramène à n tirages successifs indépendants et avec remise. On suppose que la probabilité qu'une personne choisie au hasard dans la ville soit vaccinée contre la grippe est égale à 0,4.

On note X la variable aléatoire égale au nombre de personnes vaccinées parmi les n interrogées.

1 Quelle est la loi de probabilité suivie par la variable aléatoire X ? **0,5 pt**

2 Dans cette question, on suppose que $n = 40$.

a. Déterminer la probabilité qu'exactement 15 des 40 personnes interrogées soient vaccinées. **0,5 pt**

b. Déterminer la probabilité qu'au moins la moitié des personnes interrogées soit vaccinée. **0,75 pt**

3 On interroge un échantillon de 3 750 habitants de la ville, c'est-à-dire que l'on suppose ici que $n = 3\,750$.

On note Z la variable aléatoire définie par $Z = \dfrac{X - 1\,500}{30}$.

On admet que la loi de probabilité de la variable aléatoire Z peut être approchée par la loi normale centrée réduite.

En utilisant cette approximation, déterminer la probabilité qu'il y ait entre 1 450 et 1 550 individus vaccinés dans l'échantillon interrogé. **0,75 pt**

Exercice 3 1 heure **5 pts**

Le but de cet exercice est d'examiner, dans différents cas, si les hauteurs d'un tétraèdre sont concourantes, c'est-à-dire d'étudier l'existence d'un point d'intersection de ses quatre hauteurs.

On rappelle que dans un tétraèdre MNPQ, la hauteur issue de M est la droite passant par M orthogonale au plan (NPQ).

Partie A Étude de cas particuliers

On considère un cube ABCDEFGH.

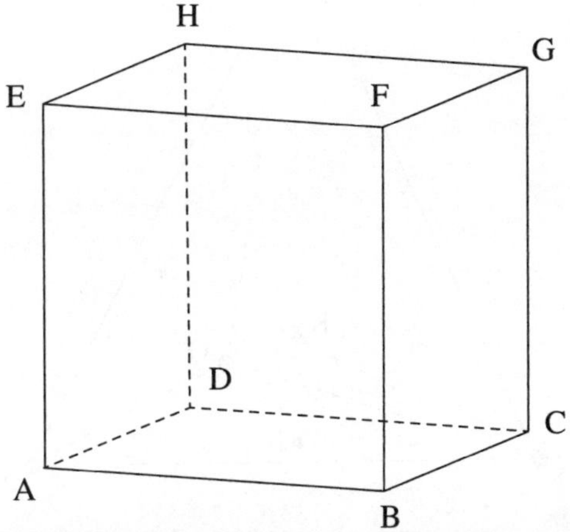

On admet que les droites (AG), (BH), (CE) et (DF), appelées « grandes diagonales » du cube, sont concourantes.

1 On considère le tétraèdre ABCE.

a. Préciser la hauteur issue de E et la hauteur issue de C dans ce tétraèdre. **0,5 pt**

b. Les quatre hauteurs du tétraèdre ABCE sont-elles concourantes ? **0,5 pt**

2 On considère le tétraèdre ACHF et on travaille dans le repère :

$$\left(A\,;\overrightarrow{AB},\overrightarrow{AD},\overrightarrow{AE}\right).$$

a. Vérifier qu'une équation cartésienne du plan (ACH) est :

$$x - y + z = 0.$$ **0,5 pt**

b. En déduire que (FD) est la hauteur issue de F du tétraèdre ACHF. **0,5 pt**

c. Par analogie avec le résultat précédent, préciser les hauteurs du tétraèdre ACHF issues respectivement des sommets A, C et H.

Les quatre hauteurs du tétraèdre ACHF sont-elles concourantes ? **0,5 pt**

Dans la suite de cet exercice, un tétraèdre dont les quatre hauteurs sont concourantes sera appelé un tétraèdre orthocentrique.

Partie B Une propriété des tétraèdres orthocentriques

Dans cette partie, on considère un tétraèdre MNPQ dont les hauteurs issues des sommets M et N sont sécantes en un point K. Les droites (MK) et (NK) sont donc orthogonales aux plans (NPQ) et (MPQ) respectivement.

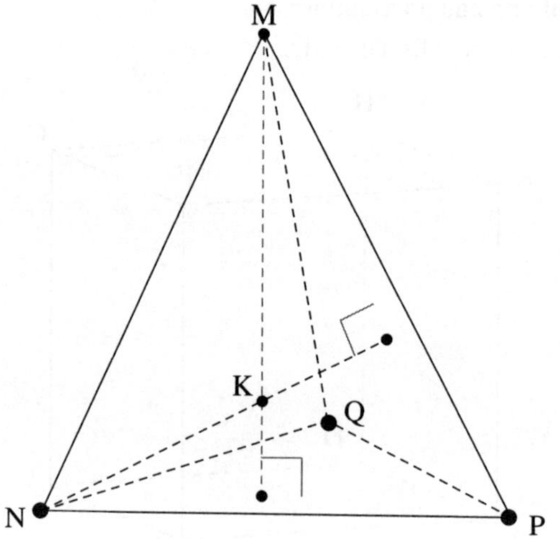

1 **a.** Justifier que la droite (PQ) est orthogonale à la droite (MK) ; on admet de même que les droites (PQ) et (NK) sont orthogonales. **0,5 pt**

b. Que peut-on déduire de la question précédente relativement à la droite (PQ) et au plan (MNK) ? Justifier la réponse. **0,75 pt**

2 Montrer que les arêtes [MN] et [PQ] sont orthogonales.
Ainsi, on obtient la propriété suivante :
Si un tétraèdre est orthocentrique, alors ses arêtes opposées sont orthogonales deux à deux.
(On dit que deux arêtes d'un tétraèdre sont « opposées » lorsqu'elles n'ont pas de sommet commun.) **0,5 pt**

Partie C **Application**

Dans un repère orthonormé, on considère les points :

R(− 3 ; 5 ; 2), S(1 ; 4 ; − 2), T(4 ; − 1 ; 5) et U(4 ; 7 ; 3).

Le tétraèdre RSTU est-il orthocentrique ? Justifier. **0,75 pt**

Exercice 4 (spécifique) 1 heure 5 pts

Le plan complexe est muni d'un repère orthonormé direct $\left(O ; \vec{u}, \vec{v}\right)$.
On pose $z_0 = 8$ et, pour tout entier naturel n :

$$z_{n+1} = \frac{3 - i\sqrt{3}}{4} z_n.$$

On note A_n le point du plan d'affixe z_n.

1 a. Vérifier que :

$$\frac{3 - i\sqrt{3}}{4} = \frac{\sqrt{3}}{2} e^{-i\frac{\pi}{6}}.$$ **0,75 pt**

b. En déduire l'écriture de chacun des nombres complexes z_1, z_2 et z_3 sous forme exponentielle et vérifier que z_3 est un imaginaire pur dont on précisera la partie imaginaire. **0,75 pt**

c. Représenter graphiquement les points A_0, A_1, A_2 et A_3 ; on prendra pour unité le centimètre. **0,75 pt**

2 a. Démontrer par récurrence que, pour tout entier naturel n :

$$z_n = 8 \times \left(\frac{\sqrt{3}}{2}\right)^n e^{-i\frac{n\pi}{6}}.$$ **0,75 pt**

b. Pour tout entier naturel n, on pose $u_n = |z_n|$.

Déterminer la nature et la limite de la suite (u_n). **0,75 pt**

3 a. Démontrer que, pour tout entier naturel k :

$$\frac{z_{k+1} - z_k}{z_{k+1}} = -\frac{1}{\sqrt{3}} i.$$

En déduire que, pour tout entier naturel k, on a l'égalité :

$$A_k A_{k+1} = \frac{1}{\sqrt{3}} OA_{k+1}.$$ **0,5 pt**

b. Pour tout entier naturel n, on appelle ℓ_n la longueur de la ligne brisée reliant dans cet ordre les points $A_0, A_1, A_2, ..., A_{n-1}, A_n$.

On a ainsi $\ell_n = A_0A_1 + A_1A_2 + \cdots + A_{n-1}A_n$.

Démontrer que la suite (ℓ_n) est convergente et calculer sa limite. **0,75 pt**

Exercice 4 [spécialité] 1 heure 5 pts

Partie A

On considère l'équation suivante dont les inconnues x et y sont des entiers naturels :

$$x^2 - 8y^2 = 1. \quad \text{(E)}$$

1 Déterminer un couple solution $(x ; y)$ où x et y sont deux entiers naturels. **0,5 pt**

2 On considère la matrice $A = \begin{pmatrix} 3 & 8 \\ 1 & 3 \end{pmatrix}$.

On définit les suites d'entiers naturels (x_n) et (y_n) par $x_0 = 1$, $y_0 = 0$, et pour tout entier naturel n :

$$\begin{pmatrix} x_{n+1} \\ y_{n+1} \end{pmatrix} = A \begin{pmatrix} x_n \\ y_n \end{pmatrix}.$$

a. Démontrer par récurrence que pour tout entier naturel n, le couple $(x_n \,;\, y_n)$ est solution de l'équation (E). **0,5 pt**

b. En admettant que la suite (x_n) est à valeurs strictement positives, démontrer que pour tout entier naturel n, on a $x_{n+1} > x_n$. **0,75 pt**

3 En déduire que l'équation (E) admet une infinité de couples solutions. **0,5 pt**

Partie B

Un entier naturel n est appelé un nombre *puissant* lorsque, pour tout diviseur premier p de n, p^2 divise n.

1 Vérifier qu'il existe deux nombres entiers consécutifs inférieurs à 10 qui sont puissants. **0,5 pt**

L'objectif de cette partie est de démontrer, à l'aide des résultats de la **partie A**, qu'il existe une infinité de couples de nombres entiers naturels consécutifs puissants et d'en trouver quelques exemples.

2 Soient a et b deux entiers naturels.
Montrer que l'entier naturel $n = a^2b^3$ est un nombre puissant. **0,75 pt**

3 Montrer que si $(x \,;\, y)$ est un couple solution de l'équation (E) définie dans la **partie A**, alors $x^2 - 1$ et x^2 sont des entiers consécutifs puissants. **0,75 pt**

4 Conclure quant à l'objectif fixé pour cette partie, en démontrant qu'il existe une infinité de couples de nombres entiers consécutifs puissants. Déterminer deux nombres entiers consécutifs puissants supérieurs à 2018. **0,75 pt**

Sujet 2 Amérique du Nord, mai 2018

4 heures

SUJETS DE BAC

LISTE DES NOTIONS

Exercice 1
- Probabilité
- Loi exponentielle
- Espérance
- Loi normale

Exercice 2
- Fonction logarithme
- Sens de variation

Exercice 3
- Géométrie dans l'espace
- Représentation paramétrique d'une droite
- Position relative de deux droites
- Perpendiculaire commune

Exercice 4 (S spécifique)
- Modélisation
- Suite de points
- Tableur
- Fonction logarithme
- Distance de deux points

Exercice 4 (S spécialité)
- Suite
- Tableur
- Matrice

Exercice 1 1 h 10 6 pts

On étudie certaines caractéristiques d'un supermarché d'une petite ville.

Partie A Démonstration préliminaire

Soit X une variable aléatoire qui suit la loi exponentielle de paramètre 0,2. On rappelle que l'espérance de la variable aléatoire X, notée E(X), est égale à :

$$\lim_{x\to+\infty}\int_0^x 0,2t\,\mathrm{e}^{-0,2t}\,\mathrm{d}t.$$

Le but de cette partie est de démontrer que E(X) = 5.

1 On note g la fonction définie sur l'intervalle $[0\,;+\infty[$ par :

$$g(t)=0,2t\,\mathrm{e}^{-0,2t}.$$

On définit la fonction G sur l'intervalle $[0\,;+\infty[$ par :

$$\mathrm{G}(t)=(-t-5)\mathrm{e}^{-0,2t}.$$

Vérifier que G est une primitive de g sur l'intervalle $[0\,;+\infty[$. **0,5 pt**

2 En déduire que la valeur exacte de E(X) est 5.

Indication : On pourra utiliser, sans le démontrer, le résultat suivant :

$$\lim_{x\to+\infty} x\,\mathrm{e}^{-0,2x}=0.$$ **0,5 pt**

Partie B Étude de la durée de présence d'un client dans le supermarché

Une étude commandée par le gérant du supermarché permet de modéliser la durée, exprimée en minutes, passée dans le supermarché par un client choisi au hasard, par une variable aléatoire T.
Cette variable T suit une loi normale d'espérance 40 minutes et d'écart type un réel positif noté σ.
Grâce à cette étude, on estime que $P(T < 10) = 0{,}067$.

1 Déterminer une valeur arrondie du réel σ à la seconde près. **0,75 pt**

2 Dans cette question, on prend $\sigma = 20$ minutes. Quelle est alors la proportion de clients qui passent plus d'une heure dans le supermarché ? **0,75 pt**

Partie C Durée d'attente pour le paiement

Ce supermarché laisse le choix au client d'utiliser seul des bornes automatiques de paiement ou bien de passer par une caisse gérée par un opérateur.

1 La durée d'attente à une borne automatique, exprimée en minutes, est modélisée par une variable aléatoire qui suit la loi exponentielle de paramètre $0{,}2\ \text{min}^{-1}$.

a. Donner la durée moyenne d'attente d'un client à une borne automatique de paiement.

0,5 pt

b. Calculer la probabilité, arrondie à 10^{-3}, que la durée d'attente d'un client à une borne automatique de paiement soit supérieure à 10 minutes. **0,5 pt**

2 L'étude commandée par le gérant conduit à la modélisation suivante :

- parmi les clients ayant choisi de passer à une borne automatique, 86 % attendent moins de 10 minutes ;
- parmi les clients passant en caisse, 63 % attendent moins de 10 minutes.

On choisit un client du magasin au hasard et on définit les événements suivants :
B « le client paye à une borne automatique » ;
$\overline{B}$ « le client paye à une caisse avec opérateur » ;
S « la durée d'attente du client lors du paiement est inférieure à 10 minutes ».
Une attente supérieure à dix minutes à une caisse avec opérateur ou à une borne automatique engendre chez le client une perception négative du magasin. Le gérant souhaite que plus de 75 % des clients attendent moins de 10 minutes.

Quelle est la proportion minimale de clients qui doivent choisir une borne automatique de paiement pour que cet objectif soit atteint ? **1 pt**

Partie D Bons d'achat

Lors du paiement, des cartes à gratter, gagnantes ou perdantes, sont distribuées aux clients. Le nombre de cartes distribuées dépend du montant des achats. Chaque client a droit à une carte à gratter par tranche de 10 € d'achats.

Par exemple, si le montant des achats est 58,64 €, alors le client obtient 5 cartes ; si le montant est 124,31 €, le client obtient 12 cartes.

Les cartes gagnantes représentent 0,5 % de l'ensemble du stock de cartes. De plus, ce stock est suffisamment grand pour assimiler la distribution d'une carte à un tirage avec remise.

1 Un client effectue des achats pour un montant de 158,02 €.
Quelle est la probabilité, arrondie à 10^{-2}, qu'il obtienne au moins une carte gagnante ?

0,75 pt

2 À partir de quel montant d'achats, arrondi à 10 €, la probabilité d'obtenir au moins une carte gagnante est-elle supérieure à 50 % ? **0,75 pt**

Exercice 2 (50 mn) **4 pts**

Lors d'une expérience en laboratoire, on lance un projectile dans un milieu fluide. L'objectif est de déterminer pour quel angle de tir θ par rapport à l'horizontale la hauteur du projectile ne dépasse pas 1,6 mètre.

Comme le projectile ne se déplace pas dans l'air, mais dans un fluide, le modèle parabolique usuel n'est pas adopté.

On modélise ici le projectile par un point qui se déplace, dans un plan vertical, sur la courbe représentative de la fonction f définie sur l'intervalle [0 ; 1[par :

$$f(x) = bx + 2\ln(1 - x)$$

où b est un paramètre réel supérieur ou égal à 2, x est l'abscisse du projectile, $f(x)$ son ordonnée, toutes les deux exprimées en mètres.

1 La fonction f est dérivable sur l'intervalle [0 ; 1[. On note f' sa fonction dérivée.

On admet que la fonction f possède un maximum sur l'intervalle [0 ; 1[et que, pour tout réel x de l'intervalle [0 ; 1[:

$$f'(x) = \frac{-bx + b - 2}{1 - x}.$$

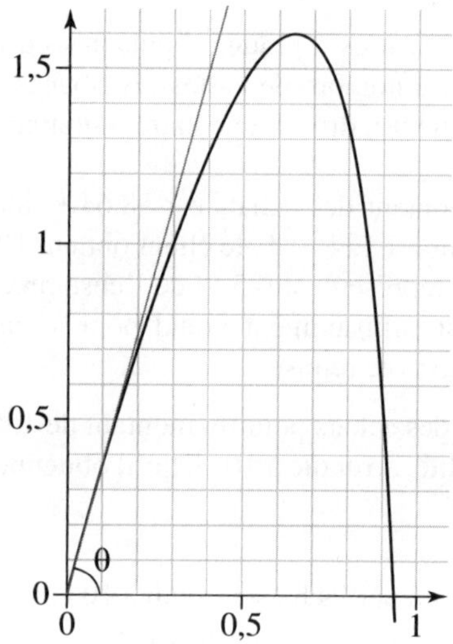

Montrer que le maximum de la fonction f est égal à $b - 2 + 2\ln\left(\frac{2}{b}\right)$. **1,25 pt**

2 Déterminer pour quelles valeurs du paramètre b la hauteur maximale du projectile ne dépasse pas 1,6 mètre.

1,25 pt

3 Dans cette question, on choisit $b = 5,69$.
L'angle de tir θ correspond à l'angle entre l'axe des abscisses et la tangente à la courbe de la fonction f au point d'abscisse 0 comme indiqué sur le schéma donné ci-avant.
Déterminer une valeur approchée au dixième de degré près de l'angle θ. **1,5 pt**

Exercice 3 1 heure 5 pts

On se place dans l'espace muni d'un repère orthonormé dont l'origine est le point A.
On considère les points :

B(10 ; – 8 ; 2), C(– 1 ; – 8 ; 5) et D(14 ; 4 ; 8).

1 a. Déterminer un système d'équations paramétriques de chacune des droites (AB) et (CD).

0,5 pt

b. Vérifier que les droites (AB) et (CD) ne sont pas coplanaires. **0,75 pt**

2 On considère le point I de la droite (AB) d'abscisse 5 et le point J de la droite (CD) d'abscisse 4.

a. Déterminer les coordonnées des points I et J et en déduire la distance IJ. **0,75 pt**

b. Démontrer que la droite (IJ) est perpendiculaire aux droites (AB) et (CD).

La droite (IJ) est appelée perpendiculaire commune aux droites (AB) et (CD). **0,75 pt**

3 Cette question a pour but de vérifier que la distance IJ est la distance minimale entre les droites (AB) et (CD).

Sur le schéma ci-après, on a représenté les droites (AB) et (CD), les points I et J, et la droite Δ parallèle à la droite (CD) passant par I.

On considère un point M de la droite (AB) distinct du point I.

On considère un point M′ de la droite (CD) distinct du point J.

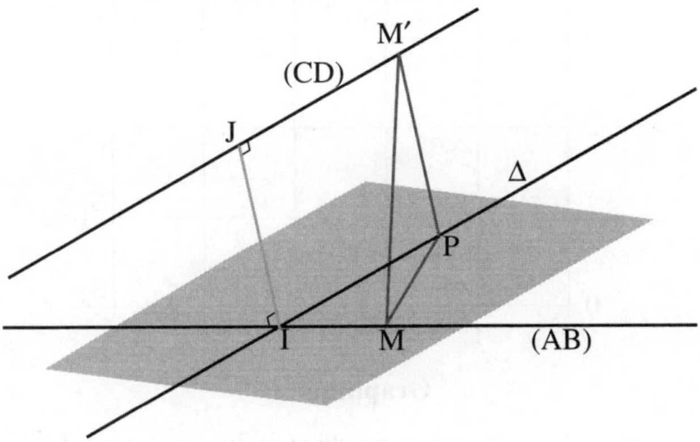

a. Justifier que la parallèle à la droite (IJ) passant par le point M′ coupe la droite Δ en un point que l'on notera P. **0,75 pt**

b. Démontrer que le triangle MPM′ est rectangle en P. **0,75 pt**

c. Justifier que MM′ > IJ et conclure. **0,75 pt**

Exercice 4 (spécifique) 1 heure 5 pts

Un scooter radiocommandé se déplace en ligne droite à la vitesse constante de 1 $m.s^{-1}$. Il est poursuivi par un chien qui se déplace à la même vitesse. On représente la situation vue de dessus dans un repère orthonormé du plan d'unité 1 mètre. L'origine de ce repère est la position initiale du chien. Le scooter est représenté par un point appartenant à la droite d'équation $x = 5$. Il se déplace sur cette droite dans le sens des ordonnées croissantes.

Dans la suite de l'exercice, on étudie deux modélisations différentes de la trajectoire du chien.

Partie A Modélisation à l'aide d'une suite

La situation est représentée par le graphique n° 1 ci-après.
À l'instant initial, le scooter est représenté par le point S_0. Le chien qui le poursuit est représenté par le point M_0. On considère qu'à chaque seconde, le chien s'oriente instantanément en direction du scooter et se déplace en ligne droite sur une distance de 1 mètre.
Ainsi, à l'instant initial, le chien s'oriente en direction du point S_0 et, une seconde plus tard, il se trouve un mètre plus loin au point M_1. À cet instant, le scooter est au point S_1. Le chien s'oriente en direction de S_1 et se déplace en ligne droite en parcourant 1 mètre, et ainsi de suite.

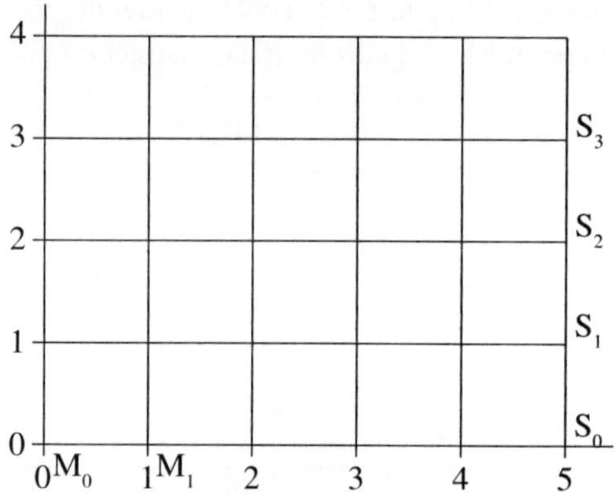

Graphique 1

On modélise alors les trajectoires du chien et du scooter par deux suites de points notées (M_n) et (S_n).
Au bout de n secondes, les coordonnées du point S_n sont $(5\ ;\ n)$. On note $(x_n\ ;\ y_n)$ les coordonnées du point M_n.

1 Construire sur le graphique n° 1 ci-dessus les points M_2 et M_3. **0,5 pt**

2 On note d_n la distance entre le chien et le scooter n secondes après le début de la poursuite. On a donc $d_n = M_nS_n$.
Calculer d_0 et d_1. **0,5 pt**

3 Justifier que le point M_2 a pour coordonnées $\left(1 + \frac{4}{\sqrt{17}}\ ;\ \frac{1}{\sqrt{17}}\right)$. **0,5 pt**

4 On admet que, pour tout entier naturel n :

$$\begin{cases} x_{n+1} = x_n + \dfrac{5 - x_n}{d_n} \\ y_{n+1} = y_n + \dfrac{n - y_n}{d_n} \end{cases}$$

a. Le tableau ci-après, obtenu à l'aide d'un tableur, donne les coordonnées des points M_n et S_n ainsi que la distance d_n en fonction de n. Quelles formules doit-on écrire dans les cellules C5 et F5 et recopier vers le bas pour remplir les colonnes C et F ? **0,5 pt**

	A	B	C	D	E	F
1	n	M_n		S_n		d_n
2		x_n	y_n	5	n	
3	0	0	0	5	0	5
4	1	1	0	5	1	4,12310563
5	2	1,9701425	0,24253563	5	2	3,50267291
6	3	2,83515547	0,74428512	5	3	3,12646789
7	4	3,52758047	1,46577498	5	4	2,93092404
...	...	...	...	...	...	...
28	24	4,99979751	21,2268342	5	24	2,7731658
29	25	4,99987053	22,2268342	5	25	2,7731658

b. On admet que la suite (d_n) est strictement décroissante.
Justifier que cette suite est convergente et conjecturer sa limite à l'aide du tableau. **0,75 pt**

Partie B Modélisation à l'aide d'une fonction

On modélise maintenant la trajectoire du chien à l'aide de la courbe $\mathcal{T}$ de la fonction f définie pour tout réel x de l'intervalle $[0 ; 5[$ par :

$$f(x) = -2,5\ln(1 - 0,2x) - 0,5x + 0,05x^2.$$

Cela signifie que le chien se déplace sur la courbe $\mathcal{T}$ de la fonction f.

1 Lorsque le chien se trouve au point M de coordonnées $(x ; f(x))$ de la courbe $\mathcal{T}$, où x appartient à l'intervalle $[0 ; 5[$, le scooter se trouve au point S, d'ordonnée notée y_S. Ainsi le point S a pour coordonnées $(5 ; y_S)$. La tangente à la courbe $\mathcal{T}$ au point M passe par le point S. Cela traduit le fait que le chien s'oriente toujours en direction du scooter. On note $d(x)$ la distance MS entre le chien et le scooter lorsque M a pour abscisse x.

a. Sur le graphique n° 2 ci-après, construire, sans calcul, le point S donnant la position du scooter lorsque le chien se trouve au point d'abscisse 3 de la courbe $\mathcal{T}$ et lire les coordonnées du point S. **0,75 pt**

b. On note f' la fonction dérivée de la fonction f sur l'intervalle $[0 ; 5[$ et on admet que, pour tout réel x de l'intervalle $[0 ; 5[$:

$$f'(x) = \frac{x(1 - 0,1x)}{5 - x}.$$

Déterminer par le calcul une valeur approchée au centième de l'ordonnée du point S lorsque le chien se trouve au point d'abscisse 3 de la courbe $\mathcal{T}$.

0,75 pt

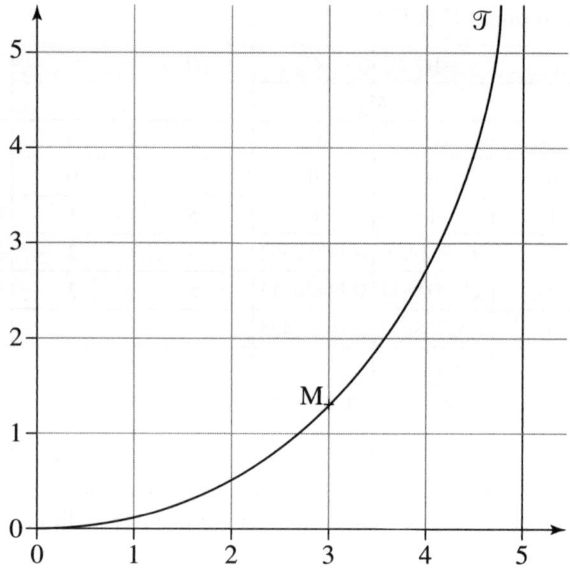

Graphique 2

2 On admet que $d(x) = 0{,}1x^2 - x + 5$ pour tout réel x de l'intervalle $[0 ; 5[$.

Justifier qu'au cours du temps, la distance MS se rapproche d'une valeur limite que l'on déterminera.

0,75 pt

Exercice 4 (spécialité) 1 heure 5 pts

Dans une région, on s'intéresse à la cohabitation de deux espèces animales : les campagnols et les renards, les renards étant les prédateurs des campagnols. Au 1er juillet 2012, on estime qu'il y a dans cette région approximativement deux millions de campagnols et cent vingt renards.

On note u_n le nombre de campagnols et v_n le nombre de renards au 1er juillet de l'année $2012 + n$.

Partie A Un modèle simple

On modélise l'évolution des populations par les relations suivantes, pour tout entier $n \geqslant 0$:

$$\begin{cases} u_{n+1} = 1{,}1u_n - 2000v_n \\ v_{n+1} = 2 \times 10^{-5}u_n + 0{,}6v_n \end{cases}$$

avec $u_0 = 2\,000\,000$ et $v_0 = 120$.

1 **a.** On considère la matrice colonne $U_n = \begin{pmatrix} u_n \\ v_n \end{pmatrix}$ pour tout entier $n \geqslant 0$.

Déterminer la matrice A telle que $U_{n+1} = A \times U_n$ pour tout entier n et donner la matrice U_0. **0,5 pt**

b. Calculer le nombre de campagnols et de renards estimés grâce à ce modèle au 1er juillet 2018. **0,5 pt**

2 Soit les matrices :

$$P = \begin{pmatrix} 20000 & 5000 \\ 1 & 1 \end{pmatrix}, D = \begin{pmatrix} 1 & 0 \\ 0 & 0{,}7 \end{pmatrix} \text{ et } P^{-1} = \frac{1}{15000} \times \begin{pmatrix} 1 & -5000 \\ -1 & 20000 \end{pmatrix}.$$

On admet que P^{-1} est la matrice inverse de la matrice P et que :

$$A = P \times D \times P^{-1}.$$

a. Montrer que pour tout entier naturel n :

$$U_n = P \times D^n \times P^{-1} \times U_0.$$ **0,75 pt**

b. Donner sans justification l'expression de la matrice D^n en fonction de n. **0,5 pt**

c. On admet que, pour tout entier naturel n :

$$\begin{cases} u_n = \dfrac{2{,}8 \times 10^7 + 2 \times 10^6 \times 0{,}7^n}{15} \\ v_n = \dfrac{1400 + 400 \times 0{,}7^n}{15} \end{cases}$$

Décrire l'évolution des deux populations. **0,75 pt**

Partie B Un modèle plus conforme à la réalité

Dans la réalité, on observe que si le nombre de renards a suffisamment baissé, alors le nombre de campagnols augmente à nouveau, ce qui n'est pas le cas avec le modèle précédent. On construit donc un autre modèle, plus précis, qui tient compte de ce type d'observations à l'aide des relations suivantes, pour tout entier $n \geqslant 0$:

$$\begin{cases} u_{n+1} = 1{,}1u_n - 0{,}001u_n \times v_n \\ v_{n+1} = 2 \times 10^{-7}u_n \times v_n + 0{,}6v_n \end{cases}$$

avec $u_0 = 2\,000\,000$ et $v_0 = 120$.

Le tableau ci-après présente ce nouveau modèle sur les 25 premières années en donnant les effectifs des populations arrondis à l'unité.

1 Quelles formules faut-il écrire dans les cellules B4 et C4 et recopier vers le bas pour remplir les colonnes B et C ? **0,5 pt**

2 Avec le deuxième modèle, à partir de quelle année observe-t-on le phénomène décrit (baisse des renards et hausse des campagnols) ? **0,75 pt**

	A	B	C
1		Modèle de la **partie B**	
2	n	u_n	v_n
3	0	2 000 000	120
4	1	1 960 000	120
5	2	1 920 800	119
6	3	1 884 228	117
7	4	1 851 905	114
8	5	1 825 160	111
9	6	1 804 988	107
10	7	1 792 049	103
11	8	1 786 692	99
12	9	1 789 005	94
13	10	1 798 854	91
14	11	1 815 930	87
15	12	1 839 780	84
16	13	1 869 827	81
17	14	1 905 378	79
18	15	1 945 622	77
19	16	1 989 620	77
20	17	2 036 288	76
21	18	2 084 374	77
22	19	2 132 440	78
23	20	2 178 846	80
24	21	2 221 746	83
25	22	2 259 109	87
26	23	2 288 766	91
27	24	2 308 508	97

Partie C

Dans cette partie, on utilise le modèle de la **partie B**.
Est-il possible de donner à u_0 et v_0 des valeurs afin que les deux populations restent stables d'une année sur l'autre, c'est-à-dire telles que pour tout entier naturel n, on ait $u_{n+1} = u_n$ et $v_{n+1} = v_n$?
(On parle alors d'état stable.) **0,75 pt**

Sujet 3 Antilles Guyane, juin 2018

4 heures

LISTE DES NOTIONS

Exercice 1
- Probabilité
- Construction d'un arbre pondéré
- Loi normale
- Intervalle de fluctuation asymptotique

Exercice 2
- Géométrie dans l'espace
- Droites parallèles
- Représentation paramétrique d'une droite
- Équation cartésienne d'un plan
- Volume d'un tétraèdre
- Mesure d'un angle

Exercice 3
- Fonction exponentielle
- Fonction trigonométrique
- Sens de variation
- Calcul d'aire

Exercice 4 (S spécifique)
- Suite
- Tableur
- Algorithme

Exercice 4 (S spécialité)
- Suite
- Matrice
- Puissance d'une matrice

Exercice 1 1 heure 5 pts

L'exploitant d'une forêt communale décide d'abattre des arbres afin de les vendre, soit aux habitants de la commune, soit à des entreprises. On admet que :

- parmi les arbres abattus, 30 % sont des chênes, 50 % sont des sapins et les autres sont des arbres d'essence secondaire (ce qui signifie qu'ils sont de moindre valeur) ;
- 45,9 % des chênes et 80 % des sapins abattus sont vendus aux habitants de la commune ;
- les trois quarts des arbres d'essence secondaire abattus sont vendus à des entreprises.

Partie A

Parmi les arbres abattus, on en choisit un au hasard.
On considère les événements suivants :

- C « l'arbre abattu est un chêne » ;
- S « l'arbre abattu est un sapin » ;
- E « l'arbre abattu est un arbre d'essence secondaire » ;

• H : « l'arbre abattu est vendu à un habitant de la commune ».

1 Construire un arbre pondéré complet traduisant la situation. **0,5 pt**

2 Calculer la probabilité que l'arbre abattu soit un chêne vendu à un habitant de la commune. **0,5 pt**

3 Justifier que la probabilité que l'arbre abattu soit vendu à un habitant de la commune est égale à 0,5877. **0,75 pt**

4 Quelle est la probabilité qu'un arbre abattu vendu à un habitant de la commune soit un sapin ? **0,75 pt**
On donnera le résultat arrondi à 10^{-3}.

Partie B

Le nombre d'arbres sur un hectare de cette forêt peut être modélisé par une variable aléatoire X suivant une loi normale d'espérance $\mu = 4\,000$ et d'écart-type $\sigma = 300$.

1 Déterminer la probabilité qu'il y ait entre 3400 et 4600 arbres sur un hectare donné de cette forêt. On donnera le résultat arrondi à 10^{-3}. **0,75 pt**

2 Calculer la probabilité qu'il y ait plus de 4500 arbres sur un hectare donné de cette forêt. On donnera le résultat arrondi à 10^{-3}. **0,75 pt**

Partie C

L'exploitant affirme que la densité de sapins dans cette forêt communale est de 1 sapin pour 2 arbres.
Sur une parcelle, on a compté 106 sapins dans un échantillon de 200 arbres.
Ce résultat remet-il en cause l'affirmation de l'exploitant ? **1 pt**

Exercice 2 — 1 heure — 5 pts

Un artiste souhaite réaliser une sculpture composée d'un tétraèdre posé sur un cube de 6 mètres d'arête.
Ces deux solides sont représentés par le cube ABCDEFGH et par le tétraèdre SELM ci-après.

On munit l'espace du repère orthonormé $(A\,;\,\overrightarrow{AI},\,\overrightarrow{AJ},\,\overrightarrow{AK})$ tel que :

$$I \in [AB],\ J \in [AD],\ K \in [AE]$$

et AI = AJ = AK = 1, l'unité graphique représentant 1 mètre.
Les points L, M et S sont définis de la façon suivante :

• L est le point tel que $\overrightarrow{FL} = \dfrac{2}{3}\overrightarrow{FE}$

- M est le point d'intersection du plan (BDL) et de la droite (EH) ;
- S est le point d'intersection des droites (BL) et (AK).

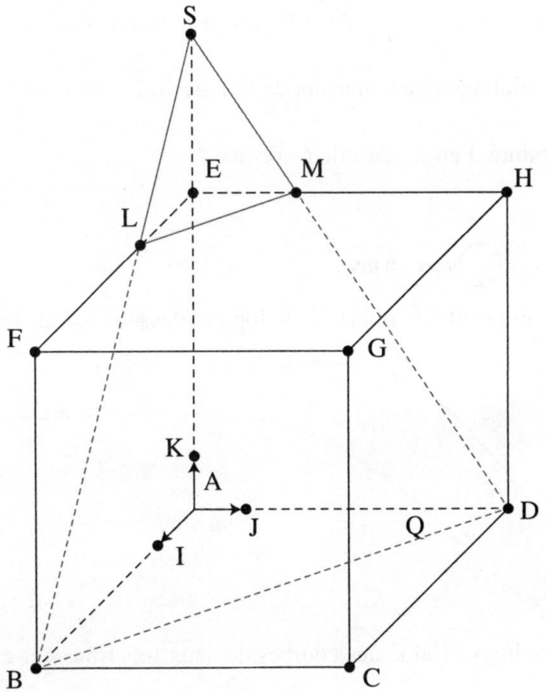

1 Démontrer, sans calcul de coordonnées, que les droites (LM) et (BD) sont parallèles. **0,5 pt**

2 Démontrer que les coordonnées du point L sont (2 ; 0 ; 6). **0,5 pt**

3 **a.** Donner une représentation paramétrique de la droite (BL). **0,5 pt**
b. Vérifier que les coordonnées du point S sont (0 ; 0 ; 9). **0,5 pt**

4 Soit $\vec{n}$ le vecteur de coordonnées (3 ; 3 ; 2).
a. Vérifier que $\vec{n}$ est un vecteur normal au plan (BDL). **0,5 pt**
b. Démontrer qu'une équation cartésienne du plan (BDL) est : **0,5 pt**

$$3x + 3y + 2z - 18 = 0$$

c. On admet que la droite (EH) a pour représentation paramétrique : **0,5 pt**

$$\begin{cases} x = 0 \\ y = s,\ s \in \mathbb{R} \\ z = 6 \end{cases}$$

Calculer les coordonnées du point M.

5 Calculer le volume du tétraèdre SELM. On rappelle que le volume V d'un tétraèdre est donné par la formule suivante : **0,5 pt**

$$V = \frac{1}{3} \times \text{Aire de la base} \times \text{Hauteur}.$$

6 L'artiste souhaite que la mesure de l'angle $\widehat{SLE}$ soit comprise entre 55° et 60°.
Cette contrainte d'angle est-elle respectée ? **1 pt**

Exercice 3 — 1 heure — 5 pts

Un publicitaire souhaite imprimer le logo ci-dessous sur un T-shirt :

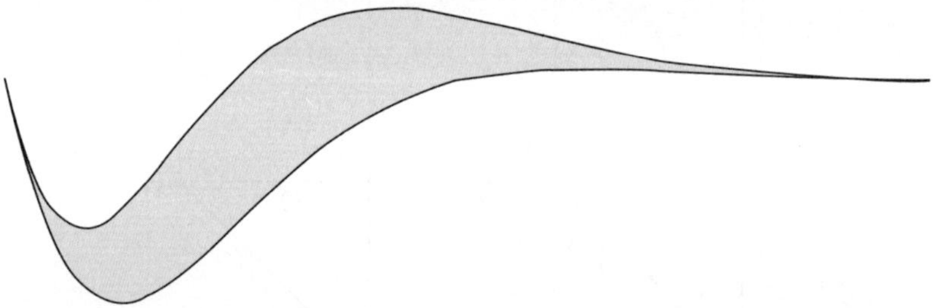

Il dessine ce logo à l'aide des courbes de deux fonctions f et g définies sur $\mathbb{R}$ par :

$$f(x) = e^{-x}(-\cos x + \sin x + 1) \text{ et } g(x) = -e^{-x}\cos x.$$

On admet que les fonctions f et g sont dérivables sur $\mathbb{R}$.

Partie A Étude de la fonction *f*

1 Justifier que, pour tout $x \in \mathbb{R}$:

$$-e^{-x} \leqslant f(x) \leqslant 3e^{-x}.$$ **0,75 pt**

2 En déduire la limite de f en $+\infty$. **0,5 pt**

3 Démontrer que, pour tout $x \in \mathbb{R}$, $f'(x) = e^{-x}(2\cos x - 1)$, où f' est la fonction dérivée de f. **0,5 pt**

4 Dans cette question, on étudie la fonction f sur l'intervalle $[-\pi ; \pi]$.

a. Déterminer le signe de $f'(x)$ pour x appartenant à l'intervalle $[-\pi ; \pi]$. **0,75 pt**

b. En déduire les variations de f sur $[-\pi ; \pi]$. **0,5 pt**

Partie B Aire du logo

On note $\mathscr{C}_f$ et $\mathscr{C}_g$ les représentations graphiques des fonctions f et g dans un repère orthonormé $\left(O\,;\vec{i},\vec{j}\right)$. L'unité graphique est de 2 centimètres. Ces deux courbes sont tracées ci-après :

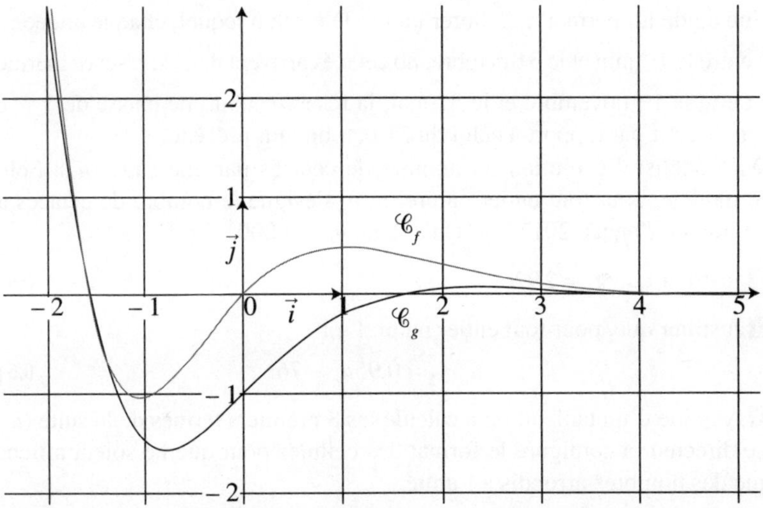

1 Étudier la position relative de la courbe $\mathscr{C}_f$ par rapport à la courbe $\mathscr{C}_g$ sur $\mathbb{R}$. **0,75 pt**

2 Soit H la fonction définie sur $\mathbb{R}$ par :

$$H(x) = \left(-\frac{\cos x}{2} - \frac{\sin x}{2} - 1\right)e^{-x}.$$

On admet que H est une primitive de la fonction $x \mapsto (\sin x + 1)e^{-x}$ sur $\mathbb{R}$.

On note $\mathscr{D}$ le domaine délimité par la courbe $\mathscr{C}_f$, la courbe $\mathscr{C}_g$ et les droites d'équation :

$$x = -\frac{\pi}{2} \text{ et } x = \frac{3\pi}{2}.$$

a. Hachurer le domaine $\mathscr{D}$ sur le graphique ci-dessus. **0,5 pt**

b. Calculer, en unité d'aire, l'aire du domaine $\mathscr{D}$, puis en donner une valeur approchée à 10^{-2} près en cm^2. **0,75 pt**

Exercice 4 (spécifique) 1 heure 5 pts

Le directeur d'une réserve marine a recensé 3 000 cétacés dans cette réserve au 1er juin 2017. Il est inquiet car il sait que le classement de la zone en « réserve marine » ne sera pas reconduit si le nombre de cétacés de cette réserve devient inférieur à 2 000.

Une étude lui permet d'élaborer un modèle selon lequel, chaque année :

- entre le 1er juin et le 31 octobre, 80 cétacés arrivent dans la réserve marine ;
- entre le 1er novembre et le 31 mai, la réserve subit une baisse de 5 % de son effectif par rapport à celui du 31 octobre qui précède.

On modélise l'évolution du nombre de cétacés par une suite (u_n). Selon ce modèle, pour tout entier naturel n, u_n désigne le nombre de cétacés au 1er juin de l'année $2017 + n$. On a donc $u_0 = 3\,000$.

1 Justifier que $u_1 = 2\,926$. **0,5 pt**

2 Justifier que, pour tout entier naturel n :

$$u_{n+1} = 0{,}95u_n + 76.$$ **0,5 pt**

3 À l'aide d'un tableur, on a calculé les 8 premiers termes de la suite (u_n). Le directeur a configuré le format des cellules pour que ne soient affichés que des nombres arrondis à l'unité.

	A	B	C	D	E	F	G	H	I
1	n	0	1	2	3	4	5	6	7
2	u_n	3 000	2 926	2 856	2 789	2 725	2 665	2 608	2 553

Quelle formule peut-on entrer dans la cellule C2 afin d'obtenir, par recopie vers la droite, les termes de la suite (u_n) ? **0,5 pt**

4 **a.** Démontrer que, pour tout entier naturel n :

$$u_n \geqslant 1\,520.$$ **0,5 pt**

b. Démontrer que la suite (u_n) est décroissante. **0,5 pt**

c. Justifier que la suite (u_n) est convergente. On ne cherchera pas ici la valeur de la limite. **0,25 pt**

5 On désigne par (v_n) la suite définie par, pour tout entier naturel n :

$$v_n = u_n - 1\,520.$$

a. Démontrer que la suite (v_n) est une suite géométrique de raison 0,95 dont on précisera le premier terme. **0,5 pt**

b. En déduire que, pour tout entier naturel n :

$$u_n = 1\,480 \times 0{,}95^n + 1\,520.$$ **0,5 pt**

c. Déterminer la limite de la suite (u_n). **0,25 pt**

6 Recopier et compléter l'algorithme suivant pour déterminer l'année à partir de laquelle le nombre de cétacés présents dans la réserve marine sera inférieur à 2 000.

```
n ← 0
u ← 3000
Tant que …
    | n ← …
    | u ← …
Fin Tant que
```

La notation « ← » correspond à une affectation de valeur, ainsi « $n \leftarrow 0$ » signifie « Affecter à n la valeur 0 ». **0,5 pt**

7 La réserve marine fermera-t-elle un jour ? Si oui, déterminer l'année de la fermeture. **0,5 pt**

Exercice 4 (spécialité) 1 heure 5 pts

Le droit de pêche dans une réserve marine est réglementé : chaque pêcheur doit posséder une carte d'accréditation annuelle. Il existe deux types de carte :

- une carte de pêche dite « libre » (le pêcheur n'est pas limité en nombre de poissons pêchés) ;
- une carte de pêche dite « avec quota » (le pêcheur ne doit pas dépasser une certaine quantité hebdomadaire de poissons).

On suppose que le nombre total de pêcheurs reste constant d'année en année.
On note, pour l'année $2017 + n$:

- ℓ_n la proportion de pêcheurs possédant la carte de pêche libre ;
- q_n la proportion de pêcheurs possédant la carte de pêche avec quota.

On observe que :

- chaque année, 65 % des possesseurs de la carte de pêche libre achètent de nouveau une carte de pêche libre l'année suivante ;
- chaque année, 45 % des possesseurs de la carte de pêche avec quota achètent une carte de pêche libre l'année suivante ;
- en 2017, 40 % des pêcheurs ont acheté une carte de pêche libre. On a donc $\ell_0 = 0{,}4$ et $q_0 = 0{,}6$.

On note, pour tout entier naturel n, $P_n = \begin{pmatrix} \ell_n \\ q_n \end{pmatrix}$.

1 Démontrer que, pour tout entier naturel n, $P_{n+1} = MP_n$, où M est la matrice carrée :

$$\begin{pmatrix} 0,65 & 0,45 \\ 0,35 & 0,55 \end{pmatrix}.$$

2 Calculer la proportion de pêcheurs achetant une carte de pêche avec quota en 2019.

3 Un logiciel de calcul formel donne les résultats ci-dessous :

1 ○	M:={{0.65,0.45},{0.35,0.55}} ✓ $M := \begin{pmatrix} 0.65 & 0.45 \\ 0.35 & 0.55 \end{pmatrix}$
2 ○	P_0:={{0.4,0.6}} ✓ $P_0 := \begin{pmatrix} 0.4 \\ 0.6 \end{pmatrix}$
3 ○	Q:={{9,1},{7,–1}} $\rightarrow Q := \begin{pmatrix} 9 & 1 \\ 7 & -1 \end{pmatrix}$
4 ○	T:={{1/16,1/16},{7/16,–9/16}} ✓ $T := \begin{pmatrix} \frac{1}{16} & \frac{1}{16} \\ \frac{7}{16} & -\frac{9}{16} \end{pmatrix}$

5 ○	TQ $\rightarrow \begin{pmatrix} 1 & 0 \\ 0 & 1 \end{pmatrix}$
6 ○	QT $\rightarrow \begin{pmatrix} 1 & 0 \\ 0 & 1 \end{pmatrix}$
7 ○	D:=TMQ $\rightarrow D := \begin{pmatrix} 1 & 0 \\ 0 & \frac{1}{5} \end{pmatrix}$

En vous appuyant sur les résultats précédents, répondre aux deux questions suivantes :

a. Justifier que Q est une matrice inversible et préciser sa matrice inverse. On notera Q^{-1} la matrice inverse de Q. **0,75 pt**

b. Justifier que $M = QDQ^{-1}$ et démontrer que, pour tout entier naturel n non nul :

$$M^n = QD^nQ^{-1}.$$ **0,75 pt**

4 On admet que, pour tout entier naturel n non nul,

$$M^n = \frac{1}{16}\begin{pmatrix} 9 + 7 \times 0,2^n & 9 - 9 \times 0,2^n \\ 7 - 7 \times 0,2^n & 7 + 9 \times 0,2^n \end{pmatrix}.$$

a. Démontrer que pour tout entier naturel n, $P_n = M^nP_0$. **0,75 pt**

b. Justifier que, pour tout entier naturel n :

$$\ell_n = \frac{9}{16} - \frac{13}{80} \times 0,2^n.$$ **0,75 pt**

5 La proportion de pêcheurs achetant la carte de pêche libre dépassera-t-elle 60 % ? **0,5 pt**

Sujet 4 Centres étrangers, juin 2018

4 heures

LISTE DES NOTIONS

Exercice 1
- Fonction exponentielle
- Tableau de variation
- Algorithme
- Primitive
- Valeur moyenne d'une fonction

Exercice 2
- QCM
- Loi exponentielle
- Probabilité
- Fonction logarithme
- Nombre complexe

Exercice 3
- Probabilité
- Loi normale
- Calcul d'un écart type
- Intervalle de fluctuation asymptotique
- Probabilité conditionnelle
- Suite

Exercice 4 (S spécifique)
- Géométrie dans l'espace
- Construction de l'intersection d'un plan et d'une droite
- Intersection de deux plans
- Représentation paramétrique d'une droite
- Équation cartésienne d'un plan
- Projection orthogonale

Exercice 4 (S spécialité)
- Arithmétique
- Congruence
- Équation diophantienne
- Algorithme de chiffrement RSA
- Algorithme de déchiffrement

Exercice 1 50 min 4 pts

Dans une usine, on se propose de tester un prototype de hotte aspirante pour un local industriel. Avant de lancer la fabrication en série, on réalise l'expérience suivante : dans un local clos équipé du prototype de hotte aspirante, on diffuse du dioxyde de carbone (CO_2) à débit constant.

Dans ce qui suit, t est le temps exprimé en minute.

À l'instant $t = 0$, la hotte est mise en marche et on la laisse fonctionner pendant 20 minutes. Les mesures réalisées permettent de modéliser le taux (en pourcentage) de CO_2 contenu dans le local au bout de t minutes de fonctionnement de la hotte par l'expression $f(t)$, où f est la fonction définie pour tout réel t de l'intervalle [0 ; 20] par :

$$f(t) = (0{,}8t + 0{,}2)e^{-0{,}5t} + 0{,}03.$$

On donne ci-dessous le tableau de variation de la fonction f sur l'intervalle [0 ; 20].

t	0		1,75		20
$f'(t)$		+	0	–	
f	0,23	↗		↘	

Ainsi, la valeur $f(0) = 0{,}23$ traduit le fait que le taux de CO_2 à l'instant 0 est égal à 23 %.

1 Dans cette question, on arrondira les deux résultats au millième.

a. Calculer $f(20)$. **0,5 pt**

b. Déterminer le taux maximal de CO_2 présent dans le local pendant l'expérience. **0,5 pt**

2 On souhaite que le taux de CO_2 dans le local retrouve une valeur V inférieure ou égale à 3,5 %.

a. Justifier qu'il existe un unique instant T satisfaisant cette condition. **0,75 pt**

b. On considère l'algorithme suivant :

$t \leftarrow 1{,}75$
$p \leftarrow 0{,}1$
$\mathrm{V} \leftarrow 0{,}7$
Tant que $\mathrm{V} > 0{,}035$
$t \leftarrow t + p$
$\mathrm{V} \leftarrow (0{,}8t + 0{,}2)\mathrm{e}^{-0{,}5t} + 0{,}03$
Fin Tant que

Quelle est la valeur de la variable t à la fin de l'algorithme ?
Que représente cette valeur dans le contexte de l'exercice ? **0,75 pt**

3 On désigne par V_m le taux moyen (en pourcentage) de CO_2 présent dans le local pendant les 11 premières minutes de fonctionnement de la hotte aspirante.

a. Soit F la fonction définie sur l'intervalle [0 ; 11] par :

$$\mathrm{F}(t) = (-1{,}6t - 3{,}6)\mathrm{e}^{-0{,}5t} + 0{,}03t.$$

Montrer que la fonction F est une primitive de la fonction f sur l'intervalle [0 ; 11]. **0,75 pt**

b. En déduire le taux moyen V_m, valeur moyenne de la fonction f sur l'intervalle [0 ; 11].
Arrondir le résultat au millième, soit à 0,1 %. **0,75 pt**

Exercice 2 50 min 4 pts

Pour chacune des quatre affirmations suivantes, indiquer si elle est vraie ou fausse, en justifiant la réponse. Il est attribué un point par réponse exacte correctement justifiée. Une réponse inexacte ou non justifiée ne rapporte ni n'enlève aucun point.

1 Un type d'oscilloscope a une durée de vie, exprimée en année, qui peut être modélisée par une variable aléatoire D qui suit une loi exponentielle de paramètre λ.
On sait que la durée de vie moyenne de ce type d'oscilloscope est de 8 ans.
Affirmation 1 : pour un oscilloscope de ce type choisi au hasard et ayant déjà fonctionné 3 ans, la probabilité que la durée de vie soit supérieure ou égale à 10 ans, arrondie au centième, est égale à 0,42. **1 pt**
On rappelle que si X *est une variable aléatoire qui suit une loi exponentielle de paramètre* λ*, on a pour tout réel t positif :* $P(X \leqslant t) = 1 - e^{-\lambda t}$.

2 En 2016, en France, les forces de l'ordre ont réalisé 9,8 millions de dépistages d'alcoolémie auprès des automobilistes, et 3,1 % de ces dépistages étaient positifs.
Source : OFDT (Observatoire Français des Drogues et des Toxicomanies).
Dans une région donnée, le 15 juin 2016, une brigade de gendarmerie a effectué un dépistage sur 200 automobilistes.
Affirmation 2 : en arrondissant au centième, la probabilité que, sur les 200 dépistages, il y ait eu strictement plus de 5 dépistages positifs, est égale à 0,59. **1 pt**

3 On considère dans $\mathbb{R}$ l'équation :

$$\ln(6x - 2) + \ln(2x - 1) = \ln(x)\cdot$$

Affirmation 3 : l'équation admet deux solutions dans l'intervalle $\left]\frac{1}{2} ; +\infty\right[$.
1 pt

4 On considère dans $\mathbb{C}$ l'équation :

$$(4z^2 - 20z + 37)(2z - 7 + 2i) = 0.$$

Affirmation 4 : les solutions de l'équation sont les affixes de points appartenant à un même cercle de centre le point P d'affixe 2. **1 pt**

Exercice 3 1 h 25 7 pts

Les parties A et B sont indépendantes.
Un détaillant en fruits et légumes étudie l'évolution de ses ventes de melons afin de pouvoir anticiper ses commandes.

SUJETS DE BAC

Partie A

Le détaillant constate que ses melons se vendent bien lorsque leur masse est comprise entre 900 g et 1 200 g. Dans la suite, de tels melons sont qualifiés « conformes ».
Le détaillant achète ses melons auprès de trois maraîchers, notés respectivement A, B et C.
Pour les melons du maraîcher A, on modélise la masse en gramme par une variable aléatoire M_A qui suit une loi uniforme sur l'intervalle $[850 ; x]$, où x est un nombre réel supérieur à 1 200.
La masse en gramme des melons du maraîcher B est modélisée par une variable aléatoire M_B qui suit une loi normale de moyenne 1 050 et d'écart-type inconnu σ.
Le maraîcher C affirme, quant à lui, que 80 % des melons de sa production sont conformes.

1 Le détaillant constate que 75 % des melons du maraîcher A sont conformes. Déterminer x. **0,5 pt**

2 Il constate que 85 % des melons fournis par le maraîcher B sont conformes.
Déterminer l'écart-type σ de la variable aléatoire M_B. En donner la valeur arrondie à l'unité. **0,75 pt**

3 Le détaillant doute de l'affirmation du maraîcher C. Il constate que sur 400 melons livrés par ce maraîcher au cours d'une semaine, seulement 294 sont conformes.
Le détaillant a-t-il raison de douter de l'affirmation du maraîcher C ? **0,75 pt**

Partie B

Le détaillant réalise une étude sur ses clients. Il constate que :

- parmi les clients qui achètent un melon une semaine donnée, 90 % d'entre eux achètent un melon la semaine suivante ;
- parmi les clients qui n'achètent pas de melon une semaine donnée, 60 % d'entre eux n'achètent pas de melon la semaine suivante.

On choisit au hasard un client ayant acheté un melon au cours de la semaine 1 et, pour $n \geqslant 1$, on note A_n l'événement « le client achète un melon au cours de la semaine n ».
On a ainsi $P(A_1) = 1$.

1 **a.** Reproduire et compléter l'arbre de probabilités ci-après relatif aux trois premières semaines. **0,5 pt**

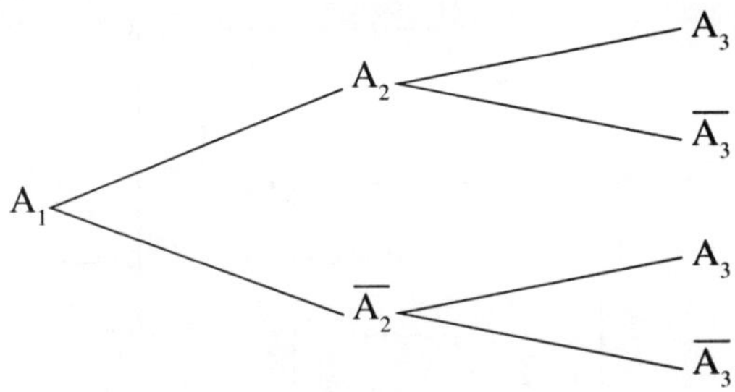

b. Démontrer que $P(A_3) = 0{,}85$. **0,5 pt**

c. Sachant que le client achète un melon au cours de la semaine 3, quelle est la probabilité qu'il en ait acheté un au cours de la semaine 2 ?
Arrondir au centième. **0,5 pt**

Dans la suite, on pose pour tout entier $n \geqslant 1$:

$$p_n = P(A_n).$$

On a ainsi $p_1 = 1$.

2 Démontrer que, pour tout entier $n \geqslant 1$:

$$p_{n+1} = 0{,}5\, p_n + 0{,}4.$$ **0,5 pt**

3 **a.** Démontrer par récurrence que, pour tout entier $n \geqslant 1$, $p_n > 0{,}8$. **0,5 pt**

b. Démontrer que la suite (p_n) est décroissante. **0,5 pt**

c. La suite (p_n) est-elle convergente ? **0,5 pt**

4 On pose pour tout entier $n \geqslant 1$, $v_n = p_n - 0{,}8$.

a. Démontrer que (v_n) est une suite géométrique dont on donnera le premier terme v_1 et la raison. **0,5 pt**

b. Exprimer v_n en fonction de n.
En déduire que, pour tout $n \geqslant 1$, $p_n = 0{,}8 + 0{,}2 \times 0{,}5^{n-1}$. **0,5 pt**

c. Déterminer la limite de la suite (p_n). **0,5 pt**

Exercice 4 (spécifique) 1 heure 5 pts

La figure ci-après représente un cube ABCDEFGH.
Les trois points I, J, K sont définis par les conditions suivantes :

- I est le milieu du segment [AD] ;
- J est tel que $\overrightarrow{AJ} = \dfrac{3}{4}\overrightarrow{AE}$;
- K est le milieu du segment [FG].

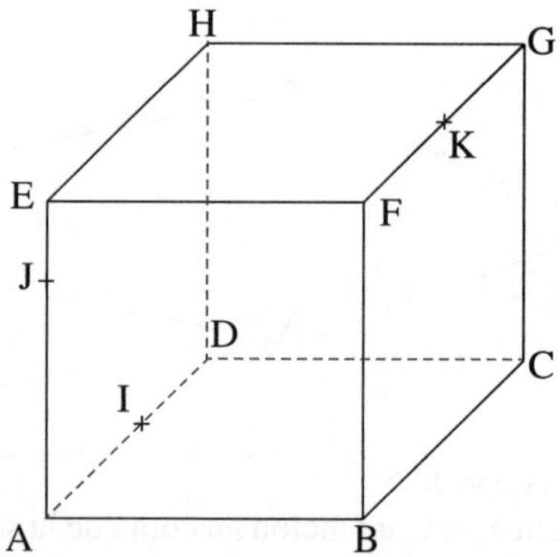

Partie A

1 Sur la figure donnée ci-dessus, construire sans justifier le point d'intersection P du plan (IJK) et de la droite (EH). On laissera les traits de construction sur la figure. **0,75 pt**

2 En déduire, en justifiant, l'intersection du plan (IJK) et du plan (EFG). **0,5 pt**

Partie B

On se place désormais dans le repère orthonormé $\left(A\,;\overrightarrow{AB},\ \overrightarrow{AD},\ \overrightarrow{AE}\right)$.

1 a. Donner sans justification les coordonnées des points I, J et K. **0,5 pt**
b. Déterminer les réels a et b tels que le vecteur $\overrightarrow{n}\,(4\ ;\ a\ ;\ b)$ soit orthogonal aux vecteurs $\overrightarrow{IJ}$ et $\overrightarrow{IK}$. **0,5 pt**
c. En déduire qu'une équation cartésienne du plan (IJK) est :

$$4x - 6y - 4z + 3 = 0$$ **0,5 pt**

2 a. Donner une représentation paramétrique de la droite (CG). **0,5 pt**
b. Calculer les coordonnées du point N, intersection du plan (IJK) et de la droite (CG). **0,5 pt**
c. Placer le point N sur la figure et construire en couleur la section du cube par le plan (IJK). **0,5 pt**

Partie C

On note R le projeté orthogonal du point F sur le plan (IJK). Le point R est donc l'unique point du plan (IJK) tel que la droite (FR) est orthogonale au plan (IJK).

On définit l'intérieur du cube comme l'ensemble des points M(x, y, z) tels que :

$$\begin{cases} 0 < x < 1 \\ 0 < y < 1 \\ 0 < z < 1 \end{cases}$$

Le point R est-il à l'intérieur du cube ? **0,75 pt**

Exercice 4 (spécialité) 1 heure 5 pts

Le but de cet exercice est d'envisager une méthode de cryptage à clé publique d'une information numérique, appelée système RSA, en l'honneur des mathématiciens Ronald Rivest, Adi Shamir et Leonard Adleman, qui ont inventé cette méthode de cryptage en 1977 et l'ont publiée en 1978. Les questions **1** et **2** sont des questions préparatoires, la question **3** aborde le cryptage, la question **4** le décryptage.

1 Cette question envisage de calculer le reste dans la division euclidienne par 55 de certaines puissances de l'entier 8.

a. Vérifier que $8^7 \equiv 2 \bmod 55$.
En déduire le reste dans la division euclidienne par 55 du nombre 8^{21}. **0,5 pt**

b. Vérifier que $8^2 \equiv 9 \bmod 55$, puis déduire de la question **a.** le reste dans la division euclidienne par 55 de 8^{23}. **0,5 pt**

2 Dans cette question, on considère l'équation (E) $23x - 40y = 1$, dont les solutions sont des couples (x, y) d'entiers relatifs.

a. Justifier le fait que l'équation (E) admet au moins un couple solution. **0,5 pt**

b. Donner un couple, solution particulière de l'équation (E). **0,5 pt**

c. Déterminer tous les couples d'entiers relatifs solutions de l'équation (E). **0,5 pt**

d. En déduire qu'il existe un unique entier d vérifiant les conditions :
$0 \leqslant d < 40$ et $23d \equiv 1 \bmod 40$. **0,5 pt**

3 Cryptage dans le système RSA

Une personne A choisit deux nombres premiers p et q, puis calcule les produits $N = pq$ et $n = (p-1)(q-1)$. Elle choisit également un entier naturel c premier avec n.
La personne A publie le couple (N, c), qui est une clé publique permettant à quiconque de lui envoyer un nombre crypté.

Les messages sont numérisés et transformés en une suite d'entiers compris entre 0 et N – 1.
Pour crypter un entier a de cette suite, on procède ainsi : on calcule le reste b dans la division euclidienne par N du nombre a^c, et le nombre crypté est l'entier b.
Dans la pratique, cette méthode est sûre si la personne A choisit des nombres premiers p et q très grands, s'écrivant avec plusieurs dizaines de chiffres.
On va l'envisager ici avec des nombres plus simples $p = 5$ et $q = 11$.
La personne A choisit également $c = 23$.
a. Calculer les nombres N et n, puis justifier que la valeur de c vérifie la condition voulue. **0,5 pt**
b. Un émetteur souhaite envoyer à la personne A le nombre $a = 8$.
Déterminer la valeur du nombre crypté b. **0,5 pt**

4 Décryptage dans le système RSA

La personne A calcule dans un premier temps l'unique entier naturel d vérifiant les conditions $0 \leqslant d < n$ et $cd \equiv 1 \bmod n$. Elle garde secret ce nombre d qui lui permet, et à elle seule, de décrypter les nombres qui lui ont été envoyés cryptés avec sa clé publique.
Pour décrypter un nombre crypté b, la personne A calcule le reste a dans la division euclidienne par N du nombre b^d, et le nombre en clair – c'est-à-dire le nombre avant cryptage – est le nombre a.
On admet l'existence et l'unicité de l'entier d, et le fait que le décryptage fonctionne.
Les nombres choisis par A sont encore $p = 5$, $q = 11$ et $c = 23$.
a. Quelle est la valeur de d ? **0,5 pt**
b. En appliquant la règle de décryptage, retrouver le nombre en clair lorsque le nombre crypté est $b = 17$. **0,5 p**

Sujet 5 Liban, mai 2018

4 heures

LISTE DES NOTIONS

Exercice 1
- Probabilité
- Loi exponentielle
- Loi normale

Exercice 2
- Nombre complexe
- Suite

Exercice 3
- Géométrie dans l'espace
- Vitesse

Exercice 4
- Fonction logarithme
- Suite de fonctions
- Encadrement
- Calcul d'aire

Exercice 5 (S spécifique)
- Probabilité
- Suites

Exercice 5 (S spécialité)
- Suite
- Algorithme
- Matrice
- Divisibilité

Exercice 1 35 min **3 pts**

Les quinze jours précédant la rentrée universitaire, le standard téléphonique d'une mutuelle étudiante enregistre un nombre record d'appels.
Les appelants sont d'abord mis en attente et entendent une musique d'ambiance et un message préenregistré.
Lors de cette première phase, le temps d'attente, exprimé en secondes, est modélisé par la variable aléatoire X qui suit la loi exponentielle de paramètre $\lambda = 0{,}02\ \text{s}^{-1}$.
Les appelants sont ensuite mis en relation avec un chargé de clientèle qui répond à leurs questions. Le temps d'échange, exprimé en secondes, lors de cette deuxième phase est modélisé par la variable aléatoire Y, exprimée en secondes, qui suit la loi normale d'espérance $\mu = 96$ s et d'écart-type $\sigma = 26$s.

1 Quelle est la durée totale moyenne d'un appel au standard téléphonique (temps d'attente et temps d'échange avec le chargé de clientèle) ? **0,75 pt**

2 Un étudiant est choisi au hasard parmi les appelants du standard téléphonique.

a. Calculer la probabilité que l'étudiant soit mis en attente plus de 2 minutes. **0,75 pt**

b. Calculer la probabilité pour que le temps d'échange avec le conseiller soit inférieur à 90 secondes. **0,75 pt**

3 Une étudiante, choisie au hasard parmi les appelants, attend depuis plus d'une minute d'être mise en relation avec le service clientèle. Lasse, elle raccroche et recompose le numéro. Elle espère attendre moins de trente secondes cette fois-ci.

Le fait de raccrocher, puis de rappeler, augmente-t-il ses chances de limiter à 30 secondes l'attente supplémentaire ou bien aurait-elle mieux fait de rester en ligne ? **0,75 pt**

Exercice 2 — 35 min — 3 pts

1 Donner les formes exponentielle et trigonométrique des nombres complexes $1 + \mathrm{i}$ et $1 - \mathrm{i}$. **1 pt**

2 Pour tout entier naturel n, on pose :

$$S_n = (1 + \mathrm{i})^n + (1 - \mathrm{i})^n.$$

a. Déterminer la forme trigonométrique de S_n. **1 pt**

b. Pour chacune des deux affirmations suivantes, dire si elle est vraie ou fausse en justifiant la réponse. Une réponse non justifiée ne sera pas prise en compte et l'absence de réponse n'est pas pénalisée.

Affirmation A : Pour tout entier naturel n, le nombre complexe S_n est un nombre réel.

Affirmation B : Il existe une infinité d'entiers naturels n tels que $S_n = 0$. **1 pt**

Exercice 3 — 50 min — 4 pts

L'objectif de cet exercice est d'étudier les trajectoires de deux sous-marins en phase de plongée.

On considère que ces sous-marins se déplacent en ligne droite, chacun à vitesse constante.

À chaque instant t, exprimé en minutes, le premier sous-marin est repéré par le point $S_1(t)$ et le second sous-marin est repéré par le point $S_2(t)$ dans un repère orthonormé $(O; \vec{\imath}, \vec{\jmath}, \vec{k})$ dont l'unité est le mètre.

Le plan défini par $\left(O;\vec{\imath},\vec{\jmath}\right)$ représente la surface de la mer. La cote z est nulle au niveau de la mer, négative sous l'eau.

1 On admet que, pour tout réel $t \geqslant 0$, le point $S_1(t)$ a pour coordonnées :

$$\begin{cases} x(t) = 140 - 60t \\ y(t) = 105 - 90t \\ z(t) = -170 - 30t \end{cases}$$

a. Donner les coordonnées du sous-marin au début de l'observation. **1 pt**

b. Quelle est la vitesse du sous-marin ? **1 pt**

2 On se place dans le plan vertical contenant la trajectoire du premier sous-marin.
Déterminer l'angle α que forme la trajectoire du sous-marin avec le plan horizontal.
On donnera l'arrondi de α à 0,1 degré près. **1 pt**

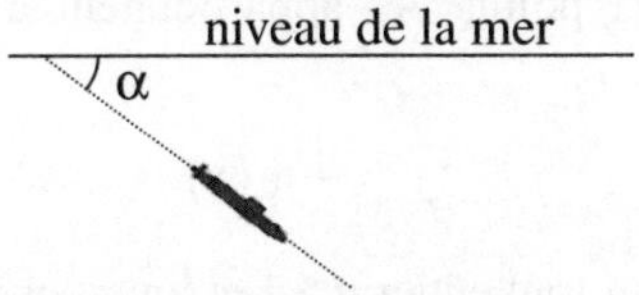

3 Au début de l'observation, le second sous-marin est situé au point $S_2(0)$ de coordonnées (68 ; 135 ; – 68) et atteint au bout de trois minutes le point $S_2(3)$ de coordonnées (– 202 ; – 405 ; – 248) avec une vitesse constante.
À quel instant t, exprimé en minutes, les deux sous-marins sont-ils à la même profondeur ? **1 pt**

Exercice 4 1 heure 5 pts

On considère, pour tout entier $n > 0$, les fonctions f_n définies sur l'intervalle [1 ; 5] par :

$$f_n(x) = \frac{\ln(x)}{x^n}.$$

Pour tout entier $n > 0$, on note $\mathscr{C}_n$ la courbe représentative de la fonction f_n dans un repère orthogonal.
Sur le graphique ci-dessous sont représentées les courbes $\mathscr{C}_n$ pour n appartenant à $\{1 ; 2 ; 3 ; 4\}$.

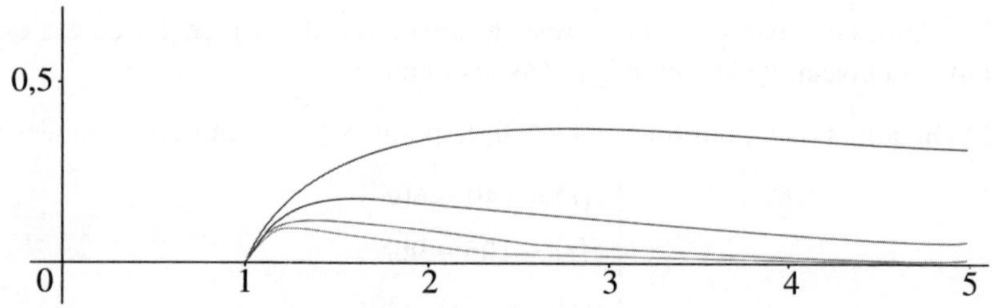

1 Montrer que, pour tout entier $n > 0$ et tout réel x de l'intervalle [1 ; 5] :

$$f_n'(x) = \frac{1 - n\ln(x)}{x^{n+1}}.$$ **1 pt**

2 Pour tout entier $n > 0$, on admet que la fonction f_n admet un maximum sur l'intervalle [1 ; 5].
On note A_n le point de la courbe $\mathscr{C}_n$ ayant pour ordonnée ce maximum.
Montrer que tous les points A_n appartiennent à une même courbe Γ d'équation :

$$y = \frac{1}{\mathrm{e}}\ln(x).$$ **1 pt**

3 **a.** Montrer que, pour tout entier $n > 1$ et tout réel x de l'intervalle [1 ; 5] :

$$0 \leqslant \frac{\ln(x)}{x^n} \leqslant \frac{\ln(5)}{x^n}.$$ **1 pt**

b. Montrer que pour tout entier $n > 1$:

$$\int_1^5 \frac{1}{x^n}\,\mathrm{d}x = \frac{1}{n-1}\left(1 - \frac{1}{5^{n-1}}\right).$$ **1 pt**

c. Pour tout entier $n > 0$, on s'intéresse à l'aire, exprimée en unités d'aire, sous la courbe $\mathscr{C}_n$, c'est-à-dire l'aire du domaine du plan délimité par les droites d'équations $x = 1$, $x = 5$, $y = 0$ et la courbe $\mathscr{C}_n$.
Déterminer la valeur limite de cette aire quand n tend vers $+\infty$. **1 pt**

Exercice 5 (spécifique) 1 heure 5 pts

Un jeu de hasard sur ordinateur est paramétré de la façon suivante :

- si le joueur gagne une partie, la probabilité qu'il gagne la partie suivante est $\frac{1}{4}$;

- si le joueur perd une partie, la probabilité qu'il perde la partie suivante est $\frac{1}{2}$;
- la probabilité de gagner la première partie est $\frac{1}{4}$.

Pour tout entier naturel n non nul, on note G_n l'événement « la $n^{\text{ième}}$ partie est gagnée » et on note p_n la probabilité de cet événement.

On a donc $p_1 = \frac{1}{4}$.

1 Montrer que $p_2 = \frac{7}{16}$. **0,75 pt**

2 Montrer que, pour tout entier naturel n non nul : **1 pt**

$$p_{n+1} = -\frac{1}{4}p_n + \frac{1}{2}.$$

3 On obtient ainsi les premières valeurs de p_n :

n	1	2	3	4	5	6	7
p_n	1	0,4375	0,3906	0,4023	0,3994	0,4001	0,3999

Quelle conjecture peut-on émettre ? **1 pt**

4 On définit, pour tout entier naturel n non nul, la suite (u_n) par :

$$u_n = p_n - \frac{2}{5}.$$

a. Démontrer que la suite (u_n) est une suite géométrique dont on précisera la raison. **0,75 pt**

b. En déduire que, pour tout entier naturel n non nul : **0,75 pt**

$$p_n = \frac{2}{5} - \frac{3}{20}\left(-\frac{1}{4}\right)^{n-1}.$$

c. La suite (p_n) converge-t-elle ? Interpréter ce résultat. **0,75 pt**

Exercice 5 (spécialité) 1 heure 5 pts

On définit la suite de réels (a_n) par :

$$\begin{cases} a_0 = 0 \\ a_1 = 1 \\ a_{n+1} = a_n + a_{n-1} \quad \text{pour} \quad n \geqslant 1 \end{cases}$$

On appelle cette suite la suite de Fibonacci.

1 Recopier et compléter l'algorithme ci-dessous pour qu'à la fin de son exécution, la variable A contienne le terme a_n.

```
A ← 0
B ← 1
Pour i allant de 2 à n :
    | C ← A + B
    | A ← …
    | B ← …
Fin Pour
```

1 pt

On obtient ainsi les premières valeurs de la suite a_n :

n	0	1	2	3	4	5	6	7	8	9	10
a_n	0	1	1	2	3	5	8	13	21	34	55

2 Soit la matrice $A = \begin{pmatrix} 1 & 1 \\ 1 & 0 \end{pmatrix}$.

Calculer A^2, A^3 et A^4. Vérifier que $A^5 = \begin{pmatrix} 8 & 5 \\ 5 & 3 \end{pmatrix}$. **0,5 pt**

3 On peut démontrer, et nous admettrons, que pour tout entier naturel n non nul :

$$A^n = \begin{pmatrix} a_{n+1} & a_n \\ a_n & a_{n-1} \end{pmatrix}.$$

a. Soit p *et* q deux entiers naturels non nuls. Calculer le produit $A^p \times A^q$ et en déduire que :

$$a_{p+q} = a_p \times a_{q+1} + a_{p-1} \times a_q.$$ **0,5 pt**

b. En déduire que si un entier r divise les entiers a_p et a_q alors r divise également a_{p+q}. **0,5 pt**

c. Soit p un entier naturel non nul. **0,75 pt**

Démontrer, en utilisant un raisonnement par récurrence sur n, que pour tout entier naturel n non nul, a_p divise a_{np}. **0,75 pt**

4 a. Soit n un entier supérieur ou égal à 5. Montrer que si n est un entier naturel qui n'est pas premier, alors a_n n'est pas un nombre premier. **0,75 pt**

b. On peut calculer $a_{19} = 4\,181 = 37 \times 113$. **1 pt**

Que penser de la réciproque de la propriété obtenue dans la question **4 a.** ?

Sujet 6 Polynésie, juin 2018

4 heures

SUJETS DE BAC

LISTE DES NOTIONS

Exercice 1

- Probabilité
- Intervalle de fluctuation asymptotique
- Loi normale
- Calcul de l'écart type

Exercice 2

- Modélisation
- Fonction sinus
- Tangentes à une courbe
- Volume d'une sphère
- Volume d'un cylindre
- Algorithme

Exercice 3

- Fonction exponentielle
- Primitive
- Calcul d'aire

Exercice 4 (S spécifique)

- Suite
- Tableur
- Probabilité

Exercice 4 (S spécialité)

- Graphe probabiliste
- Matrice
- Puissance d'une matrice
- Limite d'une suite
- État stationnaire

Exercice 1 1 heure 5 pts

Rappel de connaissances

L'intervalle de fluctuation asymptotique au seuil de 95 % est donné par la formule :

$$\left[p-1{,}96\frac{\sqrt{p(1-p)}}{\sqrt{n}}\ ;p+1{,}96\frac{\sqrt{p(1-p)}}{\sqrt{n}}\right]$$

où n désigne la taille de l'échantillon et p la proportion des individus possédant le caractère étudié dans cette population. Les conditions de validité de cet intervalle sont les suivantes :

$$n \geqslant 30,\ np \geqslant 5,\ n(1-p) \geqslant 5.$$

La municipalité d'une grande ville dispose d'un stock de DVD qu'elle propose en location aux usagers des différentes médiathèques de cette ville.
Afin de renouveler son offre de location, la municipalité décide de retirer des DVD de son stock.
Parmi les DVD retirés, certains sont défectueux, d'autres non.

Parmi les 6 % de DVD défectueux sur l'ensemble du stock, 98 % sont retirés.
On admet par ailleurs que parmi les DVD non défectueux, 92 % sont maintenus dans le stock ; les autres sont retirés.

Les trois parties sont indépendantes.

Partie A

On choisit un DVD au hasard dans le stock de la municipalité.
On considère les événements suivants :

- D « le DVD est défectueux » ;
- R « le DVD est retiré du stock ».

On note $\overline{D}$ et $\overline{R}$ les événements contraires respectifs des événements D et R.

1 Démontrer que la probabilité de l'événement R est 0,134. **0,75 pt**

2 Une association caritative contacte la municipalité dans l'objectif de récupérer l'ensemble des DVD qui sont retirés du stock. Un responsable de la ville affirme alors que, parmi ces DVD retirés, plus de la moitié est composée de DVD défectueux. Cette affirmation est-elle vraie ? **1 pt**

Partie B

Une des médiathèques de la ville se demande si le nombre de DVD défectueux qu'elle possède n'est pas anormalement élevé. Pour cela, elle effectue des tests sur un échantillon de 150 DVD de son propre stock, qui est suffisamment important pour que cet échantillon soit assimilé à un tirage successif avec remise. Sur cet échantillon, on détecte 14 DVD défectueux. Peut-on rejeter l'hypothèse selon laquelle, dans cette médiathèque, 6 % des DVD sont défectueux ? **1,25 pt**

Partie C

Une partie du stock de DVD de la ville est constituée de DVD de films d'animation destinés au jeune public. On choisit un film d'animation au hasard et on note X la variable aléatoire qui donne la durée, en minutes, de ce film. X suit une loi normale d'espérance $\mu = 80$ min et d'écart-type σ.
De plus, on estime que $P(X \geqslant 92) = 0,10$.

1 Déterminer le réel σ et en donner une valeur approchée à 0,01. **0,75 pt**

2 Un enfant regarde un film d'animation dont il ne connaît pas la durée. Sachant qu'il en a déjà vu une heure et demie, quelle est la probabilité que le film se termine dans les cinq minutes qui suivent ? **1,25 pt**

Exercice 2 1 h 10 min **6 pts**

Dans cet exercice, on s'intéresse au volume d'une ampoule basse consommation.

Partie A Modélisation de la forme de l'ampoule

Le plan est muni d'un repère orthonormé $\left(O\,;\vec{i},\vec{j}\right)$.
On considère les points :

$$A(-1\,;1),\ B(0\,;1),\ C(4\,;3),\ D(7\,;0)$$
$$E(4\,;-3),\ F(0\,;-1)\text{ et }G(-1\,;-1).$$

On modélise la section de l'ampoule par un plan passant par son axe de révolution à l'aide de la figure ci-après.
La partie de la courbe située au-dessus de l'axe des abscisses se décompose de la manière suivante :

- la portion située entre les points A et B est la représentation graphique de la fonction constante h définie sur l'intervalle $[-1\,;0]$ par $h(x)=1$;
- la portion située entre les points B et C est la représentation graphique d'une fonction f définie sur l'intervalle $[0\,;4]$ par :

$$f(x)=a+b\sin\left(c+\frac{\pi}{4}x\right)$$

où a, b et c sont des réels non nuls fixés et où le réel c appartient à l'intervalle $\left[0\,;\frac{\pi}{2}\right]$;

- la portion située entre les points C et D est un quart de cercle de diamètre [CE].

La partie de la courbe située en dessous de l'axe des abscisses est obtenue par symétrie par rapport à l'axe des abscisses.

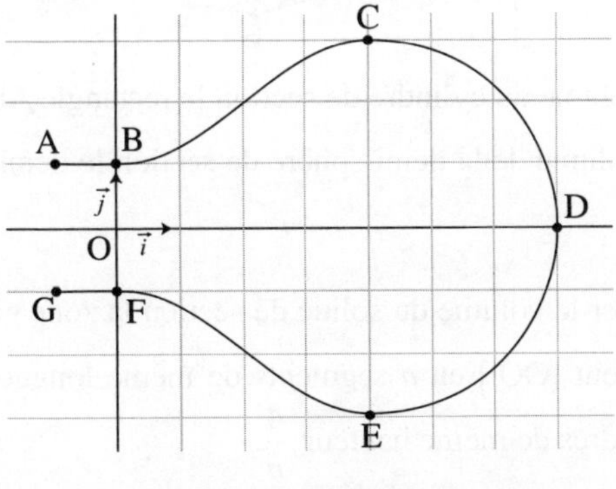

1 a. On appelle f' la fonction dérivée de la fonction f. Pour tout réel x de l'intervalle [0 ; 4], déterminer $f'(x)$. **0,75 pt**

b. On impose que les tangentes aux points B et C à la représentation graphique de la fonction f soient parallèles à l'axe des abscisses. Déterminer la valeur du réel c. **1 pt**

2 Déterminer les réels a et b. **0,75 pt**

Partie B Approximation du volume de l'ampoule

Par rotation de la figure précédente autour de l'axe des abscisses, on obtient un modèle de l'ampoule.

Afin d'en calculer le volume, on la décompose en trois parties comme illustré ci-après. On rappelle que :

- le volume d'un cylindre est donné par la formule $\pi r^2 h$, où r est le rayon du disque de base et h est la hauteur ;
- le volume d'une boule de rayon r est donné par la formule $\frac{4}{3}\pi r^3$.

On admet également que, pour tout réel x de l'intervalle [0 ; 4] :

$$f(x) = 2 - \cos\left(\frac{\pi}{4}x\right).$$

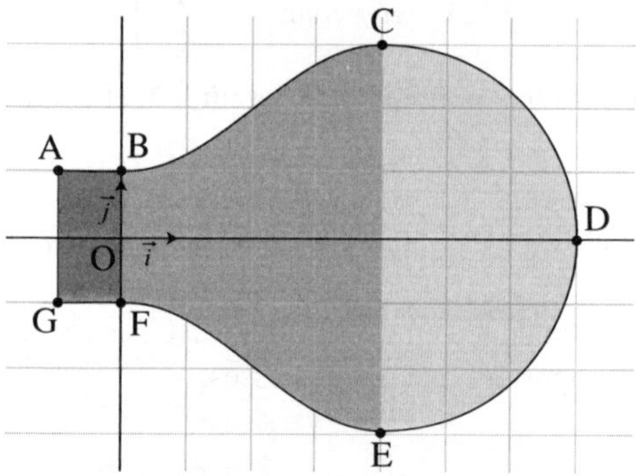

1 Calculer le volume du cylindre de section le rectangle ABFG. **0,75 pt**

2 Calculer le volume de la demi-sphère de section le demi-disque de diamètre [CE]. **0,75 pt**

3 Pour approcher le volume du solide de section la zone grisée BCEF, on partage le segment [OO′] en n segments de même longueur $\frac{4}{n}$, puis on construit n cylindres de même hauteur $\frac{4}{n}$.

a. ***Cas particulier*** Dans cette question uniquement on choisit $n = 5$.
Calculer le volume du troisième cylindre, grisé dans les figures ci-dessous, puis en donner la valeur arrondie à 10^{-2}. **1 pt**

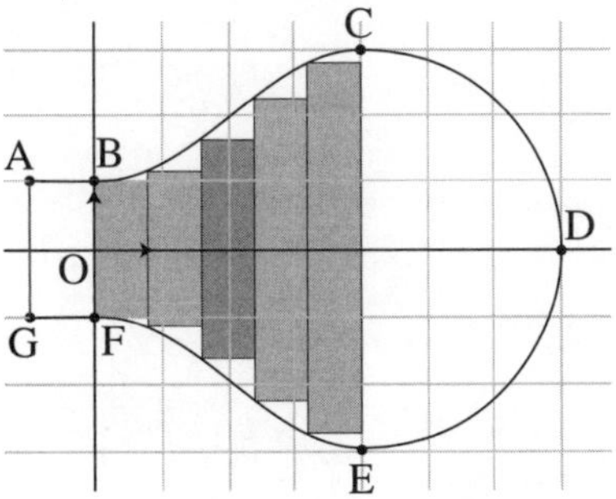

Vue dans le plan (BCE)

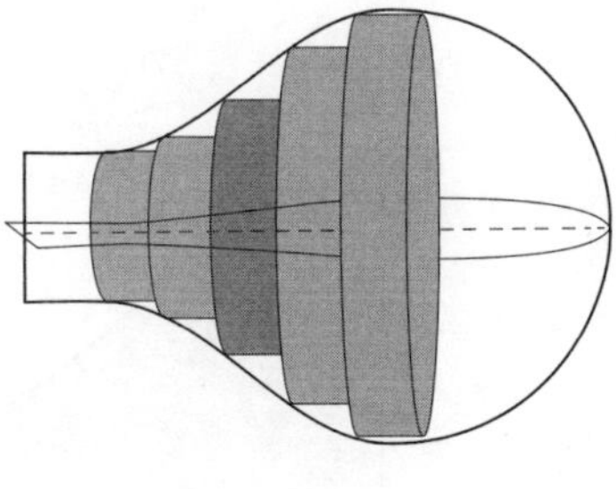

Vue dans l'espace

b. ***Cas général***

Dans cette question, n désigne un entier naturel quelconque non nul.
On approche le volume du solide de section BCEF par la somme des volumes des n cylindres ainsi créés en choisissant une valeur de n suffisamment grande.
Recopier et compléter l'algorithme suivant de sorte qu'à la fin de son exécution, la variable V contienne la somme des volumes des n cylindres créés lorsque l'on saisit n.

1	V ← 0
2	*Pour k allant de … à … :*
3	V ← …
4	Fin pour

1 pt

SUJETS DE BAC

Exercice 3 ⏱ 50 min **4 pts**

On considère la fonction f définie sur l'intervalle $[0 ; +\infty[$ par :

$$f(x) = ke^{-kx}$$

où k est un nombre réel strictement positif.
On appelle $\mathscr{C}_f$ sa représentation graphique dans le repère orthonormé $\left(O ; \vec{i}, \vec{j}\right)$.

On considère le point A de la courbe $\mathscr{C}_f$ d'abscisse 0 et le point B de la courbe $\mathscr{C}_f$ d'abscisse 1.
Le point C a pour coordonnées $(1 ; 0)$.

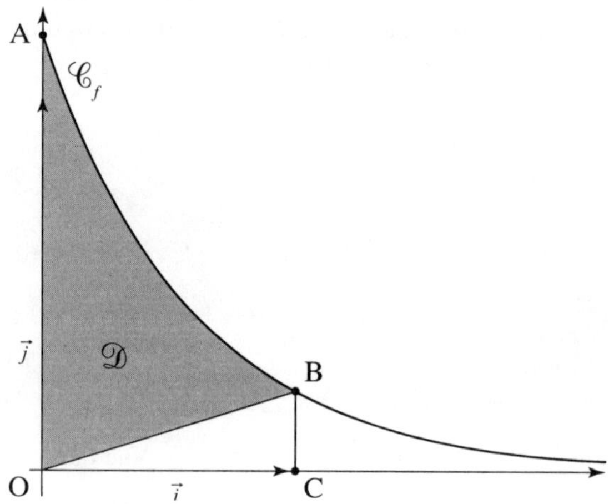

1 Déterminer une primitive de la fonction f sur l'intervalle $[0 ; +\infty[$. **1 pt**

2 Exprimer, en fonction de k, l'aire du triangle OCB et celle du domaine $\mathscr{D}$ délimité par l'axe des ordonnées, la courbe $\mathscr{C}_f$ et le segment [OB]. **1,5 pt**

3 Montrer qu'il existe une unique valeur du réel k strictement positive telle que l'aire du domaine $\mathscr{D}$ vaut le double de celle du triangle OCB. **1,5 pt**

Exercice 4 (spécifique) 1 heure 5 pts

Un lapin se déplace dans un terrier composé de trois galeries, notées A, B et C, dans chacune desquelles il est confronté à un stimulus particulier.

À chaque fois qu'il est soumis à un stimulus, le lapin reste dans la galerie où il se trouve ou change de galerie. Cela constitue une étape.

Soit n un entier naturel.

On note a_n la probabilité de l'événement « le lapin est dans la galerie A à l'étape n ».

On note b_n la probabilité de l'événement « le lapin est dans la galerie B à l'étape n ».

On note c_n la probabilité de l'événement « le lapin est dans la galerie C à l'étape n ».

À l'étape $n = 0$, le lapin est dans la galerie A.

Une étude antérieure des réactions du lapin face aux différents stimuli permet de modéliser ses déplacements par le système suivant :

$$\begin{cases} a_{n+1} = \frac{1}{3}a_n + \frac{1}{4}b_n \\ b_{n+1} = \frac{2}{3}a_n + \frac{1}{2}b_n + \frac{2}{3}c_n \\ c_{n+1} = \frac{1}{4}b_n + \frac{1}{3}c_n \end{cases}$$

L'objectif de cet exercice est d'estimer dans quelle galerie le lapin a la plus grande probabilité de se trouver à long terme.

Partie A

À l'aide d'un tableur, on obtient le tableau de valeurs suivant :

	A	B	C	D
1	n	a_n	b_n	c_n
2	*0*	1	0	0
3	*1*	0,333	0,667	0
4	2	0,278	0,556	0,167
5	*3*	0,231	0,574	0,194
6	*4*	0,221	0,571	0,208

	A	B	C	D
7	5	0,216	0,572	0,212
8	6	0,215	0,571	0,214
9	7	0,215	0,571	0,214
10	8	0,214	0,571	0,214
11	9	0,214	0,571	0,214
12	10	0,214	0,571	0,214

1 Quelle formule faut-il entrer dans la cellule C3 et recopier vers le bas pour remplir la colonne C ? **0,75 pt**

2 Quelle conjecture peut-on émettre ? **0,75 pt**

Partie B

1 On définit la suite (u_n), pour tout entier naturel n, par :

$$u_n = a_n - c_n.$$

a. Démontrer que la suite (u_n) est géométrique en précisant sa raison. **0,5 pt**

b. Donner, pour tout entier naturel n, l'expression de u_n en fonction de n. **0,5 pt**

2 On définit la suite (v_n) par $v_n = b_n - \frac{4}{7}$ pour tout entier naturel n.

a. Expliquer pourquoi, pour tout entier naturel n, $a_n + b_n + c_n = 1$ et en déduire que pour tout entier naturel n : **0,75 pt**

$$v_{n+1} = -\frac{1}{6}v_n.$$

b. En déduire, pour tout entier naturel n, l'expression de v_n en fonction de n. **0,5 pt**

3 En déduire que, pour tout entier naturel n, on a :

$$a_n = \frac{3}{14} + \frac{1}{2}\left(\frac{1}{3}\right)^n + \frac{2}{7}\left(-\frac{1}{6}\right)^n, \quad b_n = \frac{4}{7} - \frac{4}{7}\left(-\frac{1}{6}\right)^n$$

$$\text{et } c_n = \frac{3}{14} - \frac{1}{2}\left(\frac{1}{3}\right)^n + \frac{2}{7}\left(-\frac{1}{6}\right)^n.$$

0,75 pt

4 Que peut-on en déduire sur la position du lapin après un très grand nombre d'étapes ? **0,5 pt**

Exercice 4 [spécialité] 1 heure 5 pts

Un atome d'hydrogène peut se trouver dans deux états différents, l'état stable et l'état excité. À chaque nanoseconde, l'atome peut changer d'état.

Partie A Étude d'un premier milieu

Dans cette partie, on se place dans un premier milieu (milieu 1) où, à chaque nanoseconde, la probabilité qu'un atome passe de l'état stable à l'état excité est 0,005, et la probabilité qu'il passe de l'état excité à l'état stable est 0,6.

On observe un atome d'hydrogène initialement à l'état stable.

On note a_n la probabilité que l'atome soit dans un état stable et b_n la probabilité qu'il se trouve dans un état excité, n nanosecondes après le début de l'observation.

On a donc $a_0 = 1$ et $b_0 = 0$.

On appelle X_n la matrice ligne $X_n = (a_n \quad b_n)$.

L'objectif est de savoir dans quel état se trouvera l'atome d'hydrogène à long terme.

1 Calculer a_1 puis b_1 et montrer que $a_2 = 0{,}993025$ et $b_2 = 0{,}006975$. **0,5 pt**

2 Déterminer la matrice A telle que, pour tout entier naturel n, $X_{n+1} = X_n A$.
A est appelée matrice de transition dans le milieu 1.
On admet alors que, pour tout entier naturel n, $X_n = X_0 A^n$. **0,5 pt**

3 On définit la matrice P par $P = \begin{pmatrix} 1 & -1 \\ 1 & 120 \end{pmatrix}$.

On admet que P est inversible et que :

$$P^{-1} = \frac{1}{121}\begin{pmatrix} 120 & 1 \\ -1 & 1 \end{pmatrix}.$$

Déterminer la matrice D définie par $D = P^{-1}AP$. **0,75 pt**

4 Démontrer que, pour tout entier naturel n, $A^n = PD^nP^{-1}$. **0,75 pt**

5 On admet par la suite que, pour tout entier naturel n :

$$A^n = \frac{1}{121}\begin{pmatrix} 120 + 0{,}395^n & 1 - 0{,}395^n \\ 120\left(1 - 0{,}395^n\right) & 1 + 120 \times 0{,}395^n \end{pmatrix}.$$ **0,5 pt**

En déduire une expression de a_n en fonction de n.

6 Déterminer la limite de la suite (a_n). Conclure. **0,5 pt**

Partie B Étude d'un second milieu

Dans cette partie, on se place dans un second milieu (milieu 2), dans lequel on ne connaît pas la probabilité que l'atome passe de l'état excité à l'état stable. On note α cette probabilité supposée constante. On sait, en revanche, qu'à chaque nanoseconde, la probabilité qu'un atome passe de l'état stable à l'état excité est 0,01.

1 Donner, en fonction de α, la matrice de transition M dans le milieu 2. **0,75 pt**

2 Après un temps très long, dans le milieu 2, la proportion d'atomes excités se stabilise autour de 2 %.
On admet qu'il existe un unique vecteur X, appelé état stationnaire, tel que $XM = X$, et que $X = (0{,}98 \quad 0{,}02)$.
Déterminer la valeur de α. **0,75 pt**

Sujet 7 Inde, mai 2018

4 heures

LISTE DES NOTIONS

Exercice 1
- Suite
- Algorithme
- Fonction exponentielle
- Tableau de variation
- Valeur moyenne d'une fonction

Exercice 2
- Nombre complexe
- Application à la géométrie

Exercice 3
- Probabilité
- Loi normale
- Calcul d'un écart-type
- Probabilité conditionnelle
- Intervalle de confiance

Exercice 4 (S spécifique)
- Géométrie dans l'espace
- Représentation paramétrique d'une droite
- Équation cartésienne d'un plan
- Volume d'un tétraèdre

Exercice 4 (S spécialité)
- Arithmétique
- Congruence
- Algorithme de chiffrement de Rabin
- Algorithme de déchiffrement

Exercice 1 — 1 h 10 — 6 pts

Les parties A et B peuvent être traitées de façon indépendante.

Dans une usine, un four cuit des céramiques à la température de 1 000 °C. À la fin de la cuisson, il est éteint et il refroidit.

On s'intéresse à la phase de refroidissement du four, qui débute dès l'instant où il est éteint.

La température du four est exprimée en degré Celsius (°C).

La porte du four peut être ouverte sans risque pour les céramiques dès que sa température est inférieure à 70 °C. Sinon, les céramiques peuvent se fissurer, voire se casser.

Partie A

Pour un nombre entier naturel n, on note T_n la température en degré Celsius du four au bout de n heures écoulées à partir de l'instant où il a été éteint. On a donc $T_0 = 1000$.

La température T_n est calculée par l'algorithme suivant :

```
T ← 1 000
Pour i allant de 1 à n
    T ← 0,82 × T + 3,6
Fin Pour
```

1 Déterminer la température du four, arrondie à l'unité, au bout de 4 heures de refroidissement. **0,50 pt**

2 Démontrer que, pour tout nombre entier naturel n, on a :

$$T_n = 980 \times 0{,}82^n + 20.$$ **0,50 pt**

3 Au bout de combien d'heures le four peut-il être ouvert sans risque pour les céramiques ? **0,50 pt**

Partie B

Dans cette partie, on note t le temps (en heure) écoulé depuis l'instant où le four a été éteint.

La température du four (en degré Celsius) à l'instant t est donnée par la fonction f définie, pour tout nombre réel t positif, par :

$$f(t) = ae^{-\frac{t}{5}} + b$$

où a et b sont deux nombres réels.

On admet que f vérifie la relation suivante :

$$f'(t) + \frac{1}{5}f(t) = 4.$$

1 Déterminer les valeurs de a et b sachant qu'initialement, la température du four est de 1 000 °C, c'est-à-dire que $f(0) = 1\,000$. **0,50 pt**

2 Pour la suite, on admet que, pour tout nombre réel positif t :

$$f(t) = 980e^{-\frac{t}{5}} + 20.$$

a. Déterminer la limite de f lorsque t tend vers $+\infty$. **0,25 pt**

b. Étudier les variations de f sur $[0\ ;+\infty[$. En déduire son tableau de variation complet. **0,50 pt**

c. Avec ce modèle, après combien de minutes le four peut-il être ouvert sans risque pour les céramiques ? **0,50 pt**

3 La température moyenne (en degré Celsius) du four entre deux instants t_1 et t_2 est donnée par $\frac{1}{t_2 - t_1}\int_{t_1}^{t_2} f(t)\,dt$.

SUJETS DE BAC

a. À l'aide de la représentation graphique de f ci-dessous, donner une estimation de la température moyenne θ du four sur les 15 premières heures de refroidissement. Expliquer votre démarche. **0,75 pt**

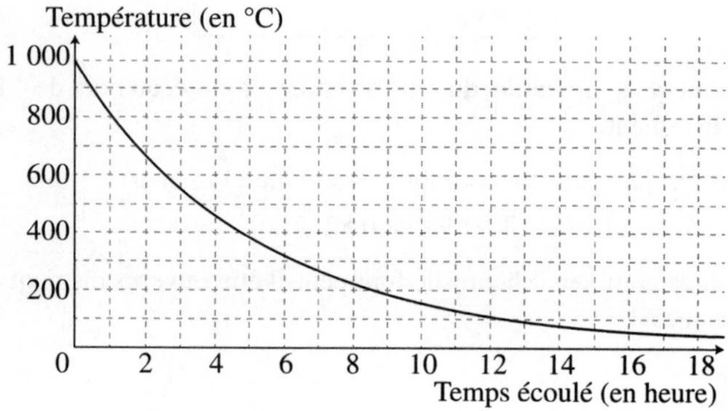

b. Calculer la valeur exacte de cette température moyenne θ et en donner la valeur arrondie au degré Celsius. **0,75 pt**

4 Dans cette question, on s'intéresse à l'abaissement de température (en degré Celsius) du four au cours d'une heure, soit entre deux instants t et $(t + 1)$. Cet abaissement est donné par la fonction d définie, pour tout nombre réel t positif, par :

$$d(t) = f(t) - f(t + 1).$$

a. Vérifier que, pour tout nombre réel t positif :

$$d(t) = 980\left(1 - e^{-\frac{1}{5}}\right)e^{-\frac{t}{5}}.$$ **0,50 pt**

b. Déterminer la limite de $d(t)$ lorsque t tend vers $+\infty$.
Quelle interprétation peut-on en donner ? **0,75 pt**

Exercice 2 — 50 min — 4 pts

Le plan est muni d'un repère orthonormé $\left(\mathrm{O}\,;\vec{u},\vec{v}\right)$.
Les points A, B et C ont pour affixes respectives $a = -4$, $b = 2$ et $c = 4$.

1 On considère les trois points A′, B′ et C′ d'affixes respectives :

$$a' = \mathrm{j}a,\ b' = \mathrm{j}b \text{ et } b' = \mathrm{j}c$$

où j est le nombre complexe $-\frac{1}{2} + \mathrm{i}\frac{\sqrt{3}}{2}$.

a. Donner la forme trigonométrique et la forme exponentielle de j.
En déduire les formes algébriques et exponentielles de a', b' et c'.
b. Les points A, B et C ainsi que les cercles de centre O et de rayon 2, 3 et 4 sont représentés sur le graphique ci-dessous. **1 pt**

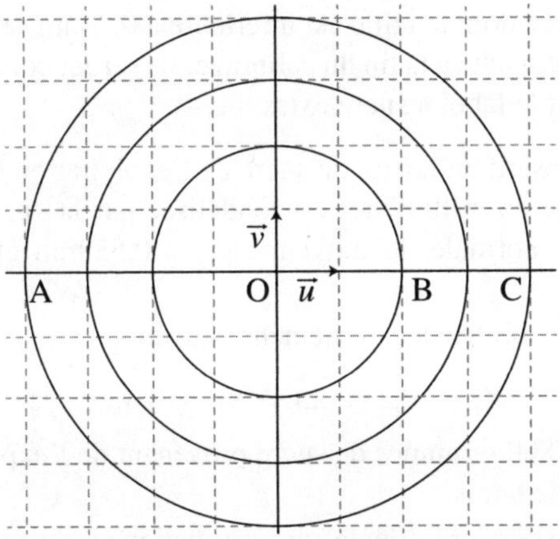

Placer les points A′, B′ et C′ sur ce graphique. **1 pt**

2 Montrer que les points A′, B′ et C′ sont alignés. **1 pt**

3 On note M le milieu du segment [A′C], N le milieu du segment [C′C] et P le milieu du segment [C′A]. Démontrer que le triangle MNP est isocèle. **1 pt**

Exercice 3 1 heure 5 pts

Une entreprise conditionne du sucre blanc provenant de deux exploitations U et V en paquets de 1 kg et de différentes qualités.
Le sucre extra fin est conditionné séparément dans des paquets portant le label « extra fin ».
*Les parties **A**, **B** et **C** peuvent être traitées de façon indépendante.*
Dans tout l'exercice, les résultats seront arrondis, si nécessaire, au millième.

Partie A

Pour calibrer le sucre en fonction de la taille de ses cristaux, on le fait passer au travers d'une série de trois tamis positionnés les uns au-dessus des autres et posés sur un récipient à fond étanche.
Les ouvertures des mailles sont les suivantes :

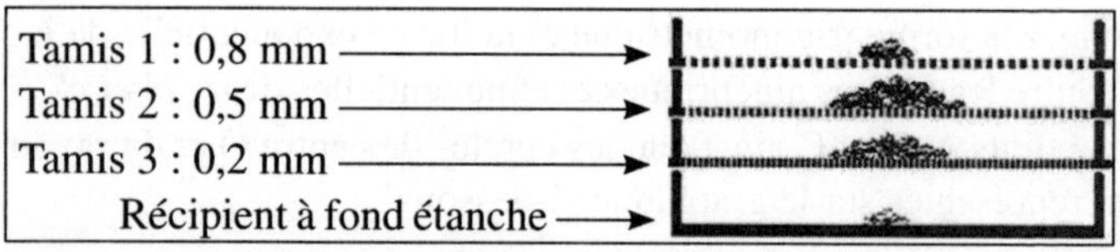

Les cristaux de sucre dont la taille est inférieure à 0,2 mm se trouvent dans le récipient à fond étanche à la fin du calibrage. Ils seront conditionnés dans des paquets portant le label « sucre extra fin ».

1 On prélève au hasard un cristal de sucre de l'exploitation U. La taille de ce cristal, exprimée en millimètre, est modélisée par la variable aléatoire X_U qui suit la loi normale de moyenne $\mu_U = 0{,}58$ mm et d'écart type $\sigma_U = 0{,}21$ mm.

a. Calculer les probabilités des événements suivants :

$$X_U < 0{,}2 \text{ et } 0{,}5 \leqslant X_U < 0{,}8.$$ **0,25 pt**

b. On fait passer 1 800 grammes de sucre provenant de l'exploitation U au travers de la série de tamis.

Déduire de la question précédente une estimation de la masse de sucre récupérée dans le récipient à fond étanche et une estimation de la masse de sucre récupérée dans le tamis 2. **0,5 pt**

2 On prélève au hasard un cristal de sucre de l'exploitation V. La taille de ce cristal, exprimée en millimètre, est modélisée par la variable aléatoire X_V qui suit la loi normale de moyenne $\mu_V = 0{,}65$ mm et d'écart type σ_V à déterminer.

Lors du calibrage d'une grande quantité de cristaux de sucre provenant de l'exploitation V, on constate que 40 % de ces cristaux se retrouvent dans le tamis 2.

Quelle est la valeur de l'écart type σ_V de la variable aléatoire X_V ? **0,5 pt**

Partie B

Dans cette partie, on admet que 3 % du sucre provenant de l'exploitation U est extra fin et que 5 % du sucre provenant de l'exploitation V est extra fin.

On prélève au hasard un paquet de sucre dans la production de l'entreprise et, dans un souci de traçabilité, on s'intéresse à la provenance de ce paquet.

On considère les événements suivants :

- U : « Le paquet contient du sucre provenant de l'exploitation U » ;
- V : « Le paquet contient du sucre provenant de l'exploitation V » ;
- E : « Le paquet porte le label "extra fin" ».

1 Dans cette question, on admet que l'entreprise fabrique 30 % de ses paquets avec du sucre provenant de l'exploitation U et les autres avec du sucre provenant de l'exploitation V, sans mélanger les sucres des deux exploitations.

a. Quelle est la probabilité que le paquet prélevé porte le label « extra fin » ? **0,5 pt**

b. Sachant qu'un paquet porte le label « extra fin », quelle est la probabilité que le sucre qu'il contient provienne de l'exploitation U ? **0,5 pt**

2 L'entreprise souhaite modifier son approvisionnement auprès des deux exploitations afin que parmi les paquets portant le label « extra fin », 30 % d'entre eux contiennent du sucre provenant de l'exploitation U.
Comment doit-elle s'approvisionner auprès des exploitations U et V ?
Toute trace de recherche sera valorisée dans cette question. **0,75 pt**

Partie C

1 L'entreprise annonce que 30 % des paquets de sucre portant le label « extra fin » qu'elle conditionne contiennent du sucre provenant de l'exploitation U.
Avant de valider une commande, un acheteur veut vérifier cette proportion annoncée. Il prélève 150 paquets pris au hasard dans la production de paquets labellisés « extra fin » de l'entreprise. Parmi ces paquets, 30 contiennent du sucre provenant de l'exploitation U.
A-t-il des raisons de remettre en question l'annonce de l'entreprise ? **1 pt**

2 L'année suivante, l'entreprise déclare avoir modifié sa production. L'acheteur souhaite estimer la nouvelle proportion de paquets de sucre provenant de l'exploitation U parmi les paquets portant le label « extra fin ». Il prélève 150 paquets pris au hasard dans la production de paquets labellisés « extra fin » de l'entreprise. Parmi ces paquets 42 % contiennent du sucre provenant de l'exploitation U.
Donner un intervalle de confiance, au niveau de confiance 95 %, de la nouvelle proportion de paquets labellisés « extra fin » contenant du sucre provenant de l'exploitation U. **1 pt**

Exercice 4 (spécifique) 1 heure 5 pts

Dans l'espace muni du repère orthonormé $\left(O;\vec{i},\vec{j},\vec{k}\right)$ d'unité 1 cm, on considère les points A, B, C et D de coordonnées respectives :

$$(2\,;1\,;4),\ (4\,;-1\,;0),\ (0\,;3\,;2) \text{ et } (4\,;3\,;-2).$$

1 Déterminer une représentation paramétrique de la droite (CD). **0,75 pt**

2 Soit M un point de la droite (CD).

a. Déterminer les coordonnées du point M tel que la distance BM soit minimale. **0,50 pt**

b. On note H le point de la droite (CD) ayant pour coordonnées (3 ; 3 ; – 1). Vérifier que les droites (BH) et (CD) sont perpendiculaires. **0,50 pt**

c. Montrer que l'aire du triangle BCD est égale à 12 cm^2. **0,50 pt**

3 **a.** Démontrer que le vecteur $\vec{n}\begin{pmatrix}2\\1\\2\end{pmatrix}$ est un vecteur normal au plan (BCD). **0,50 pt**

b. Déterminer une équation cartésienne du plan (BCD). **0,50 pt**

c. Déterminer une représentation paramétrique de la droite Δ passant par A et orthogonale au plan (BCD). **0,50 pt**

d. Démontrer que le point I, intersection de la droite Δ et du plan (BCD), a pour coordonnées $\left(\frac{2}{3};\frac{1}{3};\frac{8}{3}\right)$. **0,50 pt**

4 Calculer le volume du tétraèdre ABCD. **0,75 pt**

Exercice 4 (spécialité) 1 heure 5 pts

À toute lettre de l'alphabet on associe un nombre entier x compris entre 0 et 25 comme indiqué dans le tableau ci-dessous :

Lettre	A	B	C	D	E	F	G	H	I	J	K	L	M
x	0	1	2	3	4	5	6	7	8	9	10	11	12

Lettre	N	O	P	Q	R	S	T	U	V	W	X	Y	Z
x	13	14	15	16	17	18	19	20	21	22	23	24	25

Le « chiffre de RABIN » est un dispositif de cryptage asymétrique inventé en 1979 par l'informaticien Michael RABIN.

Alice veut communiquer de manière sécurisée en utilisant ce cryptosystème. Elle choisit deux nombres premiers distincts p et q. Ce couple de nombres est sa clé privée qu'elle garde secrète.

Elle calcule ensuite $n = p \times q$ et elle choisit un nombre entier naturel B tel que $0 \leqslant B \leqslant n - 1$.

Si Bob veut envoyer un message secret à Alice, il le code lettre par lettre.

Le codage d'une lettre représentée par le nombre entier x est le nombre y tel que : $$y \equiv x(x + B)\ [n] \text{ avec } 0 \leqslant y < n.$$

Dans tout l'exercice on prend $p = 3$, $q = 11$ donc $n = p \times q = 33$ et $B = 13$.

Partie A Cryptage

Bob veut envoyer le mot « NO » à Alice.

1 Montrer que Bob code la lettre « N » avec le nombre 8. **0,25 pt**

2 Déterminer le nombre qui code la lettre « O ». **0,25 pt**

Partie B Décryptage

Alice a reçu un message crypté qui commence par le nombre 3.
Pour décoder ce premier nombre, elle doit déterminer le nombre entier x tel que :

$$x(x+13) \equiv 3\ [33] \text{ avec } 0 \leqslant x < 26.$$

1 Montrer que $x(x+13) \equiv 3\ [33]$ équivaut à $(x+23)^2 \equiv 4\ [33]$. **0,50 pt**

2 a. Montrer que si $(x+23)^2 \equiv 4\ [33]$, alors le système d'équations

$$\begin{cases} (x+23)^2 \equiv 4[3] \\ (x+23)^2 \equiv 4[11] \end{cases}$$

est vérifié. **0,50 pt**

b. Réciproquement, montrer que $\begin{cases} (x+23)^2 \equiv 4[3] \\ (x+23)^2 \equiv 4[11] \end{cases}$, alors :

$$(x+23)^2 \equiv 4[33].$$ **0,50 pt**

c. En déduire que $x(x+13) \equiv 3[33] \Leftrightarrow \begin{cases} (x+23)^2 \equiv 1[3] \\ (x+23)^2 \equiv 4[11] \end{cases}$. **0,50 pt**

3 a. Déterminer les nombres entiers naturels a tels que :

$$0 \leqslant a < 3 \text{ et } a^2 \equiv 1[3].$$ **0,25 pt**

b. Déterminer les nombres entiers naturels b tels que :

$$0 \leqslant b < 11 \text{ et } b^2 \equiv 4[11].$$ **0,25 pt**

4 a. En déduire que $x(x+13) \equiv 3\ [33]$ équivaut aux quatre systèmes suivants : **0,50 pt**

$$\begin{cases} x \equiv 2[3] \\ x \equiv 8[11] \end{cases} \text{ ou } \begin{cases} x \equiv 0[3] \\ x \equiv 1[11] \end{cases} \text{ ou } \begin{cases} x \equiv 2[3] \\ x \equiv 1[11] \end{cases} \text{ ou } \begin{cases} x \equiv 0[3] \\ x \equiv 8[11] \end{cases}.$$

b. On admet que chacun de ces systèmes admet une unique solution entière x telle que $0 \leqslant x < 33$. Déterminer, sans justification, chacune de ces solutions. **0,50 pt**

SUJETS DE BAC

5 Compléter l'algorithme ci-dessous pour qu'il affiche les quatre solutions trouvées dans la question précédente.

```
Pour ...... allant de ...... à ...... .
  Si le reste de la division de ...... par ...... est égal à ...... alors
    Afficher ......
  Fin Si
Fin Pour
```

0,50 pt

6 Alice peut-elle connaître la première lettre du message envoyé par Bob ? Le « chiffre de RABIN » est-il utilisable pour décoder un message lettre par lettre ? **0,50 pt**

Sujet 8 Asie juin 2018

4 heures

SUJETS DE BAC

LISTE DES NOTIONS

Exercice 1
- Famille de fonctions
- Fonction exponentielle
- Minoration
- Primitive
- Valeur moyenne

Exercice 2
- QCM
- Probabilité
- Échantillon
- Loi normale
- Minoration

Exercice 3
- Géométrie dans l'espace
- Tétraèdre
- Section plane
- Représentation paramétrique d'une droite
- Droites perpendiculaires

Exercice 4 (S spécifique)
- Nombre complexe
- Application à la géométrie
- Algorithme
- Intersection de deux courbes
- Logiciel de calcul formel

Exercice 4 (S spécialité)
- Arithmétique
- Équation
- Algorithme
- Matrice
- Puissance d'une matrice

Exercice 1 1 heure 5 pts

Une ferme aquatique exploite une population de crevettes qui évolue en fonction de la reproduction naturelle et des prélèvements effectués.
La masse initiale de cette population de crevettes est estimée à 100 tonnes. Compte tenu des conditions de reproduction et de prélèvement, on modélise la masse de la population de crevettes, exprimée en tonne, en fonction du temps, exprimé en semaine, par la fonction f_p, définie sur l'intervalle $[0\,;+\infty[$ par :

$$f_p(t)=\frac{100p}{1-(1-p)\mathrm{e}^{-pt}}$$

où p est un paramètre strictement compris entre 0 et 1 et qui dépend des différentes conditions de vie et d'exploitation des crevettes.

1 Cohérence du modèle

a. Calculer $f_p(0)$. **0,5 pt**

b. On rappelle que $0 < p < 1$.
Démontrer que pour tout nombre réel $t \geqslant 0$:

$$1-(1-p)\mathrm{e}^{-pt} \geqslant p.$$ **0,5 pt**

c. En déduire que pour tout nombre réel $t \geqslant 0$:

$$0 < f_p(t) \leqslant 100.$$ **0,5 pt**

2 Étude de l'évolution lorsque $p = 0{,}9$

Dans cette question, on prend $p = 0{,}9$ et on étudie la fonction $f_{0,9}$ définie sur $[0\,;+\infty[$ par :

$$f_{0,9}(t) = \frac{90}{1-0{,}1\mathrm{e}^{-0{,}9t}}.$$

a. Déterminer les variations de la fonction $f_{0,9}$. **0,5 pt**

b. Démontrer que pour tout nombre réel $t \geqslant 0$:

$$f_{0,9}(t) \geqslant 90.$$ **0,5 pt**

c. Interpréter les résultats des questions **2 a.** et **2 b.** dans le contexte. **0,5 pt**

3 Retour au cas général

On rappelle que $0 < p < 1$.
Exprimer, en fonction de p, la limite de f_p lorsque t tend vers $+\infty$. **0,75 pt**

4 Dans cette question, on prend $p = \dfrac{1}{2}$.

a. Montrer que la fonction H définie sur l'intervalle $[0\,;+\infty[$ par :

$$\mathrm{H}(t) = 100\ln\left(2-\mathrm{e}^{-\frac{t}{2}}\right)+50t$$

est une primitive de la fonction $f_{1/2}$ sur cet intervalle. **0,75 pt**

b. En déduire la masse moyenne de crevettes lors des 5 premières semaines d'exploitation, c'est-à-dire la valeur moyenne de la fonction $f_{1/2}$ sur l'intervalle $[0\,;5]$.
En donner une valeur approchée arrondie à la tonne. **0,5 pt**

Exercice 2 1 heure 5 pts

Dans les **parties A et B** de cet exercice, on considère une maladie ; tout individu a une probabilité égale à 0,15 d'être touché par cette maladie.

Partie A

Cette partie est un questionnaire à choix multiples (Q. C. M.). Pour chacune des questions, une seule des quatre réponses est exacte. Le candidat indiquera sur sa copie le numéro de la question et la lettre correspondant à la réponse exacte. Aucune justification n'est demandée. Une réponse exacte rapporte un point, une réponse fausse ou une absence de réponse ne rapporte ni n'enlève aucun point.

Un test de dépistage de cette maladie a été mis au point. Si l'individu est malade, dans 94 % des cas le test est positif. Pour un individu choisi au hasard dans cette population, la probabilité que le test soit positif vaut 0,158.

1 On teste un individu choisi au hasard dans la population : le test est positif. Une valeur arrondie au centième de la probabilité que la personne soit malade est égale à :

a. 0,94 ; **b.** 1 ; **c.** 0,89 ; **d.** on ne peut pas savoir. **1 pt**

2 On prélève un échantillon aléatoire dans la population, et on fait passer le test aux individus de cet échantillon. On souhaite que la probabilité qu'au moins un individu soit testé positivement soit supérieure ou égale à 0,99. La taille minimum de l'échantillon doit être égale à :

a. 26 personnes ; **b.** 27 personnes ; **c.** 3 personnes ; **d.** 7 personnes. **1 pt**

3 Un vaccin pour lutter contre cette maladie a été mis au point. II est fabriqué par une entreprise sous forme de dose injectable par seringue. Le volume V (exprimé en millilitre) d'une dose suit une loi normale d'espérance $\mu = 2$ et d'écart-type σ. La probabilité que le volume d'une dose, exprimé en millilitre, soit compris entre 1,99 et 2,01 millilitres est égale à 0,997.

La valeur de σ doit vérifier :

a. $\sigma = 0{,}02$; **b.** $\sigma < 0{,}003$; **c.** $\sigma > 0{,}003$; **d.** $\sigma = 0,\ 003$. **1 pt**

Partie B

1 Une boîte d'un certain médicament permet de soigner un malade.

La durée d'efficacité (exprimée en mois) de ce médicament est modélisée de la manière suivante :

- durant les 12 premiers mois après fabrication, on est certain qu'il demeure efficace ;

• au-delà, sa durée d'efficacité restante suit une loi exponentielle de paramètre λ.
La probabilité que l'une des boîtes prise au hasard dans un stock ait une durée d'efficacité totale supérieure à 18 mois est égale à 0,887.
Quelle est la valeur moyenne de la durée d'efficacité totale de ce médicament ? **1 pt**

2 Une ville de 100 000 habitants veut constituer un stock de ces boîtes afin de soigner les personnes malades.
Quelle doit être la taille minimale de ce stock pour que la probabilité qu'il suffise à soigner tous les malades de cette ville soit supérieure à 95 % ? **1 pt**

Exercice 3 1 heure 5 pts

On se place dans un repère orthonormé d'origine O et d'axes (Ox), (Oy) et (Oz). Dans ce repère, on donne les points :

$$A(-3\ ;0\ ;0),\ B(3\ ;0\ ;0),\ C(0\ ;\ 3\sqrt{3}\ ;\ 0) \text{ et } D(0\ ;\ \sqrt{3}\ ;2\sqrt{6}).$$

On note H le milieu du segment [CD] et I le milieu du segment [BC].

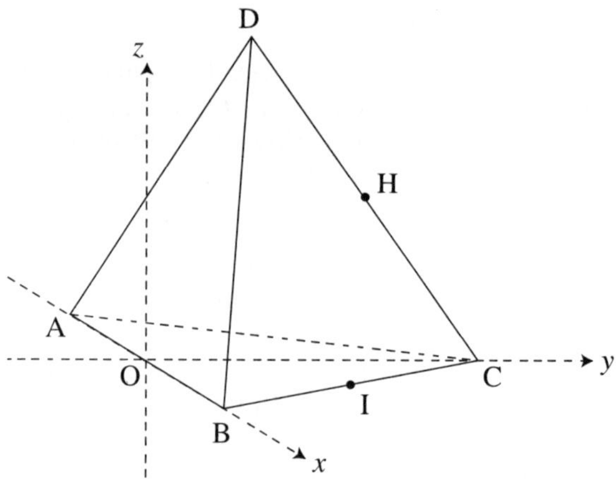

1 Calculer les longueurs AB et AD. **0,5 pt**

On admet pour la suite que toutes les arêtes du solide ABCD ont la même longueur, c'est-à-dire que le tétraèdre ABCD est un tétraèdre régulier.

On appelle $\mathcal{P}$ le plan de vecteur normal $\overrightarrow{OH}$ et passant par le point I.

2 Étude de la section du tétraèdre ABCD par le plan $\mathcal{P}$

a. Montrer qu'une équation cartésienne du plan $\mathcal{P}$ est :

$$2y\sqrt{3} + z\sqrt{6} - 9 = 0.$$ **0,75 pt**

b. Démontrer que le milieu J de [BD] est le point d'intersection de la droite (BD) et du plan $\mathcal{P}$. **0,75 pt**

c. Donner une représentation paramétrique de la droite (AD), puis démontrer que le plan $\mathcal{P}$ et la droite (AD) sont sécants en un point K dont on déterminera les coordonnées. **0,75 pt**

d. Démontrer que les droites (IJ) et (JK) sont perpendiculaires. **0,75 pt**

e. Déterminer précisément la nature de la section du tétraèdre ABCD par le plan $\mathcal{P}$. **0,75 pt**

3 Peut-on placer un point M sur l'arête [BD] tel que le triangle OIM soit rectangle en M ? **0,75 pt**

Exercice 4 (spécifique) 1 heure 5 pts

Dans cet exercice, x et y sont des nombres réels supérieurs à 1.

Dans le plan complexe muni d'un repère orthonormé direct $\left(O ; \vec{u}, \vec{v}\right)$, on considère les points A, B et C d'affixes respectives :

$$z_A = 1 + i, \quad z_B = x + i \quad \text{et} \quad z_C = y + i.$$

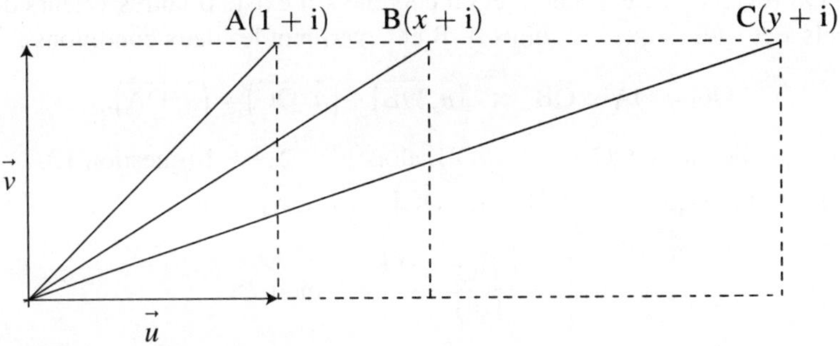

Problème : on cherche les valeurs éventuelles des réels x et y, supérieures à 1, pour lesquelles :

$$OC = OA \times OB \quad \text{et} \quad \left(\vec{u}, \overrightarrow{OB}\right) + \left(\vec{u}, \overrightarrow{OC}\right) = \left(\vec{u}, \overrightarrow{OA}\right).$$

1 Démontrer que si OC = OA × OB, alors $y^2 = 2x^2 + 1$. **0,5 pt**

2 Reproduire sur la copie et compléter l'algorithme ci-après pour qu'il affiche tous les couples (x, y) tels que :

$$\begin{cases} y^2 = 2x^2 + 1 \\ x \text{ et } y \text{ sont des nombres entiers} \\ 1 \leqslant x \leqslant 10 \text{ et } 1 \leqslant y \leqslant 10 \end{cases}$$

```
Pour x allant de 1 à … faire
   Pour…
      Si …
            Afficher x et y
      Fin Si
   Fin Pour
Fin Pour
```

Lorsque l'on exécute cet algorithme, il affiche la valeur 2 pour la variable x et la valeur 3 pour la variable y. **0,5 pt**

3 Étude d'un cas particulier : dans cette question seulement, on prend $x = 2$ et $y = 3$.

a. Donner le module et un argument de z_A. **0,5 pt**

b. Montrer que $OC = OA \times OB$. **0,5 pt**

c. Montrer que $z_B z_C = 5z_A$, et en déduire que :

$$\left(\vec{u}, \overrightarrow{OB}\right) + \left(\vec{u}, \overrightarrow{OC}\right) = \left(\vec{u}, \overrightarrow{OA}\right).$$ **0,75 pt**

4 On revient au cas général, et on cherche s'il existe d'autres valeurs des réels x et y telles que les points A, B et C vérifient les deux conditions :

$$OC = OA \times OB \quad \text{et} \quad \left(\vec{u}, \overrightarrow{OB}\right) + \left(\vec{u}, \overrightarrow{OC}\right) = \left(\vec{u}, \overrightarrow{OA}\right).$$

On rappelle que si $OC = OA \times OB$, alors $y^2 = 2x^2 + 1$ (question **1.**).

a. Démontrer que si $\left(\vec{u}, \overrightarrow{OB}\right) + \left(\vec{u}, \overrightarrow{OC}\right) = \left(\vec{u}, \overrightarrow{OA}\right)$, alors :

$$\arg\left[\frac{(x+i)(y+i)}{1+i}\right] = 0 \bmod 2\pi.$$

En déduire que sous cette condition :

$$x + y - xy + 1 = 0.$$ **0,75 pt**

b. Démontrer que si les deux conditions sont vérifiées et que de plus $x \neq 1$, alors :

$$y = \sqrt{2x^2 + 1} \quad \text{et} \quad y = \frac{x+1}{x-1}.$$ **0,75 pt**

5 On définit les fonctions f et g sur l'intervalle $]1 ; +\infty[$ par :

$$f(x) = \sqrt{2x^2 + 1} \quad \text{et} \quad g(x) = \frac{x+1}{x-1}.$$

Déterminer le nombre de solutions du problème initial.

On pourra utiliser la fonction h définie sur l'intervalle $]1\ ;\ +\infty[$ par $h(x) = f(x) - g(x)$ et s'appuyer sur la copie d'écran d'un logiciel de calcul formel donnée ci-dessous.

$f(x)$:=sqrt(2 * x^2+1)
$x \rightarrow \sqrt{2 * x^2 + 1}$
deriver(f)
$x \rightarrow \dfrac{2 * x}{\sqrt{2 * x^2 + 1}}$
$g(x)$:=(x + 1)/ (x – 1)
$x \rightarrow \dfrac{x+1}{x-1}$
deriver(g)
$x \rightarrow -\dfrac{2}{(x-1)^2}$

0,75 pt

Exercice 4 (spécialité) 1 heure 5 pts

On s'intéresse à la figure suivante, dans laquelle a, b et c désignent les longueurs des hypoténuses des trois triangles rectangles en O dessinés ci-dessous.

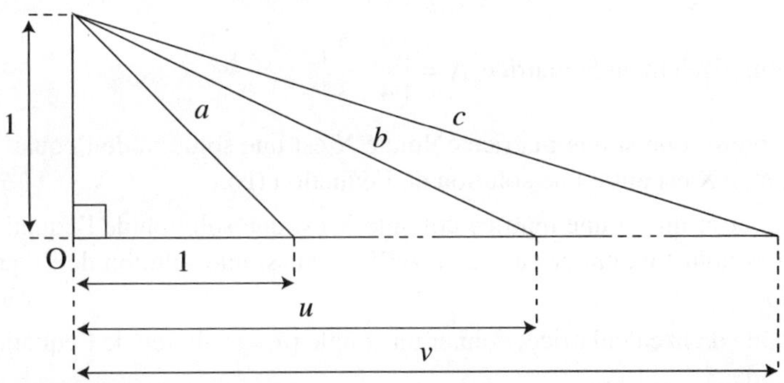

Problème : on cherche les couples de **nombres entiers naturels non nuls** (u, v) tels que $ab = c$.

1 Modélisation

Démontrer que les solutions du problème sont des solutions de l'équation :

(E) : $v^2 - 2u^2 = 1$ (v et u étant des entiers naturels non nuls). **0,5 pt**

2 Recherche systématique de solutions de l'équation (*E*)

Recopier et compléter l'algorithme suivant pour qu'il affiche au cours de son exécution tous les couples solutions de l'équation pour lesquels $1 \leqslant u \leqslant 1\,000$ et $1 \leqslant v \leqslant 1000$.

```
Pour u allant de 1 à... faire
    Pour ...
        Si ...
            Afficher u et v
        Fin Si
    Fin Pour
Fin Pour
```

Au cours de son exécution, l'algorithme affiche :

2	3
12	17
70	99
408	577

0,5 pt

3 Analyse des solutions éventuelles de l'équation (*E*)

On suppose que le couple (u, v) est une solution de l'équation (E).

a. Établir que $u < v$. **0,5 pt**

b. Démontrer que n et n^2 ont la même parité pour tout entier naturel n. **0,5 pt**

c. Démontrer que v est un nombre impair. **0,5 pt**

d. Établir que $2u^2 = (v-1)(v+1)$.

En déduire que u est un nombre pair. **0,75 pt**

4 Une famille de solutions

On assimile un couple de nombres entiers (u, v) à la matrice colonne :

$$\mathrm{X} = \begin{pmatrix} u \\ v \end{pmatrix}.$$

On définit également la matrice $\mathrm{A} = \begin{pmatrix} 3 & 2 \\ 4 & 3 \end{pmatrix}$.

a. Démontrer que si une matrice colonne X est une solution de l'équation (E), alors AX est aussi une solution de l'équation (E). **0,5 pt**

b. Démontrer que si une matrice colonne X est une solution de l'équation (E), alors pour tout entier naturel n, $\mathrm{A}^n\mathrm{X}$ est aussi une solution de l'équation (E). **0,5 pt**

c. À l'aide de la calculatrice, donner un couple (u, v) solution de l'équation (E) tel que :

$$v > 10\,000.$$

0,75 pt

Sujet 9 France métropolitaine Ile de la Réunion, septembre 2017

4 heures

LISTE DES NOTIONS

Exercice 1
- Suite d'intégrales
- Fonction exponentielle
- Convergence
- Calcul d'aire
- Probabilité
- Algorithme

Exercice 2
- Nombre complexe
- Équation
- Application à la géométrie
- Construction à la règle et au compas

Exercice 3
- Probabilité
- Loi normale
- Arbre pondéré
- Intervalle de fluctuation asymptotique
- Intervalle de confiance
- Effectif minimal

Exercice 4 (S spécifique)
- Géométrie dans l'espace
- Équation d'un plan
- Volume d'un tétraèdre
- Représentation paramétrique d'une droite

Exercice 4 (S spécialité)
- Géométrie dans l'espace
- Matrice
- Résolution d'une équation matricielle
- Équation diophantienne
- Congruence
- Point à coordonnées entières dans un plan

Exercice 1 (S spécifique) 1 h 10 6 pts

Partie A

On considère la suite (u_n) définie pour tout entier naturel n par :

$$u_n = \int_0^n \mathrm{e}^{-x^2}\,\mathrm{d}x.$$

On ne cherchera pas à calculer u_n en fonction de n.

1 **a.** Montrer que la suite (u_n) est croissante **0,5 pt**

b. Démontrer que pour tout réel $x \geqslant 0$, on a :

$$-x^2 \leqslant -2x+1, \text{ puis } \mathrm{e}^{-x^2} \leqslant \mathrm{e}^{-2x+1}.$$

En déduire que pour tout entier naturel n, on a $u_n < \dfrac{\mathrm{e}}{2}$. **0,5 pt**

c. Démontrer que la suite (u_n) est convergente. On ne cherchera pas à calculer sa limite. **0,5 pt**

2 Dans cette question, on se propose d'obtenir une valeur approchée de u_2.
Dans le repère orthonormé $(O ; \vec{i}, \vec{j})$ ci-dessous, on a tracé la courbe $\mathscr{C}$ représentative de la fonction f définie sur l'intervalle [0 ; 2] par $f(x) = e^{-x^2}$, et le rectangle OABC, où A(2 ; 0), B(2 ; 1) et C(0 ; 1).
On a hachuré le domaine $\mathscr{D}$ compris entre la courbe $\mathscr{C}$, l'axe des abscisses, l'axe des ordonnées et la droite d'équation $x = 2$.

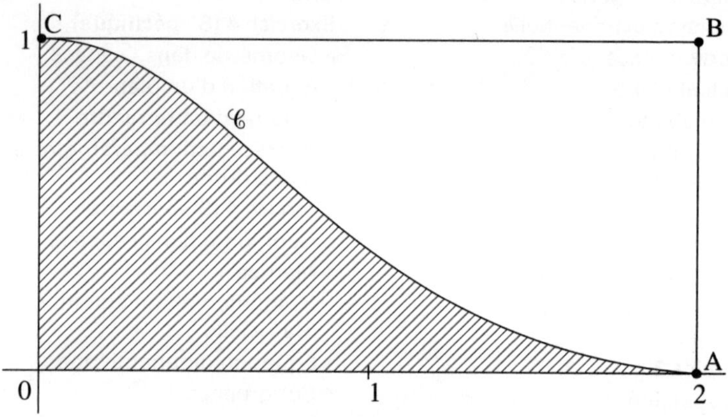

On considère l'expérience aléatoire consistant à choisir un point M au hasard à l'intérieur du rectangle OABC.
On admet que la probabilité p que ce point appartienne au domaine $\mathscr{D}$ est :

$$p = \frac{\text{Aire de } \mathscr{D}}{\text{Aire de OABC}}.$$

a. Justifier que $u_2 = 2p$. **0,5 pt**

b. On considère l'algorithme suivant :

L1	**Variables** :	N, C nombres entiers ; X, Y, F nombres réels
L2	**Entrée** :	Saisir N
L3	**Initialisation** :	C prend la valeur 0
L4	**Traitement** :	
L5	Pour k variant de 1 à N	
L6		X prend la valeur d'un nombre aléatoire entre 0 et 2
L7		Y prend la valeur d'un nombre aléatoire entre 0 et 1
L8		Si $Y \leqslant e^{-X^2}$ alors

L9	C prend la valeur C + 1
L10	Fin Si
L11	Fin Pour
L12	Afficher C
L13	F prend la valeur C/N
L14	Afficher F

i. Que permet de tester la condition de la ligne L8 concernant la position du point M(X ; Y) ? **0,5 pt**

ii. Interpréter la valeur F affichée par cet algorithme. **0,5 pt**

iii. Que peut-on conjecturer sur la valeur de F lorsque N devient très grand ? **0,5 pt**

c. En faisant fonctionner cet algorithme pour $N = 10^6$, on obtient $C = 441\ 138$.

On admet, dans ce cas, que la valeur F affichée par l'algorithme est une valeur approchée de la probabilité p à 10^{-3} près.

En déduire une valeur approchée de u_2 à 10^{-2} près. **0,5 pt**

Partie B

Une entreprise spécialisée est chargée par l'office de tourisme d'une station de ski de la conception d'un panneau publicitaire ayant la forme d'une piste de ski.

Afin de donner des informations sur la station, une zone rectangulaire est insérée sur le panneau comme indiqué sur la figure ci-dessous.

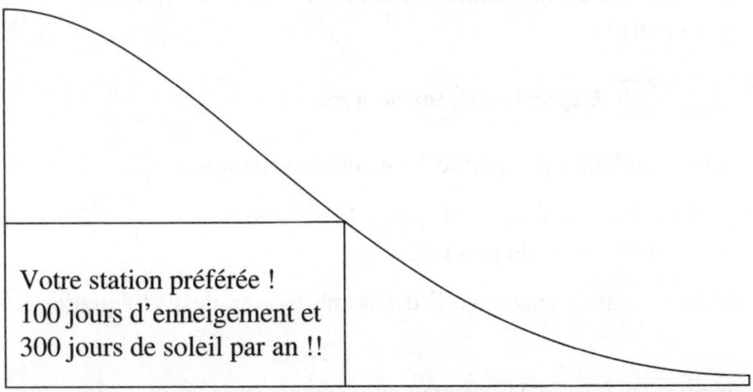

Le panneau, modélisé par le domaine $\mathcal{D}$ défini dans la **partie A**, est découpé dans une plaque rectangulaire de 2 mètres sur 1 mètre. Il est représenté ci-après dans un repère orthonormé $\left(O ; \vec{i}, \vec{j}\right)$; l'unité choisie est le mètre.

Pour x nombre réel appartenant à l'intervalle $[0 ; 2]$, on note :

- M le point de la courbe $\mathscr{C}$ de coordonné $\left(x ; \mathrm{e}^{-x^2}\right)$,
- N le point de coordonnées $(x ; 0)$,
- P le point de coordonnées $\left(0 ; \mathrm{e}^{-x^2}\right)$,
- $\mathrm{A}(x)$ l'aire du rectangle ONMP.

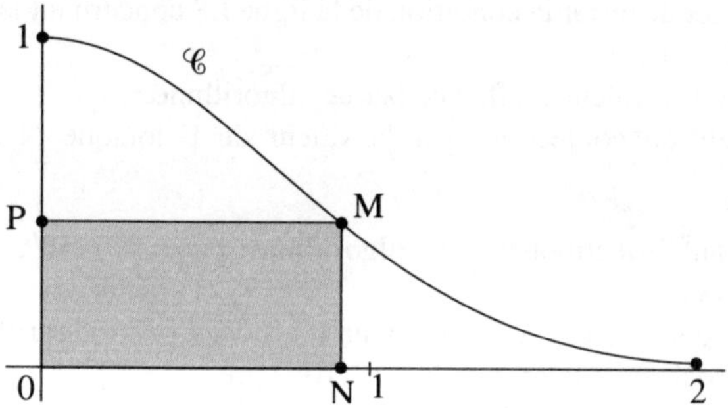

1 Justifier que pour tout nombre réel x de l'intervalle $[0 ; 2]$, on a :

$$A(x) = x\mathrm{e}^{-x^2}.$$ **0,5 pt**

2 Déterminer la position du point M sur la courbe $\mathscr{C}$ pour laquelle l'aire du rectangle ONMP est maximale. **0,75 pt**

3 Le rectangle ONMP d'aire maximale obtenu à la question **2.** doit être peint en bleu, et le reste du panneau en blanc. Déterminer, en m^2 et à 10^{-2} près, la mesure de la surface à peindre en bleu et celle de la surface à peindre en blanc. **0,75 pt**

Exercice 2 (S spécifique) 50 min 4 pts

Le plan complexe est rapporté à un repère orthonormé $\left(O ; \vec{u}, \vec{v}\right)$. À tout point M d'affixe z, on associe le point M' d'affixe $z' = -z^2 + 2z$. Le point M' est appelé image du point M.

1 Résoudre dans l'ensemble $\mathbb{C}$ des nombres complexes l'équation :

$$-z^2 + 2z - 2 = 0.$$ **1 pt**

En déduire les affixes des points dont l'image est le point d'affixe 2.

2 Soit M un point d'affixe z et M' son image d'affixe z'.
On note N le point d'affixe $z_N = z^2$.
Montrer que M est le milieu du segment $[NM']$. **0,5 pt**

3 Dans cette question, on suppose que le point M ayant pour affixe z, appartient au cercle $\mathscr{C}$ de centre O et de rayon 1. On note θ un argument de z.

a. Déterminer le module de chacun des nombres complexes z et z_N, ainsi qu'un argument de z_N en fonction θ. **0,5 pt**

b. Sur la figure donnée ci-dessous, on a représenté un point M sur le cercle $\mathscr{C}$.

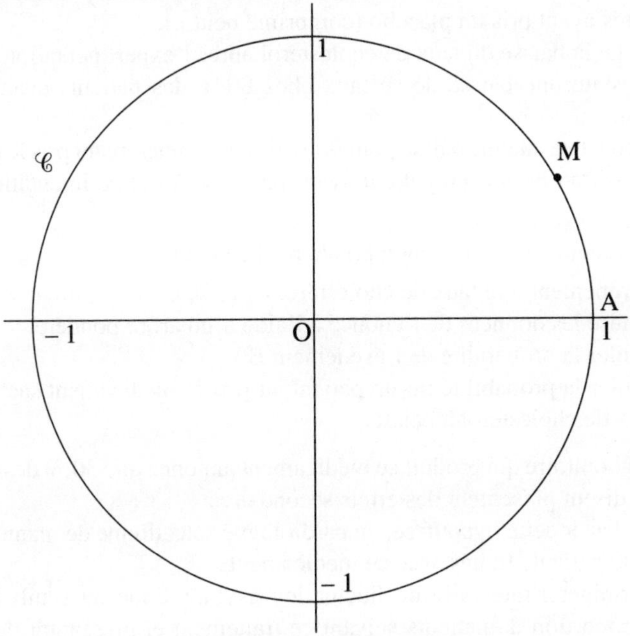

Construire sur cette figure les points N et M′ en utilisant une règle et un compas (on laissera les traits de construction apparents). **1 pt**

c. Soit A le point d'affixe 1. Quelle est la nature du triangle AMM′ ? **1 pt**

Exercice 3 (S spécifique) 1 heure 5 pts

Tous les résultats demandés seront arrondis au millième.

1 Une étude effectuée sur une population d'hommes âgés de 35 à 40 ans a montré que le taux de cholestérol total dans le sang, exprimé en grammes par litre, peut être modélisé par une variable aléatoire T qui suit une loi normale d'espérance $\mu = 1{,}84$ et d'écart type $\sigma = 0{,}4$.

a. Déterminer selon cette modélisation la probabilité qu'un sujet tiré au hasard dans cette population ait un taux de cholestérol compris entre 1,04 g/L et 2,64 g/L. **0,5 pt**

b. Déterminer selon cette modélisation la probabilité qu'un sujet tiré au hasard dans cette population ait un taux de cholestérol supérieur à 1,2 g/L. **0,5 pt**

2 Afin de tester l'efficacité d'un médicament contre le cholestérol, des patients nécessitant d'être traités ont accepté de participer à un essai clinique organisé par un laboratoire.
Dans cet essai, 60 % des patients ont pris le médicament pendant un mois, les autres ayant pris un placebo (comprimé neutre).
On étudie la baisse du taux de cholestérol après l'expérimentation.
On constate une baisse de ce taux chez 80 % des patients ayant pris le médicament.
On ne constate aucune baisse pour 90 % des personnes ayant pris le placebo.
On choisit au hasard un patient ayant participé à l'expérimentation et on note :

- M l'événement « le patient a pris le médicament » ;
- B l'événement « le taux de cholestérol a baissé chez le patient ».

a. Traduire les données de l'énoncé à l'aide d'un arbre pondéré. **0,5 pt**
b. Calculer la probabilité de l'événement B. **0,5 pt**
c. Calculer la probabilité qu'un patient ait pris le médicament sachant que son taux de cholestérol a baissé. **0,5 pt**

3 Le laboratoire qui produit ce médicament annonce que 30 % des patients qui l'utilisent présentent des effets secondaires.
Afin de tester cette hypothèse, un cardiologue sélectionne de manière aléatoire 100 patients traités avec ce médicament.
a. Déterminer l'intervalle de fluctuation asymptotique au seuil de 95 % de la proportion de patients suivant ce traitement et présentant des effets secondaires. **1 pt**
b. L'étude réalisée auprès des 100 patients a dénombré 37 personnes présentant des effets secondaires. Que peut-on en conclure ? **0,5 pt**
c. Pour estimer la proportion d'utilisateurs de ce médicament présentant des effets secondaires, un organisme indépendant réalise une étude basée sur un intervalle de confiance au niveau de confiance 95 %.
Cette étude aboutit à une fréquence observée de 37 % de patients présentant des effets secondaires, et à un intervalle de confiance qui ne contient pas la fréquence 30 %.
Quel est l'effectif minimal de l'échantillon de cette étude ? **1 pt**

Exercice 4 (S spécifique) 1 heure 5 pts

Dans l'espace, on considère le cube ABCDEFGH représenté ci-dessous.
On note I et J les milieux respectifs des segments [EH] et [FB].
On munit l'espace du repère orthonormé $\left(A\ ;\ \overrightarrow{AB},\ \overrightarrow{AD},\ \overrightarrow{AE}\right)$.

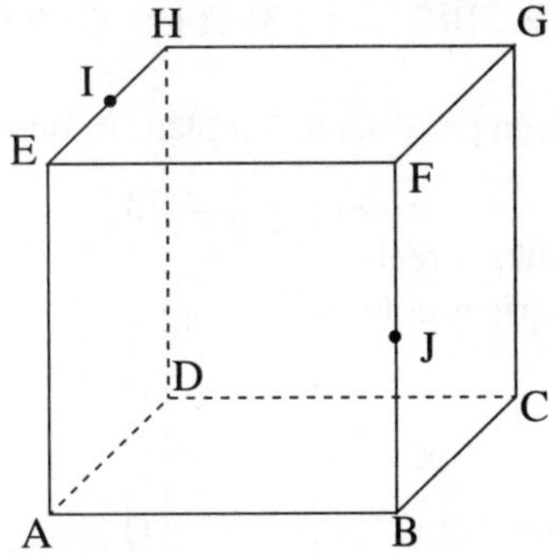

1 Donner les coordonnées des points I et J. **0,5 pt**

2 **a.** Montrer que le vecteur $\vec{n}\begin{pmatrix}1\\-2\\2\end{pmatrix}$ est un vecteur normal au plan (BGI). **0,5 pt**

b. En déduire une équation cartésienne du plan (BGI). **1 pt**

c. On note K le milieu du segment [HJ]. Le point K appartient-il au plan (BGI) ? **0,5 pt**

3 Le but de cette question est de calculer l'aire du triangle BGI.

a. En utilisant par exemple le triangle FIG pour base, démontrer que le volume du tétraèdre FBIG est égal à $\frac{1}{6}$. **0,5 pt**

On rappelle que le volume V d'un tétraèdre est donné par la formule $V = \frac{1}{3}B \times h$ où B désigne l'aire d'une base et h la hauteur correspondante.

b. Déterminer une représentation paramétrique de la droite Δ passant par F et orthogonale au plan (BGI). **0,5 pt**

c. La droite Δ coupe le plan (BGI) en F'. Montrer que le point F' a pour coordonnées $\left(\frac{7}{9}\ ;\ \frac{4}{9}\ ;\ \frac{5}{9}\right)$. **0,5 pt**

d. Calculer la longueur FF'. En déduire l'aire du triangle BGI. **1 pt**

Exercice 4 (S spécialité) 1 heure 5 pts

Partie A

Dans l'espace rapporté à un repère orthonormé $\left(O ; \vec{i}, \vec{j}, \vec{k}\right)$, on considère les points A(1 ; 5 ; – 2), B(7 ; – 1 ; 3) et C(– 2 ; 7 ; – 2) et on note $\mathcal{P}$ le plan (ABC).
On cherche une équation cartésienne du plan $\mathcal{P}$ sous la forme :

$$ax + by + cz = 73$$

où a, b, c sont des nombres réels.
On note X et Y les matrices colonnes :

$$X = \begin{pmatrix} a \\ b \\ c \end{pmatrix} \text{ et } Y = \begin{pmatrix} 1 \\ 1 \\ 1 \end{pmatrix}.$$

1 Montrer que X vérifie la relation MX = 73Y, où M est la matrice :

$$M = \begin{pmatrix} 1 & 5 & -2 \\ 7 & -1 & 3 \\ -2 & 7 & -2 \end{pmatrix}.$$

0,5 pt

2 Soit N la matrice :

$$N = \begin{pmatrix} 19 & 4 & -13 \\ -8 & 6 & 17 \\ -47 & 17 & 36 \end{pmatrix}.$$

À l'aide d'une calculatrice, on a calculé les produits M × N et N × M, et on a obtenu les copies d'écran suivantes :

Pour M × N :

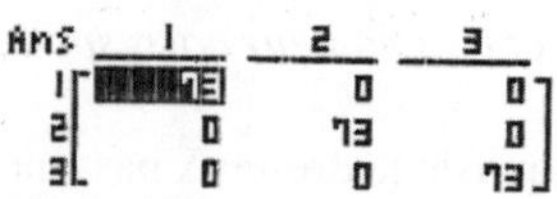

Pour N × M :

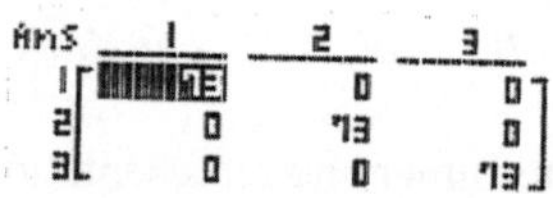

À l'aide de ces informations, justifier que la matrice M est inversible et exprimer sa matrice inverse M^{-1} en fonction de la matrice N. **0,5 pt**

3 Montrer alors que X = NY.
En déduire que le plan $\mathcal{P}$ admet pour équation cartésienne :

$$10x + 15y + 6z = 73.$$

0,5 pt

Partie B

L'objectif de cette partie est l'étude des points à coordonnées entières du plan $\mathcal{P}$ ayant pour équation cartésienne :

$$10x+15y+6z=73.$$

1 Soit $M(x\,;y\,;z)$ un point appartenant au plan $\mathcal{P}$ et au plan d'équation $z=3$. On suppose que les coordonnées x, y et z appartiennent à l'ensemble $\mathbb{Z}$ des entiers relatifs.

a. Montrer que les entiers x et y sont solutions de l'équation (E) :

$$2x+3y=11.$$ **0,5 pt**

b. Justifier que le couple $(7\,;-1)$ est une solution particulière de (E), puis résoudre l'équation (E) pour x et y appartenant à $\mathbb{Z}$. **0,5 pt**

c. Montrer qu'il existe exactement deux points appartenant au plan $\mathcal{P}$ et au plan d'équation $z=3$ et dont les coordonnées appartiennent à l'ensemble $\mathbb{N}$ des entiers naturels. Déterminer les coordonnées de ces deux points. **0,5 pt**

2 Dans cette question, on se propose de déterminer tous les points $M(x\,;y\,;z)$ du plan $\mathcal{P}$ dont les coordonnées sont des entiers naturels.

Soit x, y et z des entiers naturels tels que $10x+15y+6z=73$.

a. Montrer que y est impair. **0,5 pt**

b. Montrer que $x\equiv 1\ [3]$. On admet que $z\equiv 3\ [5]$. **0,5 pt**

c. On pose alors $x=1+3p$, $y=1+2q$ et $z=3+5r$, où p, q et r sont des entiers naturels.

Montrer que le point $M(x\,;y\,;z)$ appartient au plan $\mathcal{P}$ si et seulement si :

$$p+q+r=1.$$ **0,5 pt**

d. En déduire qu'il existe exactement trois points du plan $\mathcal{P}$ dont les coordonnées sont des entiers naturels. Déterminer les coordonnées de ces points. **0,5 pt**

Sujet 10 Amérique du Sud, novembre 2017

4 heures

LISTE DES NOTIONS

Exercice 1
- Modélisation
- Fonction logarithme
- Primitive
- Calcul d'aire

Exercice 2
- Géométrie dans l'espace
- Volume d'une pyramide

Exercice 3
- Statistique
- Loi normale
- Intervalle de fluctuation

Exercice 4
- Nombre complexe
- Application géométrique

Exercice 5 (S spécifique)
- Suite
- Équation
- Convergence
- Algorithme

Exercice 5 (S spécialité)
- Graphe probabiliste
- Matrice
- Puissance d'une matrice
- État stable
- Algorithme

Exercice 1 1 heure 5 pts

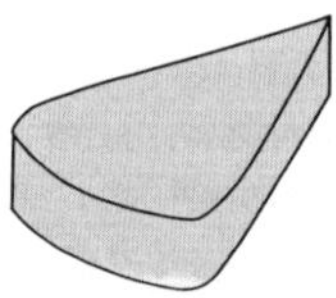

La chocolaterie Delmas décide de commercialiser de nouvelles confiseries : des palets au chocolat en forme de goutte d'eau.
Pour cela, elle doit fabriquer des moules sur mesure qui doivent répondre à la contrainte suivante : pour que cette gamme de bonbons soit rentable, la chocolaterie doit pouvoir en fabriquer au moins 80 avec 1 litre de pâte liquide au chocolat.

Partie A Modélisation par une fonction

Le demi-contour de la face supérieure du palet sera modélisé par une portion de la courbe de la fonction f définie sur $]0\,;+\infty[$ par :

$$f(x)=\frac{x^2-2x-2-3\ln x}{x}.$$

La représentation graphique de la fonction f est donnée ci-dessous.

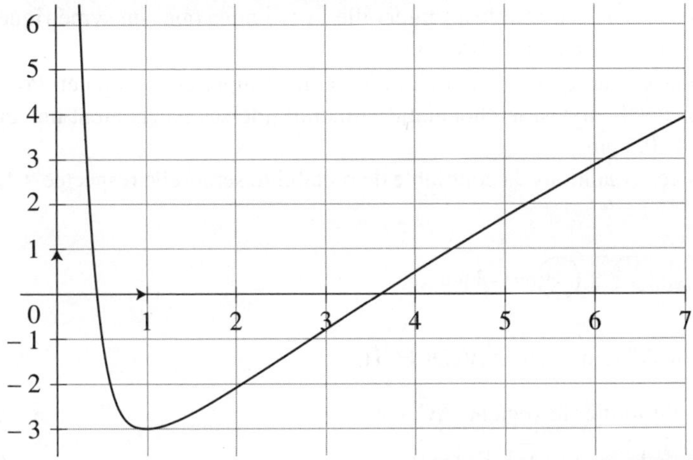

Le repère est orthogonal d'unité 2 cm en abscisses et 1 cm en ordonnées.

1 Soit φ la fonction définie sur $]0\,;+\infty[$ par :

$$\varphi(x)=x^2-1+3\ln x.$$

a. Calculer $\varphi(1)$ et la limite de φ en 0. **0,5 pt**

b. Étudier les variations de φ sur $]0\,;+\infty[$.

En déduire le signe de $\varphi(x)$ selon les valeurs de x. **0,5 pt**

2 **a.** Calculer les limites de f aux bornes de son ensemble de définition. **0,5 pt**

b. Montrer que sur $]0\,;+\infty[$, $f'(x)=\dfrac{\varphi(x)}{x^2}$.

En déduire le tableau de variation de f. **0,75 pt**

c. Prouver que l'équation $f(x)=0$ admet une unique solution α sur $]0; 1]$.

Déterminer à la calculatrice une valeur approchée de α à 10^{-2} près.

On admettra que l'équation $f(x)=0$ a également une unique solution β sur $[1; +\infty[$ avec $\beta\approx 3{,}61$ à 10^{-2} près. **0,75 pt**

d. Soit F la fonction définie sur $]0\,;+\infty[$ par :

$$F(x)=\frac{1}{2}x^2-2x-2\ln x-\frac{3}{2}(\ln x)^2.$$

Montrer que F est une primitive de f sur $]0\,;+\infty[$. **0,75 pt**

Partie B Résolution du problème

Dans cette partie, les calculs seront effectués avec les valeurs approchées à 10^{-2} près de α et β de la ***partie A****.*

Pour obtenir la forme de la goutte, on considère la courbe représentative $\mathscr{C}$ de la fonction f restreinte à l'intervalle $[\alpha ; \beta]$ ainsi que son symétrique $\mathscr{C}'$ par rapport à l'axe des abscisses.
Les deux courbes $\mathscr{C}$ et $\mathscr{C}'$ délimitent la face supérieure du palet. Pour des raisons esthétiques, le chocolatier aimerait que ses palets aient une épaisseur de 0,5 cm.
Dans ces conditions, la contrainte de rentabilité serait-elle respectée ? **1,25 pt**

Exercice 2 50 min **4 pts**

On considère un cube ABCDEFGH.

1 **a.** Simplifier le vecteur $\overrightarrow{AC}+\overrightarrow{AE}$. **0,5 pt**

b. En déduire que $\overrightarrow{AG}\cdot\overrightarrow{BD}=0$. **0,5 pt**

c. On admet que $\overrightarrow{AG}\cdot\overrightarrow{BE}=0$.

Démontrer que la droite (AG) est orthogonale au plan (BDE). **0,75 pt**

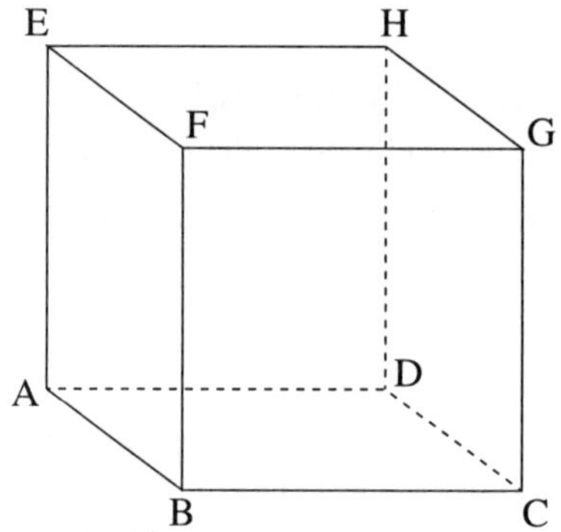

2 L'espace est muni du repère orthonormé $\left(A ; \overrightarrow{AB}, \overrightarrow{AD}, \overrightarrow{AE}\right)$.

a. Démontrer qu'une équation cartésienne du plan (BDE) est :

$$x+y+z-1=0.$$ **0,75 pt**

b. Déterminer les coordonnées du point d'intersection K de la droite (AG) et du plan (BDE). **0,75 pt**

c. On admet que l'aire, en unité d'aire, du triangle BDE est égale à $\dfrac{\sqrt{3}}{2}$.

Calculer le volume de la pyramide BDEG. **0,75 pt**

Exercice 3 35 min 3 pts

Partie A

Un organisme de contrôle sanitaire s'intéresse au nombre de bactéries d'un certain type contenues dans la crème fraîche. Pour cela, il effectue des analyses portant sur 10 000 prélèvements de 1 ml de crème fraîche dans l'ensemble de la production française. Les résultats sont donnés dans le tableau et représentés dans l'histogramme ci-dessous :

Nombres de bactéries (en milliers)	[100 ; 120[	[120 ; 130[	[130 ; 140[	[140 ; 150[	[150 ; 160[	[160 ; 180[
Nombres de prélèvements	1 597	1 284	2 255	1 808	1 345	1 711

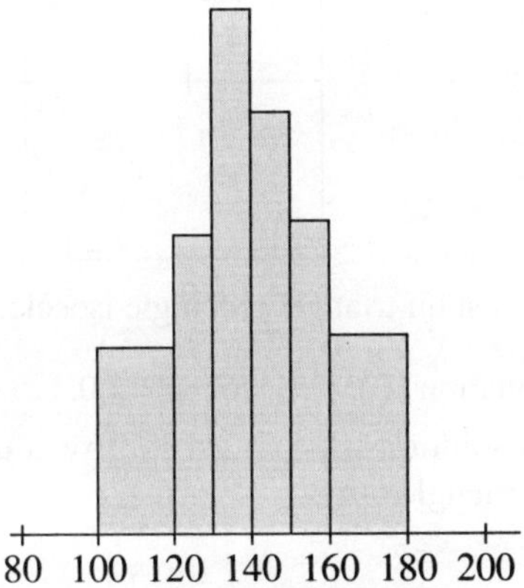

À l'aide de la calculatrice, donner une estimation de la moyenne et de l'écart-type du nombre de bactéries par prélèvement. **0,5 pt**

Partie B

L'organisme décide alors de modéliser le nombre de bactéries étudiées (en milliers par ml) présentes dans la crème fraîche par une variable aléatoire X suivant la loi normale de paramètre $\mu = 140$ et $\sigma = 19$.

1 **a.** Ce choix de modélisation est-il pertinent ? Argumenter **0,5 pt**

b. On note $p = P(X \geqslant 160)$. Déterminer la valeur arrondie de p à 10^{-3}. **0,5 pt**

2 Lors de l'inspection d'une laiterie, l'organisme de contrôle sanitaire analyse un échantillon de 50 prélèvements de 1 ml de crème fraîche dans la production de cette laiterie ; 13 prélèvements contiennent plus de 160 milliers de bactéries.

a. L'organisme déclare qu'il y a une anomalie dans la production et qu'il peut l'affirmer en ayant une probabilité de 0,05 de se tromper. Justifier sa déclaration. **0,75 pt**

b. Aurait-il pu l'affirmer avec une probabilité de 0,01 de se tromper ? **0,75 pt**

Exercice 4 35 min 3 pts

Dans le plan complexe muni d'un repère orthonormé direct $\left(O\,;\vec{u},\vec{v}\right)$, on considère les points A et B d'affixes respectives $z_A = 2e^{i\frac{\pi}{4}}$ et $z_B = 2e^{i\frac{3\pi}{4}}$.

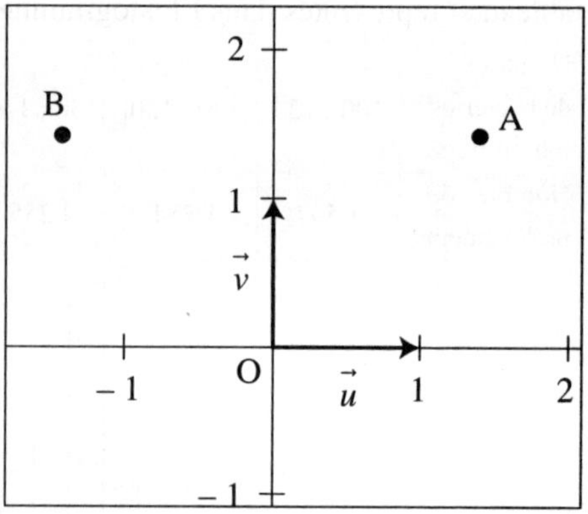

1 Montrer que OAB est un triangle rectangle isocèle. **1 pt**

2 On considère l'équation (E) $z^2 - \sqrt{6}z + 2 = 0$.

Montrer qu'une des solutions de (E) est l'affixe d'un point situé sur le cercle circonscrit au triangle OAB. **2 pts**

Exercice 5 (spécifique) 1 heure 5 pts

Un biologiste souhaite étudier l'évolution de la population d'une espèce animale dans une réserve.

Cette population est estimée à 12 000 individus en 2016. Les contraintes du milieu naturel font que la population ne peut pas dépasser les 60 000 individus.

Partie A Un premier modèle

Dans une première approche, le biologiste estime que la population croît de 5 % par an.

L'évolution annuelle de la population est ainsi modélisée par une suite (v_n), où v_n représente le nombre d'individus, exprimé en milliers, en 2016 + n. On a donc $v_0 = 12$.

1 Déterminer la nature de la suite (v_n) et donner l'expression de v_n en fonction de n. **0,5 pt**

2 Ce modèle répond-il aux contraintes du milieu naturel ? **0,5 pt**

Partie B Un second modèle

Le biologiste modélise ensuite l'évolution annuelle de la population par une suite (u_n) définie par $u_0 = 12$ et, pour tout entier naturel n :

$$u_{n+1} = -\frac{1,1}{605}u_n^2 + 1,1u_n.$$

1 On considère la fonction g définie sur $\mathbb{R}$ par :

$$g(x) = -\frac{1,1}{605}x^2 + 1,1x.$$

a. Justifier que g est croissante sur $[0\ ;\ 60]$. **0,5 pt**
b. Résoudre dans $\mathbb{R}$ l'équation $g(x) = x$. **0,5 pt**

2 On remarquera que $u_{n+1} = g(u_n)$.

a. Calculer la valeur arrondie à 10^{-3} de u_1. Interpréter. **0,5 pt**
b. Démontrer par récurrence que, pour tout entier naturel n :

$$0 \leqslant u_n \leqslant 55.$$ **0,5 pt**

c. Démontrer que la suite (u_n) est croissante. **0,5 pt**
d. En déduire la convergence de la suite (u_n). **0,5 pt**
e. On admet que la limite ℓ de la suite (u_n) vérifie $g(\ell) = \ell$. En déduire sa valeur et l'interpréter dans le contexte de l'exercice. **0,5 pt**

3 Le biologiste souhaite déterminer le nombre d'années au bout duquel la population dépassera les 50 000 individus avec ce second modèle.
Il utilise l'algorithme suivant.

Variables :	n est un entier naturel
	u est un nombre réel
Traitement :	n prend la valeur 0
	u prend la valeur 12
	Tant Que ....
	u prend la valeur..........................
	n prend la valeur..........................
	Fin Tant Que
Sortie :	Afficher ....

Recopier et compléter cet algorithme afin qu'il affiche en sortie le plus petit entier r tel que $u_r \geqslant 50$. **0,5 pt**

Exercice 5 (spécialité) 1 heure 5 pts

Dans un jeu vidéo en ligne, les joueurs peuvent décider de rejoindre l'équipe A (statut noté A) ou l'équipe B (statut noté B) ou bien de n'en rejoindre aucune et rester ainsi solitaire (statut noté S). Chaque jour, chaque joueur peut changer de statut, mais ne peut pas se retirer du jeu.
Les données recueillies sur les premières semaines après le lancement du jeu ont permis de dégager les tendances suivantes :

- un joueur de l'équipe A y reste le jour suivant avec une probabilité de 0,6 ; il devient joueur solitaire avec une probabilité de 0,25. Sinon, il rejoint l'équipe B ;
- un joueur de l'équipe B y reste le jour suivant avec une probabilité de 0,6 ; sinon, il devient joueur solitaire avec une probabilité identique à celle de rejoindre l'équipe A ;
- un joueur solitaire garde ce statut le jour suivant avec une probabilité de $\frac{1}{7}$; il rejoint l'équipe B avec une probabilité 3 fois plus élevée que celle de rejoindre l'équipe A.

Au début du jeu, à la clôture des inscriptions, tous les joueurs sont solitaires.
On note $U_n = (a_n \quad b_n \quad s_n)$ l'état probabiliste des statuts d'un joueur au bout de n jours. Ainsi a_n est la probabilité d'être dans l'équipe A, b_n celle d'être dans l'équipe B et s_n celle d'être un joueur solitaire, après n jours de jeu.
On a donc $a_0 = 0$, $b_0 = 0$ et $s_0 = 1$.

1 On note p la probabilité qu'un joueur solitaire un jour donné passe dans l'équipe A le jour suivant. Justifier que $p = \frac{3}{14}$. **0,5 pt**

2 **a.** Recopier et compléter le graphe probabiliste ci-dessous représentant la situation.

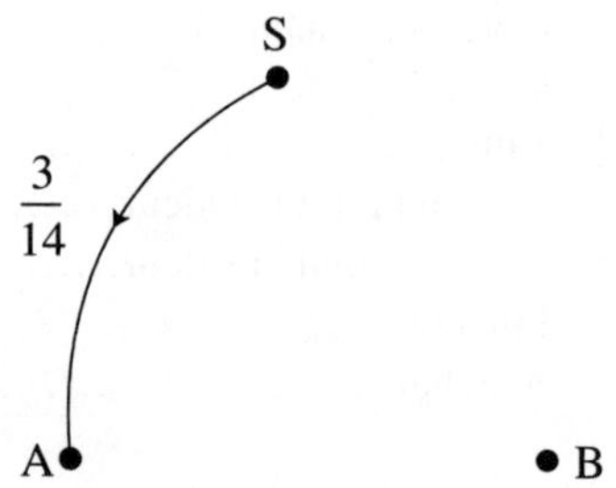

0,5 pt

b. On admet que la matrice de transition est $T=\begin{pmatrix}\frac{3}{5} & \frac{3}{20} & \frac{1}{4}\\ \frac{1}{5} & \frac{3}{5} & \frac{1}{5}\\ \frac{3}{14} & \frac{9}{14} & \frac{1}{7}\end{pmatrix}$.

Pour tout entier naturel n, on a donc $U_{n+1}=U_nT$.

Montrer alors que, pour tout entier naturel n, on a $U_n=U_0T^n$. **0,75 pt**

c. Déterminer l'état probabiliste au bout d'une semaine, en arrondissant au millième. **0,75 pt**

3 On pose $V=\begin{pmatrix}300 & 405 & 182\end{pmatrix}$.

a. Donner, sans détailler les calculs, le produit matriciel VT. Que constate-t-on ? **0,5 pt**

b. En déduire un état probabiliste qui reste stable d'un jour sur l'autre. **0,5 pt**

4 On donne l'algorithme suivant, où la commande « U[i] » renvoie le coefficient de la i-ème colonne d'une matrice ligne U.

Variables :	k est un entier naturel U une matrice de taille 1×3 T une matrice carrée d'ordre 3
Traitement :	U prend la valeur $(0\quad 0\quad 1)$ T prend la valeur $\begin{pmatrix}\frac{3}{5} & \frac{3}{20} & \frac{1}{4}\\ \frac{1}{5} & \frac{3}{5} & \frac{1}{5}\\ \frac{3}{14} & \frac{9}{14} & \frac{1}{7}\end{pmatrix}$ Pour k allant de 1 à 7 U prend la valeur UT Fin Pour
Sortie :	Afficher U[1]

a. Quelle est la valeur numérique, arrondie au millième, de la sortie de cet algorithme ? L'interpréter dans le contexte de l'exercice. **0,75 pt**

b. Recopier et modifier cet algorithme pour qu'il affiche la fréquence de joueurs solitaires au bout de 13 jours. **0,75 pt**

Sujet 11 Antilles-Guyane, juin 2017

4 heures

LISTE DES NOTIONS

Exercice 1
- Nombre complexe
- Équation
- Application géométrique

Exercice 2
- Probabilité
- Loi normale
- Intervalle de fluctuation asymptotique

Exercice 3
- Fonction exponentielle
- Conjecture
- Géométrie plane

Exercice 4
- Fonction logarithme
- Équation
- Suite
- Sens de variation
- Convergence

Exercice 5 (S spécifique)
- Géométrie dans l'espace
- Plan
- Droite

Exercice 5 (S spécialité)
- Suite
- Arithmétique
- Divisibilité

Exercice 1 35 min 3 pts

On munit le plan complexe d'un repère orthonormé direct.
On considère l'équation :

$$(E) \quad z^4 + 2z^3 - z - 2 = 0$$

ayant pour inconnue le nombre complexe z.

1 Donner une solution entière de (E). **0,5 pt**

2 Démontrer que, pour tout nombre complexe z : **0,5 pt**

$$z^4 + 2z^3 - z - 2 = (z^2 + z - 2)(z^2 + z + 1).$$

3 Résoudre l'équation (E) dans l'ensemble des nombres complexes. **1 pt**

4 Les solutions de l'équation (E) sont les affixes de quatre points A, B, C, D du plan complexe tels que ABCD est un quadrilatère non croisé. Le quadrilatère ABCD est-il un losange ? Justifier. **1 pt**

Exercice 2 50 min 4 pts

Dans une usine automobile, certaines pièces métalliques sont recouvertes d'une fine couche de nickel qui les protège contre la corrosion et l'usure. Le procédé utilisé est un nickelage par électrolyse.

On admet que la variable aléatoire X, qui à chaque pièce traitée associe l'épaisseur de nickel déposé, suit la loi normale d'espérance $\mu_1 = 25$ micromètres (µm) et d'écart type σ_1.

Une pièce est conforme si l'épaisseur de nickel déposé est comprise entre 22,8 µm et 27,2 µm.

La fonction de densité de probabilité de X est représentée ci-après.

On a pu déterminer que $P(X > 27,2) = 0,023$.

1 **a.** Déterminer la probabilité qu'une pièce soit conforme. **0,75 pt**

b. Justifier que 1,1 est une valeur approchée de σ_1 à 10^{-1} près. **0,75 pt**

c. Sachant qu'une pièce est conforme, calculer la probabilité que l'épaisseur de nickel déposé sur celle-ci soit inférieure à 24 µm. Arrondir à 10^{-3}. **0,75 pt**

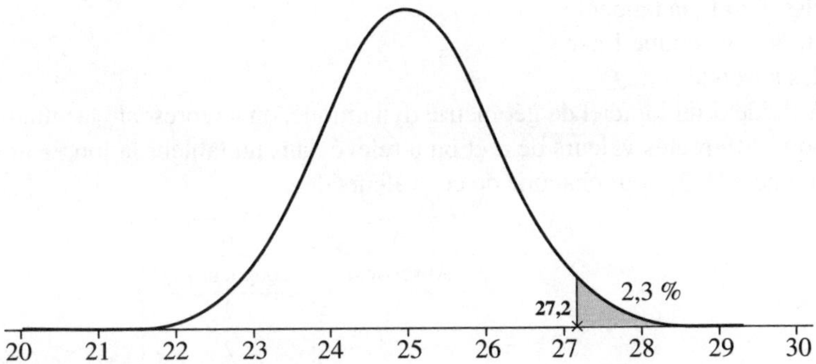

2 Une équipe d'ingénieurs propose un autre procédé de nickelage, obtenu par réaction chimique sans aucune source de courant. L'équipe affirme que ce nouveau procédé permet théoriquement d'obtenir 98 % de pièces conformes.

La variable aléatoire Y qui, à chaque pièce traitée avec ce nouveau procédé, associe l'épaisseur de nickel déposé suit la loi normale d'espérance $\mu_2 = 25$ µm et d'écart-type σ_2.

a. En admettant l'affirmation ci-dessus, comparer σ_1 et σ_2. **0,75 pt**

b. Un contrôle qualité évalue le nouveau procédé ; il révèle que, sur 500 pièces testées, 15 ne sont pas conformes.

Au seuil de 95 %, peut-on rejeter l'affirmation de l'équipe d'ingénieurs ? **1 pt**

Exercice 3 35 min 3 pts

Soient f et g les fonctions définies sur l'ensemble $\mathbb{R}$ des nombres réels par :

$$f(x) = e^x \text{ et } g(x) = e^{-x}.$$

On note $\mathscr{C}_f$ la courbe représentative de la fonction f et $\mathscr{C}_g$ celle de la fonction g dans un repère orthonormé du plan.

Pour tout réel a, on note M le point de $\mathscr{C}_f$ d'abscisse a et N le point de $\mathscr{C}_g$ d'abscisse a.

La tangente en M à $\mathscr{C}_f$ coupe l'axe des abscisses en P, la tangente en N à $\mathscr{C}_g$ coupe l'axe des abscisses en Q.

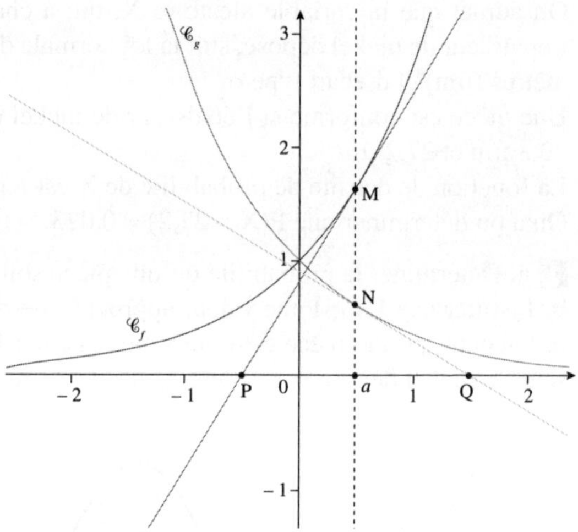

À l'aide d'un logiciel de géométrie dynamique, on a représenté la situation pour différentes valeurs de a et on a relevé dans un tableur la longueur du segment [PQ] pour chacune de ces valeurs de a.

	A	B
1	Abscisse a	Longueur PQ
2	– 3	2
3	– 2,5	2
4	– 2	2
5	– 1,5	2
6	– 1	2
7	– 0,5	2
8	0	2
9	0,5	2
10	1	2
11	1,5	2
12	2	2
13	2,5	2
14		

Les questions 1 et 2 peuvent être traitées de manière indépendante.

1 Démontrer que la tangente en M à $\mathscr{C}_f$ est perpendiculaire à la tangente en N à $\mathscr{C}_g$. **1 pt**

2 **a.** Que peut-on conjecturer pour la longueur PQ ? **1 pt**
b. Démontrer cette conjecture. **1 pt**

Exercice 4 — 1 heure — 5 pts

Dans tout l'exercice, n désigne un entier naturel strictement positif. Le but de l'exercice est d'étudier l'équation :

$$(\mathrm{E}_n) \quad \frac{\ln(x)}{x} = \frac{1}{n}$$

ayant pour inconnue le nombre réel strictement positif x.

Partie A

Soit f la fonction définie sur l'intervalle $]0\,;+\infty[$ par :

$$f(x) = \frac{\ln(x)}{x}.$$

On admet que la fonction f est dérivable sur l'intervalle $]0\,;+\infty[$.
On a donné ci-après la courbe représentative $\mathscr{C}$ de la fonction f dans un repère orthogonal.

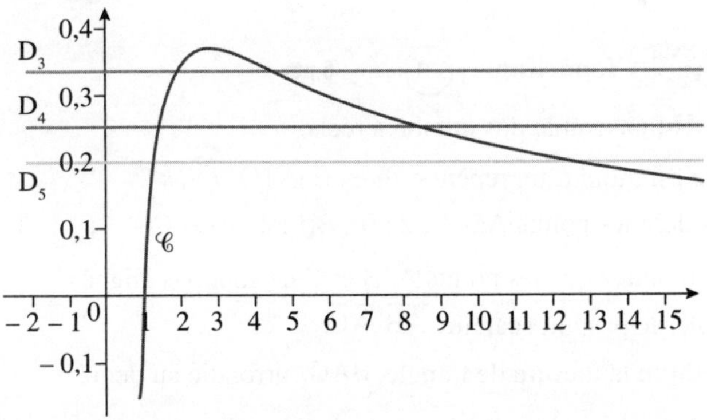

1 Étudier les variations de la fonction f. **0,5 pt**

2 Déterminer son maximum. **0,5 pt**

Partie B

1 Montrer que, pour $n \geqslant 3$, l'équation $f(x) = \frac{1}{n}$ possède une unique solution sur [1 ; e] notée α_n. **0,75 pt**

2 D'après ce qui précède, pour tout entier $n \geqslant 3$, le nombre réel α_n est solution de l'équation (E_n).

a. Sur le graphique sont tracées les droites D_3, D_4 et D_5 d'équations respectives :

$$y = \frac{1}{3} \ ; \ y = \frac{1}{4} \ ; \ y = \frac{1}{5}.$$

Conjecturer le sens de variation de la suite (α_n). **0,75 pt**

b. Comparer, pour tout entier $n \geqslant 3$, $f(\alpha_n)$ et $f(\alpha_{n+1})$.
Déterminer le sens de variation de la suite (α_n). **0,75 pt**

c. En déduire que la suite (α_n) converge.
Il n'est pas demandé de calculer sa limite. **0,5 pt**

3 On admet que, pour tout entier $n \geqslant 3$, l'équation (E_n) possède une autre solution β_n telle que :

$$1 \leqslant \alpha_n \leqslant e \leqslant \beta_n.$$

a. On admet que la suite (β_n) est croissante.
Établir que, pour tout entier naturel n supérieur ou égal à 3 :

$$\beta_n \geqslant n\frac{\beta_3}{3}.$$ **0,75 pt**

b. En déduire la limite de la suite (β_n). **0,5 pt**

Exercice 5 (spécifique) 1 heure 5 pts

On note $\mathbb{R}$ l'ensemble des nombres réels.

L'espace est muni d'un repère orthonormé $\left(O ; \vec{i}, \vec{j}, \vec{k}\right)$.

On considère les points A(– 1 ; 2 ; 0), B(l ; 2 ; 4) et C(– 1 ; 1 ; 1).

1 **a.** Démontrer que les points A, B et C ne sont pas alignés. **0,5 pt**

b. Calculer le produit scalaire $\overrightarrow{AB} \cdot \overrightarrow{AC}$. **0,5 pt**

c. En déduire la mesure de l'angle $\widehat{BAC}$, arrondie au degré. **0,5 pt**

2 Soit $\vec{n}$ le vecteur de coordonnées $\begin{pmatrix} 2 \\ -1 \\ -1 \end{pmatrix}$.

a. Démontrer que $\vec{n}$ est un vecteur normal au plan (ABC). **0,5 pt**

b. Déterminer une équation cartésienne du plan (ABC). **0,5 pt**

3 Soient $\mathscr{P}_1$ le plan d'équation $3x + y - 2z + 3 = 0$ et $\mathscr{P}_2$ le plan passant par O et parallèle au plan d'équation $x - 2z + 6 = 0$.

a. Démontrer que le plan $\mathscr{P}_2$ a pour équation $x = 2z$. **0,5 pt**

b. Démontrer que les plans $\mathscr{P}_1$ et $\mathscr{P}_2$ sont sécants. **0,5 pt**

c. Soit la droite $\mathscr{D}$ dont un système d'équations paramétriques est :

$$\begin{cases} x = 2t \\ y = -4t - 3, \quad t \in \mathbb{R}. \\ z = t \end{cases}$$

Démontrer que $\mathscr{D}$ est l'intersection des plans $\mathscr{P}_1$ et $\mathscr{P}_2$. **0,75 pt**

4 Démontrer que la droite $\mathscr{D}$ coupe le plan (ABC) en un point I dont on déterminera les coordonnées. **0,75 pt**

SUJETS DE BAC

Exercice 5 (spécialité) 1 heure 5 pts

On considère la suite définie par son premier terme $u_0 = 3$ et, pour tout entier naturel n, par $u_{n+1} = 2u_n + 6$.

1 Démontrer que, pour tout entier naturel n, $u_n = 9 \times 2^n - 6$. **0,5 pt**

2 Démontrer que, pour tout entier $n \geqslant 1$, u_n est divisible par 6.
On définit la suite d'entiers (v_n) par, pour tout entier naturel $n \geqslant 1$:

$$v_n = \frac{u_n}{6}.$$

0,25 pt

3 On considère l'affirmation « pour tout entier naturel n non nul, v_n est un nombre premier ».
Indiquer si cette affirmation est vraie ou fausse en justifiant la réponse. **0,75 pt**

4 **a.** Démontrer que, pour tout entier $n \geqslant 1$, $v_{n+1} - 2v_n = 1$. **0,5 pt**

b. En déduire que, pour tout entier $n \geqslant 1$, v_n et v_{n+1} sont premiers entre eux. **0,5 pt**

c. En déduire, pour tout entier $n \geqslant 1$, le PGCD de u_n et u_{n+1}. **0,5 pt**

5 **a.** Vérifier que $2^4 \equiv 1[5]$. **0,5 pt**

b. En déduire que, si n est de la forme $4k + 2$ avec k entier naturel, alors u_n est divisible par 5. **0,75 pt**

c. Le nombre u_n est-il divisible par 5 pour les autres valeurs de l'entier naturel n ? Justifier. **0,75 pt**

Sujet 12 Nouvelle-Calédonie novembre 2017

4 heures

LISTE DES NOTIONS

Exercice 1
- Probabilité
- Loi uniforme
- Loi normale
- Calcul d'aire
- Algorithme

Exercice 2
- Fonction logarithme
- Sens de variation
- Équation

Exercice 3
- Vrai-Faux
- Fonction exponentielle
- Aire
- Point à tangente horizontale

Exercice 4
- Nombre complexe
- Suite
- Application géométrique

Exercice 5 (S spécifique)
- Suite
- Tableur
- Convergence

Exercice 5 (S spécialité)
- Suite
- Matrice
- Puissance d'une matrice
- Algorithme
- Suite de matrices

Exercice 1 50 min 4 pts

Sofia souhaite se rendre au cinéma. Elle peut y aller à vélo ou en bus.

Partie A En utilisant le bus

On suppose dans cette partie que Sofia utilise le bus pour se rendre au cinéma. La durée du trajet entre son domicile et le cinéma (exprimée en minutes) est modélisée par la variable aléatoire T_B qui suit la loi uniforme sur $[12 ; 15]$.

1 Démontrer que la probabilité que Sofia mette entre 12 et 14 minutes est de $\frac{2}{3}$. **0,5 pt**

2 Donner la durée moyenne du trajet. **0,5 pt**

Partie B En utilisant son vélo

On suppose à présent que Sofia choisit d'utiliser son vélo.
La durée du parcours (exprimée en minutes) est modélisée par la variable aléatoire T_V qui suit la loi normale d'espérance $\mu = 14$ et d'écart-type $\sigma = 1{,}5$.

1 Quelle est la probabilité que Sofia mette moins de 14 minutes pour se rendre au cinéma ? **0,75 pt**

2 Quelle est la probabilité que Sofia mette entre 12 et 14 minutes pour se rendre au cinéma ? On arrondira le résultat à 10^{-3}. **0,75 pt**

Partie C En jouant aux dés

Sofia hésite entre le bus et le vélo. Elle décide de lancer un dé équilibré à 6 faces. Si elle obtient 1 ou 2, elle prend le bus, sinon elle prend son vélo.
On note :

- B l'événement « Sofia prend le bus » ;
- V l'événement « Sofia prend son vélo » ;
- C l'événement « Sofia met entre 12 et 14 minutes pour se rendre au cinéma ».

1 Démontrer que la probabilité, arrondie à 10^{-2}, que Sofia mette entre 12 et 14 minutes est de 0,49. **0,75 pt**

2 Sachant que Sofia a mis entre 12 et 14 minutes pour se rendre au cinéma, quelle est la probabilité, arrondie à 10^{-2}, qu'elle ait emprunté le bus ? **0,75 pt**

Exercice 2 1 heure 5 pts

On considère la fonction f définie sur $]0\,;+\infty[$ par :

$$f(x) = \frac{(\ln x)^2}{x}.$$

On note $\mathscr{C}$ la courbe représentative de f dans un repère orthonormé.

1 Déterminer la limite en 0 de la fonction f et interpréter graphiquement le résultat. **0,75 pt**

2 **a.** Démontrer que, pour tout x appartenant à $]0\,;+\infty[$:

$$f(x) = 4\left(\frac{\ln\left(\sqrt{x}\right)}{\sqrt{x}}\right)^2.$$ **0,75 pt**

b. En déduire que l'axe des abscisses est une asymptote à la courbe représentative de la fonction f au voisinage de $+\infty$. **0,75 pt**

3 On admet que f est dérivable sur $]0\,;+\infty[$ et on note f' sa fonction dérivée.

a. Démontrer que, pour tout x appartenant à $]0\,;+\infty[$:

$$f'(x)=\frac{\ln(x)(2-\ln(x))}{x^2}.$$ **0,75 pt**

b. Étudier le signe de $f'(x)$ selon les valeurs du nombre réel x strictement positif. **0,75 pt**

c. Calculer $f(1)$ et $f(e^2)$. **0,5 pt**

On obtient alors le tableau de variation ci-dessous.

x	0		1		e^2		$+\infty$
f	$+\infty$	↘	0	↗	$\frac{4}{e^2}$	↘	0

4 Démontrer que l'équation $f(x)=1$ admet une unique solution α sur $]0\,;+\infty[$ et donner un encadrement de α d'amplitude 10^{-2}. **0,75 pt**

Exercice 3 — 35 min — 3 pts

Les deux parties de cet exercice sont indépendantes.

Partie A

Soit la fonction f définie sur l'ensemble des nombres réels par :

$$f(x)=2e^x-e^{2x}$$

et $\mathscr{C}$ sa représentation graphique dans un repère orthonormé.
On admet que, pour tout x appartenant à $[0\,;\ln(2)]$, $f(x)$ est positif.
Indiquer si la proposition suivante est vraie ou fausse en justifiant votre réponse.

Proposition A :
L'aire du domaine délimité par les droites d'équations $x=0$ et $x=\ln(2)$, l'axe des abscisses et la courbe $\mathscr{C}$ est égale à 1 unité d'aire. **1,5 pt**

Partie B

Soit n un entier strictement positif.
Soit la fonction f_n définie sur l'ensemble des nombres réels par :

$$f_n(x) = 2n\mathrm{e}^x - \mathrm{e}^{2x}$$

et $\mathcal{C}_n$ sa représentation graphique dans un repère orthonormé.
On admet que f_n est dérivable et que $\mathcal{C}_n$ admet une tangente horizontale en un unique point S_n.
Indiquer si la proposition suivante est vraie ou fausse en justifiant votre réponse.
Proposition B :
Pour tout entier strictement positif n, l'ordonnée du point S_n est n^2. **1,5 pt**

Exercice 4 35 min 3 pts

Les questions 1. et 2. de cet exercice pourront être traitées de manière indépendante.

On considère la suite des nombres complexes (z_n) définie pour tout entier naturel n par :

$$z_n = \frac{1+\mathrm{i}}{(1-\mathrm{i})^n}.$$

On se place dans le plan complexe d'origine O.

1 Pour tout entier naturel n, on note A_n le point d'affixe z_n.

a. Démontrer que, pour tout entier naturel n, $\dfrac{z_{n+4}}{z_n}$ est réel. **1 pt**

b. Démontrer alors que, pour tout entier naturel n, les points O, A_n et A_{n+4} sont alignés. **1 pt**

2 Pour quelles valeurs de n le nombre z_n est-il réel ? **1 pt**

Exercice 5 (spécifique) 1 heure 5 pts

Soit (u_n) la suite définie par $u_0 = 3$, $u_1 = 6$ et, pour tout entier naturel n :

$$u_{n+2} = \frac{5}{4}u_{n+1} - \frac{1}{4}u_n.$$

Le but de cet exercice est d'étudier la limite éventuelle de la suite (u_n).

Partie A

On souhaite calculer les valeurs des premiers termes de la suite (u_n) à l'aide d'un tableur.

On a reproduit ci-dessous une partie d'une feuille de calcul, où figurent les valeurs de u_0 et de u_1.

	A	B
1	n	u_n
2	0	3
3	1	6
4	2	
5	3	
6	4	
7	5	

1 Donner une formule qui, saisie dans la cellule B4, puis recopiée vers le bas, permet d'obtenir des valeurs de la suite (u_n) dans la colonne B. **0,5 pt**

2 Recopier et compléter le tableau ci-dessus. On donnera des valeurs approchées à 10^{-3} près de u_n pour n allant de 2 à 5. **0,5 pt**

3 Que peut-on conjecturer à propos de la convergence de la suite (u_n) ? **0,5 pt**

Partie B Étude de la suite

On considère les suites (v_n) et (w_n) définies pour tout entier naturel n par :

$$v_n = u_{n+1} - \frac{1}{4}u_n \quad \text{et} \quad w_n = u_n - 7.$$

1 **a.** Démontrer que (v_n) est une suite constante. **0,5 pt**

b. En déduire que, pour tout entier naturel n, $u_{n+1} = \frac{1}{4}u_n + \frac{21}{4}$. **0,5 pt**

2 **a.** En utilisant le résultat de la question **1. b.**, montrer par récurrence que, pour tout entier naturel n, $u_n < u_{n+1} < 15$. **0,5 pt**

b. En déduire que la suite (u_n) est convergente. **0,5 pt**

3 **a.** Démontrer que (w_n) est une suite géométrique dont on précisera le premier terme et la raison. **0,5 pt**

b. En déduire que, pour tout entier naturel n, $u_n = 7 - \left(\frac{1}{4}\right)^{n-1}$. **0,5 pt**

c. Calculer la limite de la suite (u_n). **0,5 pt**

Exercice 5 (spécialité) 1 heure 5 pts

Dans un territoire donné, on s'intéresse à l'évolution couplée de deux espèces, les buses (les prédateurs) et les campagnols (les proies).
Des scientifiques modélisent, pour tout entier naturel n, cette évolution par :

$$\begin{cases} b_0 = 1\,000 \\ c_0 = 1\,500 \\ b_{n+1} = 0{,}3b_n + 0{,}5c_n \\ c_{n+1} = -0{,}5b_n + 1{,}3c_n \end{cases}$$

où b_n représente approximativement le nombre de buses et c_n le nombre approximatif de campagnols le 1er juin de l'année 2000 + n (où n désigne un entier naturel).

1 On note A la matrice $\begin{pmatrix} 0{,}3 & 0{,}5 \\ -0{,}5 & 1{,}3 \end{pmatrix}$ et, pour tout entier naturel n, U_n la matrice colonne $\begin{pmatrix} b_n \\ c_n \end{pmatrix}$.

a. Vérifier que $U_1 = \begin{pmatrix} 1\,050 \\ 1\,450 \end{pmatrix}$ et calculer U_2. **0,5 pt**

b. Vérifier que, pour tout entier naturel n, $U_{n+1} = AU_n$. **0,5 pt**

2 On donne les matrices $P = \begin{pmatrix} 1 & 0 \\ 1 & 1 \end{pmatrix}$, $T = \begin{pmatrix} 0{,}8 & 0{,}5 \\ 0 & 0{,}8 \end{pmatrix}$ et $I = \begin{pmatrix} 1 & 0 \\ 0 & 1 \end{pmatrix}$.

On admet que P a pour inverse une matrice Q de la forme $\begin{pmatrix} 1 & 0 \\ a & 1 \end{pmatrix}$, où a est un réel.

a. Déterminer la valeur de a en justifiant. **0,75 pt**

b. On admet que A = PTQ.
Démontrer que, pour tout entier n non nul. on a :

$$A^n = PT^nQ.$$ **0,75 pt**

c. Démontrer à l'aide d'un raisonnement par récurrence que, pour tout entier n non nul :

$$T^n = \begin{pmatrix} 0{,}8^n & 0{,}5n \times 0{,}8^{n-1} \\ 0 & 0{,}8^n \end{pmatrix}.$$ **0,75 pt**

3 Lucie exécute l'algorithme ci-après et obtient en sortie N = 40.
Quelle conclusion Lucie peut-elle énoncer pour les buses et les campagnols ? **0,5 pt**

Initialisation :	N prend la valeur 0 B prend la valeur 1 000 C prend la valeur 1 500
Traitement :	Tant que B > 2 ou C > 2 N prend la valeur N + 1 R prend la valeur B B prend la valeur 0,3R + 0,5C C prend la valeur – 0,5R + 1,3C Fin Tant Que
Sortie :	Afficher N

4 On admet que, pour tout entier naturel n non nul, on a :

$$U_n = \begin{pmatrix} 1\,000 \times 0{,}8^n + \dfrac{625}{2} n \times 0{,}8^n \\ 1\,500 \times 0{,}8^n + \dfrac{625}{2} n \times 0{,}8^n \end{pmatrix}$$

et :

$$n \leqslant 10 \times 1{,}1^n.$$

a. En déduire les limites des suites (b_n) et (c_n). **0,5 pt**

b. Des mesures effectuées dans des territoires comparables montrent que la population de campagnols reste toujours supérieure à au moins 50 individus.

À la lumière de ces informations, le modèle proposé dans l'exercice vous paraît-il cohérent ? **0,75 pt**

Sujet 13 Concours général, mars 2018

5 heures

Problème I Approximation de courbes

Partie A Les polynômes de Bernstein

Pour tout entier naturel n et pour tout entier naturel i compris entre 0 et n, on note $B_{n,i}$ le polynôme défini pour p variant dans l'intervalle $[0 ; 1]$ par :

$$B_{n,i}(p) = \binom{n}{i} p^i (1-p)^{n-i},$$

avec $\binom{n}{i}$ le coefficient binomial, i parmi n.

Ainsi $B_{0,0}(p) = 1$; $B_{1,0}(p) = 1-p$ et $B_{1,1}(p) = p$.

Ces polynômes sont appelés ***polynômes de Bernstein***.

1 **a.** Donner l'expression de $B_{2,0}(p)$, $B_{2,1}(p)$ et $B_{2,2}(p)$.

b. Déterminer l'expression des polynômes de Bernstein pour $n = 3$, à savoir $B_{3,0}(p)$, $B_{3,1}(p)$, $B_{3,2}(p)$ et $B_{3,3}(p)$.

2 **a.** Quelle est l'expression de $B_{n,0}(p)$ et de $B_{n,n}(p)$?

b. Démontrer que pour tout $n \geqslant 1$ et pour tout i compris entre 1 et $n - 1$:

$$B_{n,i}(p) = (1-p)B_{n-1,i}(p) + pB_{n-1,i-1}(p).$$

3 **a.** En quelle(s) valeur(s) $p \in [0 ; 1]$ s'annule un polynôme de Bernstein ? *On raisonnera en distinguant les cas selon les valeurs de n et de i.*

b. Qu'en est-il de son signe sur $[0 ; 1]$?

4 Démontrer que les polynômes de Bernstein d'un même degré n forment une partition de l'unité, c'est-à-dire, pour tout entier naturel n :

$$\sum_{i=0}^{n} B_{n,i}(p) = B_{n,0}(p) + B_{n,1}(p) + \ldots + B_{n,n-1}(p) + B_{n,n}(p) = 1.$$

5 Déterminer la valeur des sommes :

$$\sum_{i=0}^{n} i\mathrm{B}_{n,i}(p) \text{ et } \sum_{i=0}^{n} i^2\mathrm{B}_{n,i}(p).$$

Que représentent ces sommes en termes probabilistes ?

Partie B Des courbes de Bézier

On munit le plan d'un repère orthonormé (O, I, J). Soit n un entier naturel. On se donne $n + 1$ points non alignés du plan $P_0, P_1, \ldots, P_{n-1}, P_n$.
On appelle ***courbe de Bézier*** de degré n et de points de contrôle $P_0, P_1, \ldots, P_{n-1}, P_n$ l'ensemble des points M(p) du plan avec p variant dans l'intervalle [0 ; 1] tels que :

$$\overrightarrow{\mathrm{OM}(p)} = \sum_{i=0}^{n} \mathrm{B}_{n,i}(p)\overrightarrow{\mathrm{OP}_i}.$$

Dans la suite, on va s'intéresser à des courbes de Bézier de degré 0,1 ou 2. On se fixe donc A, B, C trois points du plan non alignés.

1 Reconnaître la nature géométrique :
a. de la courbe de Bézier de degré 0 et de point de contrôle A.
b. de la courbe de Bézier de degré 1 et de points de contrôle B et C.

2 On s'intéresse à la courbe de Bézier de degré 2 et de points de contrôle A, B et C.
a. Justifier que les points A et C appartiennent à cette courbe. Le point B y appartient-il ?
b. Dans cette question, on prend les points de coordonnées A(– 2 ; 5), B(2 ; 1) et C(4 ; 3). Proposer une construction des points de cette courbe pour $p = \frac{1}{4}$, $p = \frac{1}{2}$ et $p = \frac{3}{4}$. Tracer la courbe à main levée.

3 Démontrer que cette courbe est nécessairement inscrite dans le triangle ABC.

4 Quelle pourrait être la nature géométrique de cette courbe de Bézier de degré 2 ? Justifier votre réponse.

Problème II Un si discret Monsieur Dirichlet

Soit $\mathcal{S}$ un ensemble fini non vide de points du plan. Certaines paires de points de $\mathcal{S}$ sont reliées par des traits, de sorte qu'en suivant ces traits, éventuellement en plusieurs étapes, il est toujours possible de passer d'un point de $\mathcal{S}$ à n'importe quel autre (les intersections éventuelles entre les traits ne sont pas considérées et un point n'est jamais relié à lui-même).
Deux points de $\mathcal{S}$ reliés par un trait sont dits *voisins*.
Si M est un point de $\mathcal{S}$, on note V(M) l'ensemble des voisins de M, et on note d(M) le nombre de voisins de M, appelé le *degré* de M.
Chaque point de $\mathcal{S}$ a été colorié soit en bleu, soit en jaune, et il y a au moins un point jaune dans l'ensemble $\mathcal{S}$. À chaque point jaune, Gustav a attribué un nombre réel de son choix. La mathématicienne Maryam voudrait alors attribuer un réel à chaque point bleu (pas forcément le même nombre d'un point bleu à l'autre) de façon à satisfaire la propriété ($\mathcal{P}$) suivante :
($\mathcal{P}$) *Le nombre attribué à tout point bleu est la moyenne des nombres attribués à ses voisins.*

Partie A Quelques exemples pour commencer

1 Dans cette question uniquement, on suppose que $\mathcal{S} = \{A, B, C\}$, avec A voisin de B, lui-même voisin de C, comme sur dessin ci-dessous :

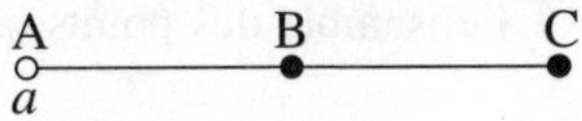

De plus, A est le seul point jaune et Gustav lui a attribué le réel a. Quels nombres Maryam doit-elle alors attribuer à B et à C afin de satisfaire la propriété ($\mathcal{P}$) ?

2 Pour les trois questions suivantes on suppose que $\mathcal{S} = \{A, B, C, D, E\}$. Les points A et E sont les seuls points jaunes, et Gustav leur a attribué respectivement les réels a et e.

a. Les liaisons étant indiquées selon le schéma suivant, quels nombres Maryam doit-elle alors attribuer à chacun des points B, C et D afin de satisfaire la propriété ($\mathcal{P}$) ?

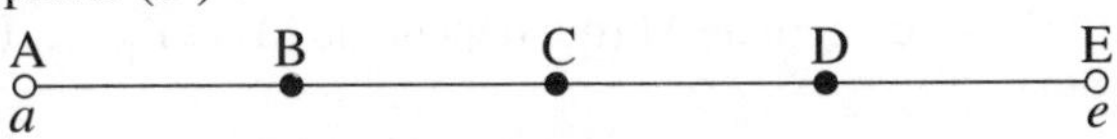

b. Même question pour le schéma suivant :

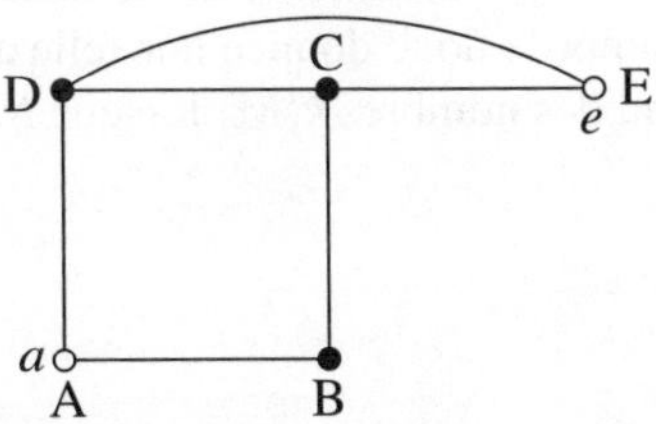

c. Même question pour le schéma suivant :

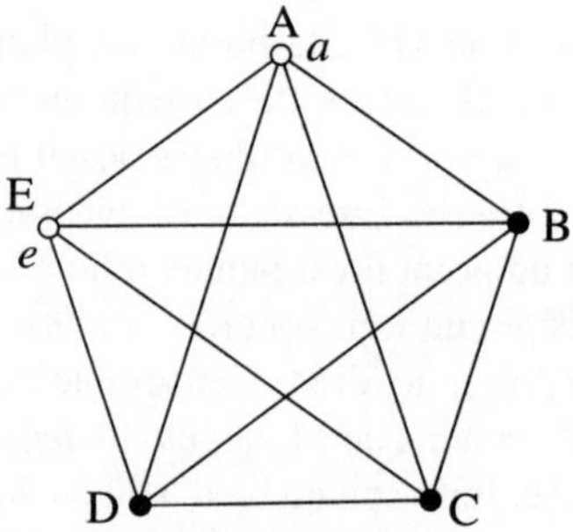

3 Dans cette question uniquement on généralise le schéma de la question **2.c** avec un nombre quelconque de points.
On suppose que $n \geqslant 1$ est un entier, que $\mathcal{S} = \{P_0, P_1, P_2, \dots, P_n, P_{n+1}\}$ et que tout point de $\mathcal{S}$ est voisin de chaque autre point de $\mathcal{S}$. De plus, P_0 et P_{n+1} sont les seuls points jaunes, et Gustav leur a attribué respectivement les réels a et b. Quels nombres Maryam doit-elle alors attribuer à chacun des points P_i pour $i = 1, \dots, n$ afin de satisfaire la propriété ($\mathcal{P}$) ?

Partie B Étude du cas général

On note respectivement $\mathcal{J}$ l'ensemble des points jaunes, et $\mathcal{B}$ l'ensemble des points bleus. Ainsi :

$$\mathcal{S} = \mathcal{J} \cup \mathcal{B}.$$

Quand Gustav attribue un réel à chaque point jaune, cela consiste à définir une fonction k de $\mathcal{J}$ dans $\mathbb{R}$. L'objectif de Maryam est donc de construire une fonction $f : \mathcal{S} \to \mathbb{R}$ telle que :

$$\begin{cases} f(\mathrm{M}) = k(\mathrm{M}) \text{ si M est jaune (1)} \\ f(\mathrm{M}) = \dfrac{f(\mathrm{P}_1) + \ldots + f(\mathrm{P}_d)}{d} \text{ si M est bleu (2)} \\ \text{où } d = d(\mathrm{M}) \text{ est le degré de M (qui dépend de M) et } \mathrm{P}_1, \ldots, \mathrm{P}_d \text{ les} \\ \text{voisins de M.} \end{cases}$$

On dira alors que f est une solution *pour l'attribution k.*
Dans cette partie, on suppose donc donnée une telle attribution k.
On note K le plus grand des nombres $k(\mathrm{M})$ lorsque M décrit l'ensemble $\mathcal{J}$.

Existence d'une solution

1 On suppose dans cette question que $k(\mathrm{M}) \geqslant 0$ pour tout point $\mathrm{M} \in \mathcal{J}$.
On construit alors, par récurrence, la suite (f_n) de fonctions suivantes :
on pose $f_0(\mathrm{M}) = k(\mathrm{M})$ si M est jaune, et $f_0(\mathrm{M}) = 0$ si M est bleu ;
puis, pour tout entier $n \geqslant 0$, on pose :

$$\begin{cases} f_{n+1}(\mathrm{M}) = k(\mathrm{M}) \text{ si M est jaune,} \\ f_{n+1}(\mathrm{M}) = \dfrac{f_n(\mathrm{P}_1)+\ldots+f_n\mathrm{P}(_d)}{d} \text{ si M est bleu} \\ \text{où } d = d(\mathrm{M}) \text{ est le degré de M (qui dépend de M) et } \mathrm{P}_1, \ldots, \mathrm{P}_d \text{ les voisins de M.} \end{cases}$$

a. Prouver que, pour tout $n \geqslant 0$ et tout point $\mathrm{M} \in \mathcal{S}$, on a :

$$0 \leqslant f_n(\mathrm{M}) \leqslant f_{n+1}(\mathrm{M}) \leqslant \mathrm{K}.$$

b. En déduire l'existence d'une solution pour l'attribution k.

2 Prouver que si f est une solution pour l'attribution k et si α est une constante, alors la fonction $f + \alpha$ est aussi une solution pour l'attribution $k + \alpha$.

3 En déduire qu'il existe une solution à notre problème en général, c'est-à-dire sans l'hypothèse de la question **1** :

$$k(\mathrm{M}) \geqslant 0 \text{ pour tout point } \mathrm{M} \in \mathcal{J}.$$

Unicité de la solution

On suppose dans cette sous-partie que l'on dispose d'une solution f pour cette attribution k.

4 Prouver que, pour tout point $\mathrm{M} \in \mathcal{S}$, on a $f(\mathrm{M}) \leqslant \mathrm{K}$.

5 Supposons que g soit également une solution pour l'attribution k.
a. Justifier que la fonction $f - g$ vérifie la condition (2).
b. Que vaut $f - g$ sur $\mathcal{J}$?
c. En déduire que $f = g$.

6 Que peut-on dire de f s'il n'y a qu'un seul point jaune ?

Problème III Les nombres en or

On note φ la plus grande racine réelle de l'équation $x^2 = x+1$. Le nombre φ, connu depuis l'Antiquité, est appelé *nombre d'or*. Un réel x est dit un *nombre en or* s'il existe :

- deux entiers naturels p et q ;
- des entiers $a_p, a_{p-1}, \dots, a_0, \dots, a_{-q}$ ne prenant que les valeurs 0 ou 1 tels que :

$$x = a_p\varphi^p + a_{p-1}\varphi^{p-1} + \dots + a_1\varphi + a_0 + a_{-1}\varphi^{-1} + \dots + a_{-q}\varphi^{-q}.$$

Dans ce cas, on notera $x \rhd a_pa_{p-1}\dots a_0, a_{-1}\dots a_{-q}$.

Par exemple si $x = \varphi^3 + \varphi^2 + 1 + \dfrac{1}{\varphi} + \dfrac{1}{\varphi^4}$, on notera $x \rhd 1101{,}1001$. On dira que alors 1101,1001 est une *représentation en or* de x.
Il est clair que l'on peut ajouter, au début, ou la fin de la représentation autant de 0 que l'on souhaite.
Une séquence de la représentation est une suite de 0 et de 1 qui apparaît dans la représentation. Dans l'exemple précédent, 10110 est une séquence de la représentation 1**101,10**01.

Partie A Tous les entiers naturels sont en or

1 Montrer que, dans la représentation en or de x, on peut remplacer toute séquence 011 par 100 et réciproquement afin d'obtenir une autre représentation en or de x.
Par exemple le réel dont la représentation en or est 1101,1001 admet également 1110, 0001 et 1101, 0111 comme représentation en or.
On dira que les deux séquences 011 et 100 sont équivalentes.

2 Plus généralement, donner une séquence dans laquelle il n'y a jamais deux 1 consécutifs et qui soit équivalente à 011···1, où il y a n occurrences du chiffre 1.

3 Montrer que les entiers 2 et 3 sont des nombres en or et en donner une représentation en or.

4 Montrer que tous les entiers naturels admettent une représentation en or.

Partie B **Représentation en or pur**

On dira qu'une représentation $x \rhd a_p a_{p-1} \ldots a_0,\ a_{-1} \ldots a_{-q}$ d'un nombre en or est en *or pur* si pour tout i :

$$a_i a_{i+1} = 0.$$

En d'autres termes, une représentation de x est en or pur si elle ne contient jamais deux 1 consécutifs.
Soit x un réel non nul, si $x \rhd a_p a_{p-1} \ldots a_0,\ a_{-1} \ldots a_{-q}$, on définit la *teneur en or* de la représentation comme étant égale à l'exposant de la plus grande puissance de φ dont le coefficient vaut 1, dans l'égalité $x = a_p \varphi^p + \ldots + a_{-q}\varphi^{-q}$.
Par exemple la teneur de la représentation 1101,1001 est égale à 3 et celle de 0,0010 est égale à – 3.

1 Donner une représentation en or pur des entiers 2, 3, 4 et 5.

2 Soit x un réel ayant une représentation en or pur de teneur en or égale à n.
a. Montrer que $\varphi^n \leqslant x < \varphi^{n+1}$.

b. Montrer que la représentation en or pur d'un réel, si elle existe, est unique.

3 Soit x un réel non nul ayant une représentation en or pur.
a. Exprimer la teneur en or de la représentation en or pur de x à l'aide des fonctions logarithme népérien et partie entière.
b. Écrire un algorithme permettant de déterminer cette représentation.
c. Appliquer votre algorithme pour $x = 2018$.

4 Montrer qu'un réel en or possède forcément une représentation en or pur.

5 Montrer qu'il existe des réels strictement positifs qui ne sont pas en or.

Sujet 14 Concours Advance, avril 2017

1 h 30

La calculatrice n'est pas autorisée.
Le QCM comporte 6 questions obligatoires et 6 questions à choisir parmi les questions numérotées 7 à 14.
Dire pour chaque proposition si elle est vraie ou fausse.
Toute bonne réponse entraîne une bonification, toute erreur est pénalisée.
Les cinq propositions peuvent être toutes vraies ou toutes fausses.

Questions obligatoires

1 **a.** $\lim\limits_{x \to 1} \dfrac{x^2 - 3x + 2}{x^2 + 2x - 3} = +\infty$;

b. $\lim\limits_{x \to 1} \dfrac{\ln(x)}{x-1} = 1$;

c. $\lim\limits_{x \to 0} \dfrac{2x-1}{x^2} = -\infty$;

d. $\lim\limits_{x \to 0} \dfrac{\ln(1+x)}{x} = e$;

e. $\lim\limits_{x \to 0} (1+x)^{\frac{1}{x}} = 1$.

2 **a.** Si $f(x) = -3x^4 + 2x^2 + 1$, alors $f'(x) = -12x^3 + 4x + 1$;

b. Si $f(x) = 2x^3 + x + \dfrac{4}{x^2}$, alors $f'(x) = 6x^2 + 1 + \dfrac{4}{x^3}$;

c. Si $f(x) = \dfrac{x^2 + x - 1}{x+1}$, alors $f'(x) = \dfrac{x^2 + 2x + 2}{(x+1)^2}$;

d. Si $f(x)=\dfrac{\ln(x)}{e^x}$, alors $f'(x)=\dfrac{1-x\ln(x)}{xe^x}$;

e. Si $f(x)=\cos^2(x)$, alors $f'(x)=-\sin(2x)$.

3 Soit f la fonction dérivable sur $]0;+\infty[$ définie par $f(x)=x-\ln\left(x^2\right)$. On donne $\ln(2)\approx 0{,}69$.

a. $\lim\limits_{\substack{x\to 0\\ x>0}} f(x)=+\infty$.

b. $\lim\limits_{x\to+\infty} f(x)=+\infty$.

c. f est croissante sur $]0;+\infty[$.

d. $f'(1)=0$.

e. Pour tout $x\in\ ]0;+\infty[$, $f(x)\geqslant 0$.

4 Soit f la fonction dérivable sur $]0;+\infty[$ définie par $f(x)=e^{x+\ln(x)}$.

a. $f(1)=e$.

b. Pour tout $x\in\ ]0;+\infty[$, $f(x)=e^x+x$.

c. f est croissante sur $]0;+\infty[$,

d. Pour tout $x\in\ ]0;+\infty[$, $f'(x)=(x+1)e^x$.

e. $\lim\limits_{\substack{x\to 0\\ x>0}} f(x)=1$.

5 Soit f la fonction dérivable sur $\mathbb{R}\backslash\{0\}$ définie par $f(x)=\dfrac{e^x-3}{e^x-1}$.

a. $\lim\limits_{x\to+\infty} f(x)=1$.

b. $\lim\limits_{x\to-\infty} =f(x)=1$.

c. $\lim\limits_{\substack{x\to 0\\ x>0}} f(x)=-\infty$.

d. Pour tout $x\in\mathbb{R}\backslash\{0\}$, $f'(x)=\dfrac{2}{\left(e^x-1\right)^2}$.

e. f est croissante sur $]0,+\infty[$.

6 Soit f une fonction définie sur $\mathbb{R}$. On considère que les 3 énoncés suivants sont vrais :

P_1 : Si $f(0)=1$ et $f(1)\neq 2$ alors $f(2)=3$.
P_2 : Si $f(2)=3$ et $f(3)\neq 4$ alors $f(0)\neq 1$.
P_3 : Si $f(1)=2$ alors $f(3)\neq 4$.

a. P_2 est équivalent à « Si $f(0)=1$ alors $f(2)\neq 3$ ou $f(3)=4$ ».

b. Si $f(0) = 1$ alors $f(2) \neq 3$.
c. On peut avoir $f(0) = 1$ et $f(1) \neq 2$.
d. On peut avoir $f(0) = 1$ et $f(1) = 2$.
e. On peut affirmer que $f(0) \neq 1$.

Questions à choisir

7 Soit $q \in \mathbb{R}$ et pour tout $n \in \mathbb{N}$, $S_n = 1 + q + q^2 + \ldots + q^n = \sum_{k=0}^{n} q^k$.

a. Pour tout $n \geqslant 1$, $\sum_{k=1}^{n} q^k = S_n - 1$.

b. Pour tout $n \geqslant 1$, $\sum_{k=1}^{n} q^k = qS_{n-1}$.

c. Si $q = 1$, alors pour tout $n \in \mathbb{N}$, $S_n = n$.
d. Si $q = -1$, alors pour tout $n \in \mathbb{N}$, $S_n = 0$.
e. Si $q \in]-1, 1[$, alors $\lim_{n \to +\infty} S_n = \frac{1}{1-q}$.

8 Soit (u_n) définie par $u_0 > 0$ et pour tout $n \in \mathbb{N}$, $u_{n+1} = u_n e^{-u_n}$.
a. (u_n) est une suite géométrique.
b. (u_n) est croissante.
c. Pour tout $n \in \mathbb{N}$, $\frac{u_{n+1}}{u_n} \leqslant 1$.
d. $\lim_{n \to +\infty} u_n = 1$.
e. $\lim_{n \to +\infty} u_n = 0$.

9 **a.** $\int_0^{\frac{\pi}{2}} \cos\left(3x - \frac{\pi}{2}\right) dx = 1$;

b. $\int_0^{\frac{\pi}{2}} \sin(3x) dx = \frac{1}{3}$;

c. $\int_0^{\frac{\pi}{4}} \frac{1}{\cos^2(x)} dx = 1 - \sqrt{2}$;

d. $\int_0^{\frac{\pi}{4}} \left(1 + \tan^2(x)\right) dx = 1$;

e. $\int_0^{\frac{\pi}{4}} \tan(x) dx = 1$.

10 Pour un nombre complexe z, Re(z) désigne sa partie réelle, Im(z) sa partie imaginaire.
Soit S l'ensemble des solutions de l'équation complexe :

$$z+|z|=1+2i.$$

a. Si $z \in$ S, alors $z \notin \mathbb{R}$.
b. Si $z \in$ S, alors Im(z) = 2.
c. Si $z \in$ S, alors $|z| \geqslant 2$.
d. Si $z \in$ S, alors Re(z) $\geqslant -1$.
e. $S=\{-1+2i\}$.

11 **a.** $\dfrac{1+2i}{2+i}$ est imaginaire pur.

b. $\dfrac{1+2i}{2-i}$ est imaginaire pur.

c. $\dfrac{1-2i}{2+i}$ est réel.

d. $\left|\dfrac{1+2i}{2-i}\right|=1$.

e. $\left|\dfrac{1+2i}{2-i}\right|=1$.

12 Dans l'espace rapporté à un repère orthonormé $\left(O, \vec{i}, \vec{j}, \vec{k}\right)$, on considère les points I(3, – 2, 2), J(6, 1, 5), K(6, – 2, – 1) et L(0, 4, – 1).
a. $\overrightarrow{IJ} \cdot \overrightarrow{IK} = 0$.
b. Le triangle (IJK) est rectangle.
c. $KL^2 = KI^2 + IL^2$.
d. Le triangle (IKL) est rectangle.
e. Le triangle (IJL) est rectangle.

13 La durée de vie, en années, d'un composant électronique est une variable aléatoire T qui suit une loi exponentielle de paramètre $\lambda > 0$. On note f la fonction densité associée à T et on rappelle que pour tout $t \geqslant 0$:

$$f(t)=\lambda e^{-\lambda t}.$$

a. $P(T \leqslant 5)=\lambda\left(1-e^{-5\lambda}\right)$.

b. Si $P(T \leqslant 5)=0{,}9$, alors $\lambda=\dfrac{\ln(10)}{5}$.

c. La probabilité que le composant ne fonctionne plus au bout de 5 ans, sachant qu'il fonctionne depuis 2 ans, est $P(2 \leqslant T \leqslant 5)$.

d. La probabilité que le composant ait une durée de vie supérieure à 5 ans, sachant qu'il fonctionne depuis 2 ans, est $\dfrac{P(T \geqslant 5)}{P(T \geqslant 2)}$.

e. Si l'espérance de T est 5, alors $\lambda = 5$.

14 Soit la fonction $f(x) = x^3 - 3x + 1$, qui a 3 racines réelles dans]– 2, 2[dont une seule dans]1, 2[.
On note α la racine dans]1, 2[. Pour avoir une valeur approchée de α on utilise l'algorithme suivant :

Entrées :	Donner les valeurs de a, b, N
Variables :	x réel, i entier
Traitement :	Pour i allant de 1 à N
	$x \leftarrow a - \dfrac{b-a}{f(b)-f(a)} f(a)$
	Si $f(a)f(x) > 0$
	$a \leftarrow x$
	Sinon $b \leftarrow x$
	Fin Si
	Fin Pour
Sortie :	Afficher x

a. L'algorithme est basé sur le théorème des valeurs intermédiaires.

b. Dans l'algorithme, x est l'abscisse du point intersection d'une droite avec l'axe des abscisses.

c. Pour obtenir une valeur approchée de α, on peut donner en entrées pour a et b :

$$a = 0 \text{ et } b = 2.$$

d. Les entrées ($a = 1$, $b = 2$, N = 10) et ($a = 2$, $b = 1$, N = 10) donneront la même sortie.

e. On peut remplacer la boucle « Pour i allant de 1 à N » par une boucle conditionnelle « Tant que $(b-a) > 10^{-N}$ ».

Sujet 15 Concours Avenir, mai 2018

1 h 30

Lire attentivement les consignes afin de vous placer dans les meilleures conditions de réussite de cette épreuve.

Cette épreuve comporte volontairement plus d'exercices que vous ne pouvez en traiter dans le temps imparti. La raison en est que votre enseignant n'a pas forcément traité l'ensemble du programme de Terminale S.

Vous devez répondre à 45 questions au choix parmi les 60 proposées pour obtenir la note maximale.

Si vous traitez plus de 45 questions, seules les 45 premières seront prises en compte.

Barème : *Une seule réponse exacte par question. Afin d'éliminer les stratégies de réponses au hasard, chaque réponse exacte est gratifiée de 3 points, tandis que chaque réponse fausse est pénalisée par le retrait d'1 point.*

Statistiques

Pour les questions **1** à **4**, on considère deux séries statistiques, A et B, dont on a les diagrammes de TUKEY (diagrammes en boites). Les valeurs extrêmes de chaque diagramme sont le minimum et le maximum de chaque série.

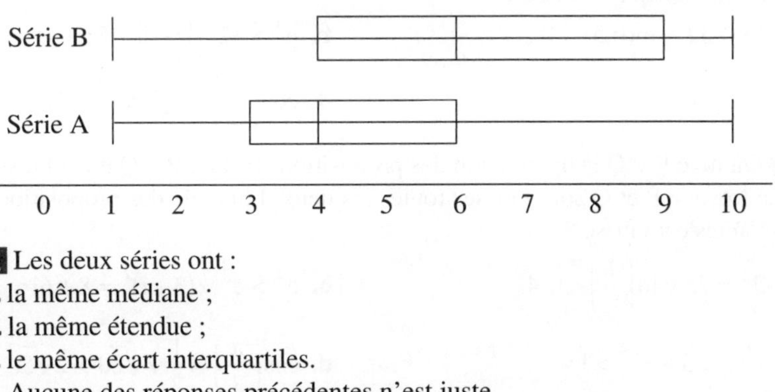

1 Les deux séries ont :

a. la même médiane ;
b. la même étendue ;
c. le même écart interquartiles.
d. Aucune des réponses précédentes n'est juste.

2 Laquelle des propositions suivantes est vraie ?

a. Les valeurs des deux séries sont également dispersées.
b. Les valeurs de la série A sont plus dispersées que les valeurs de la série B.
c. Les valeurs de la série B sont plus dispersées que les valeurs de la série A.
d. Il n'y a pas assez d'information pour comparer la dispersion des valeurs des deux séries.

3 Laquelle des propositions suivantes est vraie ?
a. 50 % des valeurs de la série A sont supérieures ou égales à 50 % des valeurs de la série B.
b. 75 % des valeurs de la série A sont supérieures ou égales à 25 % des valeurs de la série B.
c. 50 % des valeurs de la série B sont inférieures ou égales à 50 % des valeurs de la série A.
d. 75 % des valeurs de la série A sont inférieures ou égales à 50 % des valeurs de la série B.

4 On note respectivement $\overline{x}_A$ et $\overline{x}_B$ la moyenne arithmétique de la série A et de la série B.
a. $\overline{x}_A = \overline{x}_B$; **b.** $\overline{x}_A < \overline{x}_B$; **c.** $\overline{x}_A > \overline{x}_B$;
d. il n'y a pas assez d'information pour comparer $\overline{x}_A$ et $\overline{x}_B$.

Logique

Pour les questions **5** à **8**, on note P et Q deux propositions, elles peuvent être chacune et de façon indépendante vraie ou fausse.

5 On note $P \wedge Q$ la conjonction des propositions P et Q, $P \wedge Q$ n'est vraie que lorsque P et Q sont vraies toutes les deux. Laquelle des propositions suivantes est fausse ?

a. $25 = 32 \wedge \ln(0{,}5) < 0$; **b.** $e^4 > 32 \wedge |2+i| = 5$;

c. $\sqrt{7} < 3 \wedge e^{-3} > 0$; **d.** $\cos\left(\frac{\pi}{4}\right) = \frac{\sqrt{2}}{2} \wedge \frac{15}{9} > 1$.

6 On note $P \vee Q$ la disjonction des propositions P et Q, $P \vee Q$ n'est fausse que lorsque P et Q sont fausses toutes les deux. Laquelle des propositions suivantes est fausse ?

a. $2^2 = 25 \vee \ln\left(\frac{1}{e}\right) < 0{,}4$; **b.** $e^4 > e^2 \vee (3+i)^2 = 8+6i$;

c. $\sqrt{17} < 3 \vee e^{-5} > 1$; **d.** $\cos\left(\frac{\pi}{3}\right) = \frac{1}{2} \vee \sqrt{20} > 2\sqrt{5}$.

7 On note $P \Rightarrow Q$ l'implication de Q par P, $P \Rightarrow Q$ est fausse si et seulement si P est vraie et Q est fausse. Laquelle des propositions suivantes est vraie ?

a. $2^3 = 8 \Rightarrow \ln(3) < 0$;

b. $e^4 > 1 \Rightarrow 7^2 < e^2$;

c. $\sin(\pi) = 0 \Rightarrow$ pour tout x réel non nul, $\frac{1}{x} < x$;

d. $e^4 < 0 \Rightarrow 3^2 = 9$.

8 On note $P \Leftrightarrow Q$ l'équivalence entre les propositions P et Q, $P \Leftrightarrow Q$ n'est vraie que lorsque P et Q sont vraies toutes les deux ou fausses toutes les deux. Laquelle des propositions suivantes est fausse ?

a. $i^2 = 1 \Leftrightarrow e < 1$;

b. $e^4 > 1 \Leftrightarrow$ le conjugué de $(2i + 3)$ est $3 - 2i$;

c. $i^5 = i \Leftrightarrow \ln(2) < 0$;

d. $\cos\left(\frac{\pi}{4}\right) = \frac{\sqrt{3}}{2} \Leftrightarrow \frac{4}{7} > 2$.

Loi binomiale

Pour les questions **9** à **12**, on considère une variable aléatoire X qui suit une loi binomiale $\mathcal{B}(n\,;0{,}2)$ où n est un entier naturel non nul.

9 L'espérance mathématique de X est :

a. n ; **b.** $\frac{n}{0{,}2}$; **c.** 0,8n ; **d.** $\frac{n}{s}$.

10 $P(X = 1) =$

a. $n \times 0{,}2^{n-1} \times 0{,}8$; **b.** $n \times 0{,}2 \times 0{,}8^{n-1}$;

c. $(n-1) \times 0{,}2 \times 0{,}8^n$; **d.** $(n-1) \times 0{,}2 \times 0{,}8^{n-1}$.

11 Si on veut que $P(X = 0) = 0{,}512$, alors il faut que :

a. $n = 2$; **b.** $n = 3$; **c.** $n = 4$.

d. Aucune des réponses précédentes n'est juste.

12 Si on veut que l'écart-type de X soit égal à 0,8, alors il faut que :

a. $n = 2$; **b.** $n = 3$; **c.** $n = 4$.

d. Aucune des réponses précédentes n'est juste.

Suites

Pour les questions **13** à **19**, on considère la fonction f, définie, continue et strictement croissante sur $\mathbb{R}$ représentée en trait plein ci-dessous. Sur le même graphique est représentée la droite d'équation réduite $y = x$ en traits pointillés. Pour tout $x \in [-4\ ;\ 3]$, $f(x) \leqslant x$, sinon $f(x) > x$.

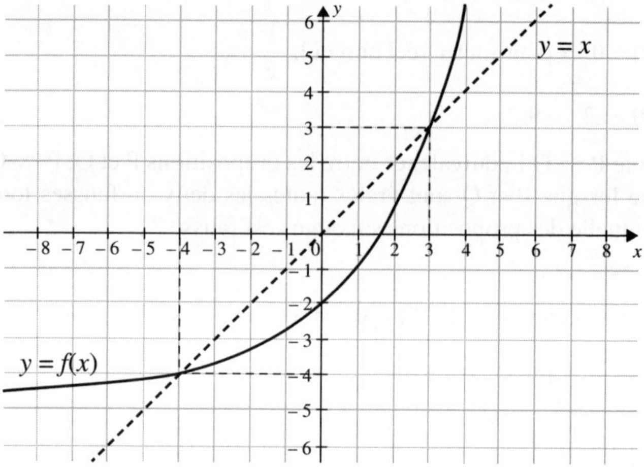

On considère la suite (u_n) définie par $\begin{cases} u_0 \in \mathbb{R} \\ u_{n+1} = f(u_n) \text{ pour tout } n \in \mathbb{N} \end{cases}$

13 Si $u_0 = 1$, alors $\lim\limits_{n \to +\infty} (u_n) =$

a. 3 ; **b.** – 4 ; **c.** $+\infty$; **d.** $-\infty$.

14 Si $u_0 = 4$, alors $\lim\limits_{n \to +\infty} (u_n) =$

a. 3 ; **b.** – 4 ; **c.** $+\infty$; **d.** $-\infty$.

15 Si $u_0 = -6$, alors $\lim\limits_{n \to +\infty} \left(e^{-2u_n}\right) =$

a. e^{-6} ; **b.** e^{8} ; **c.** $+\infty$; **d.** 0.

16 Si $u_0 > 3$, alors la suite (v_n) définie par $v_n = \dfrac{u_n - 1}{u_n + 1}$ pour tout $n \in \mathbb{N}$ est :

a. strictement croissante ;

b. strictement décroissante ;

c. non monotone.

d. Aucune des réponses précédentes n'est juste.

17 Si $u_0 < -4$, alors la suite (w_n) définie par $w_n = \dfrac{u_n + 1}{u_n - 1}$ pour tout $n \in \mathbb{N}$ est :

a. strictement croissante ;

b. strictement décroissante ;

c. non monotone.

d. Aucune des réponses précédentes n'est juste.

18 Laquelle des propositions suivantes est vraie ?

a. La suite (u_n) est toujours strictement croissante, quel que soit le choix de u_0.

b. La suite (u_n) est toujours strictement décroissante, quel que soit le choix de u_0.

c. Il est possible de choisir u_0 pour que $\lim\limits_{n \to +\infty} (u_n) = -\infty$.

d. Il est possible de choisir u_0 pour que $\lim\limits_{n \to +\infty} (4 - 5u_n) = -\infty$.

19 Laquelle des propositions suivantes est vraie ?

a. Il est possible de choisir u_0 pour que la suite (u_n) soit arithmétique de raison strictement positive et convergente vers 3.

b. Il est possible de choisir u_0 pour que la suite (u_n) soit arithmétique de raison strictement négative.

c. Il est possible de choisir u_0 pour que la suite (u_n) soit géométrique de raison appartenant à$]-1\,;\,1[$.

d. Aucune des réponses précédentes n'est juste.

Nombres complexes

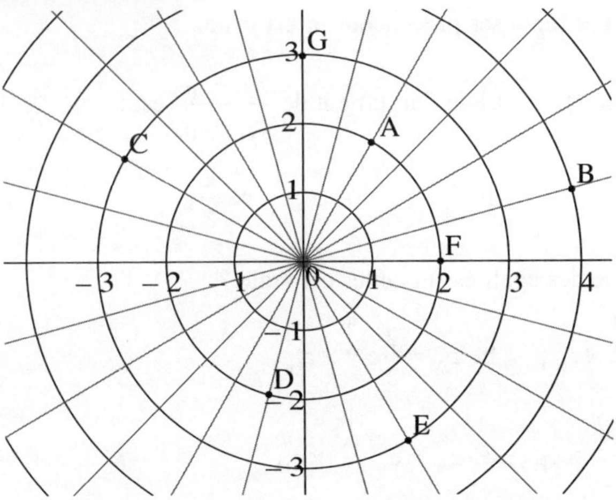

CONCOURS

Pour les questions **20** à **26**, on se place dans le plan complexe muni d'un repère orthonormé On considère les points A, B, C, D, E, F, G et H d'affixes respectifs z_A, z_B, z_C, z_D, z_E, z_F, z_G et z_H. Tous les points se trouvent exactement à l'intersection d'un cercle d'un rayon. L'angle entre 2 rayons consécuritfs est constant.

20 La valeur dans]– π ; π] de l'argument de z_A est :

a. $\frac{\pi}{6}$; **b.** $\frac{5\pi}{12}$; **c.** $\frac{\pi}{3}$; **d.** $\frac{3\pi}{12}$.

21 La valeur dans]– π ; π] de l'argument de $z_C \times z_D$ est :

a. π ; **b.** $\frac{3\pi}{12}$; **c.** $\frac{\pi}{2}$; **d.** $\frac{7\pi}{12}$.

22 Le nombre complexe z_E est une racide de :

a. $z^2 - 3z - 7$; **b.** $z^2 - 3z + 1$;
c. $z^2 - 3z - 4$; **d.** $z^2 - 3z + 9$.

23 Le nombre comple z_B est une solution de :

a. $z^2 = 8 + 8\sqrt{3}\mathrm{i}$; **b.** $z^2 = 8\sqrt{3} + 8\mathrm{i}$;

c. $z^2 = 8 - 8\sqrt{3}\mathrm{i}$; **d.** $z^2 = 8\sqrt{3} - 8\mathrm{i}$.

24 Le nombre complexe $\frac{z_F}{z_G}$ est :

a. un nombre réel ;
b. un nombre imaginaire pur ;
c. un nombre complexe dont ni la partie réelle, ni la partie imaginaire ne sont nulles.
d. Aucune des réponses précédentes n'est juste.

25 La valeur]– π ; π] de l'argument de $\frac{z_C - z_E}{z_G - z_E}$ est :

a. $\frac{\pi}{12}$; **b.** $\frac{\pi}{4}$; **c.** $\frac{\pi}{6}$; **d.** $\frac{\pi}{3}$.

26 Laquelle des égalités suivantes est vraie ?

a. $z_A = e^{\mathrm{i}\frac{\pi}{4}} \times z_F$; **b.** $z_A = \frac{2}{3}e^{\mathrm{i}\frac{\pi}{6}} \times z_G$;

c. $z_A = \frac{1}{2}e^{\mathrm{i}\frac{\pi}{6}} \times z_B$; **d.** $z_A = e^{-\mathrm{i}\frac{11\pi}{12}} \times z_D$.

Fonction exponentielle

27 Pour tout nombre réel x, $2-\dfrac{e^x+4}{e^x+2}=$

a. $\dfrac{e^x+8}{e^x+2}$; **b.** $\dfrac{e^x-2}{e^x+2}$;

c. $\dfrac{1}{1+2e^x}$; **d.** $\dfrac{1}{1+2e^{-x}}$.

28 Dans $\mathbb{R}$, l'équation admet pour solution :

a. $x=\dfrac{4}{3}$; **b.** $x=-\dfrac{4}{3}$; **c.** $x=-4$; **d.** $x=4$.

29 On considère la fonction f définie sur $]-2\,;+\infty[$ par $f(x)=\dfrac{-3e^{-x}}{x+2}$.

La fonction f est dérivable sur $]-2\,;+\infty[$ et $f'(x)=$

a. $\dfrac{3(x+3)e^{-x}}{(x+2)^2}$; **b.** $\dfrac{3(x+1)e^{-x}}{(x+2)^2}$;

c. $\dfrac{-3(x+3)e^{-x}}{(x+2)^2}$; **d.** $\dfrac{-3(x+1)e^{-x}}{(x+2)^2}$.

Pour les questions **30** et **31**, on considère les fonctions f et g définies sur R par $f(x)=\dfrac{e^x+e^{-x}}{2}$ et $g(x)=\dfrac{e^x-e^{-x}}{2}$.

30 Pour tout nombre réel x, $(f(x))^2-(g(x))^2=$

a. 1 ; **b.** e^x ; **c.** -1 ; **d.** e^{-x}.

31 Pour tous nombres réels x et y, $f(x)\times f(y)+g(x)\times g(y)=$

a. $g(x+y)$; **b.** $g(x-y)$; **c.** $f(x+y)$; **d.** $f(x-y)$.

Trigonométrie

32 Dans $\left[0\,;\dfrac{\pi}{2}\right]$, les solutions de l'équation $2(\cos(2x+1))^2-1=0$ sont :

a. $\dfrac{7\pi-4}{8}$ et $\dfrac{9\pi-4}{8}$; **b.** $\dfrac{3\pi-1}{2}$ et $\dfrac{5\pi-1}{2}$;

c. $\dfrac{3\pi-4}{8}$ et $\dfrac{5\pi-4}{8}$; **d.** $\dfrac{3\pi-1}{4}$ et $\dfrac{5\pi-1}{4}$.

33 Sur l'intervalle $\left[\dfrac{2017\pi}{2} ; \dfrac{2019\pi}{2}\right]$, la fonction sinus est :

a. décroissante puis croissante ;
b. strictement décroissante ;
c. strictement croissante ;
d. croissante puis décroissante.

Fonction logarithme népérien

Pour les questions **34** à **40**, on considère la fonction $g(x) = \ln\left(\dfrac{e^2}{f(x)}\right)$ où f est une fonction dérivable sur $\mathbb{R}$ dont le tableau de variation est le suivant :

x	0		0		2		$+\infty$
Variations de *f*	$+\infty$	↘	1	↗	$2e$	↘	3

34 $g(0) =$

a. 1 ; **b.** 2 ; **c.** e^2.
d. Aucune des réponses précédentes n'est juste.

35 $\lim\limits_{x \to +\infty} (g(x)) =$

a. $-\infty$; **b.** $+\infty$ **c.** 0 ; **d.** $2 - \ln(3)$.

36 $\lim\limits_{x \to +\infty} (g(x)) =$

a. $-\infty$; **b.** $+\infty$ **c.** $\ln(2) - \ln(3)$;
d. Aucune des réponses précédentes n'est juste.

37 La fonction g est dérivable sur $\mathbb{R}$ et $g'(x)$ est donnée par :

a. $g'(x) = -e^2 \times \dfrac{f'(x)}{f(x)}$; **b.** $g'(x) = -\dfrac{f'(x)}{f(x)}$;

c. $g'(x) = -e^2 \times \dfrac{f'(x)}{(f(x))^2}$; **d.** $g'(x) = -\dfrac{f'(x)}{(f(x))^3}$.

38 Dans le plan muni d'un repère, la courbe représentative de la fonction g :
a. n'admet aucune asymptote ;
b. admet exactement une asymptote horizontale ou verticale ;
c. admet exactement deux asymptotes horizontales ou verticales ;
d. Aucune des réponses précédentes n'est juste.

39 L'équation $g(x) = -100$:
a. n'admet aucune solution dans $\mathbb{R}$;
b. admet exactement une solution dans $\mathbb{R}$;
c. admet exactement deux solutions dans $\mathbb{R}$;
d. Aucune des réponses précédentes n'est juste.

40 L'équation $g(x) = 3$:
a. n'admet aucune solution dans $\mathbb{R}$;
b. admet exactement une solution dans $\mathbb{R}$;
c. admet exactement deux solutions dans $\mathbb{R}$;
d. Aucune des réponses précédentes n'est juste.

Intégration

41 $\int_0^2 (3x-1)\mathrm{d}x =$
a. 4 ; **b.** 5 ; **c.** 6 ; **d.** 10.

42 $\int_{-1}^{1} \left(\frac{2x}{x^2+1}\right)\mathrm{d}x =$

a. 2 ; **b.** $\frac{1}{2}$; **c.** 0 ;
d. Aucune des réponses précédentes n'est juste.

43 Pour $x \in \left[0 ; \frac{\pi}{2}\right[$, une primitive de $\tan(x) = \frac{\sin(x)}{\cos(x)}$ est :

a. $-\ln(\cos(x))$; **b.** $\ln(\cos(x))$;

c. $-\ln(\sin(x))$; **d.** $\ln(\sin(x))$.

Loi continue

Pour les questions **44** à **48**, on considère une variable aléatoire X à valeurs dans [1 ; 4] qui admet pour densité la fonction f définie pour tout $x \in [1 ; 4]$, par $f(x) = \frac{\alpha}{x}$ où $\alpha \in]0 ; +\infty[$.

44 L'espérance mathématique de X vaut :

a. α ; **b.** 2α ; **c.** 3α ; **d.** 4α.

45 La représentation grpahique de la fonction f est :

a.

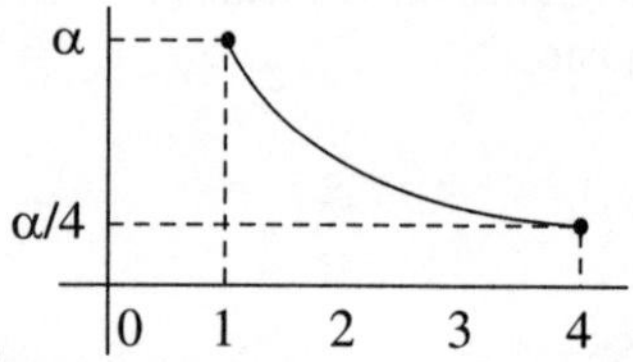

b.

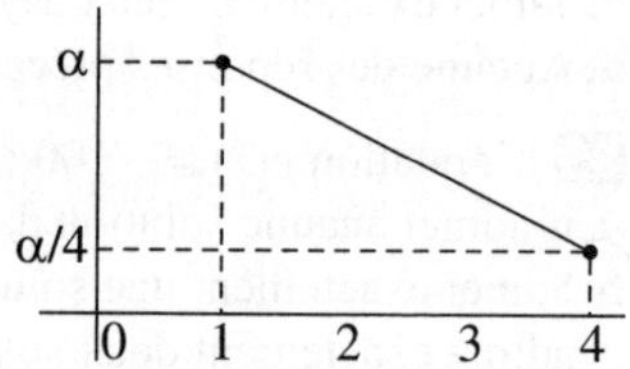

c.

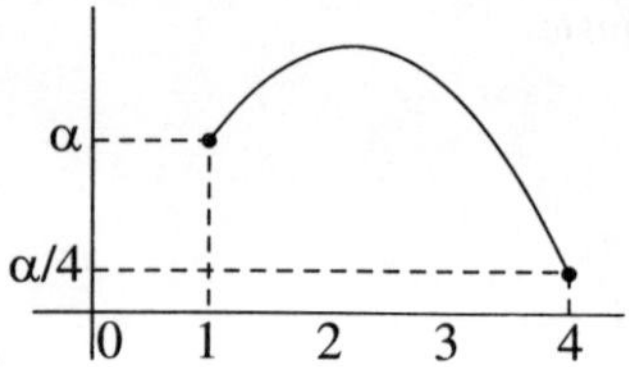

d.

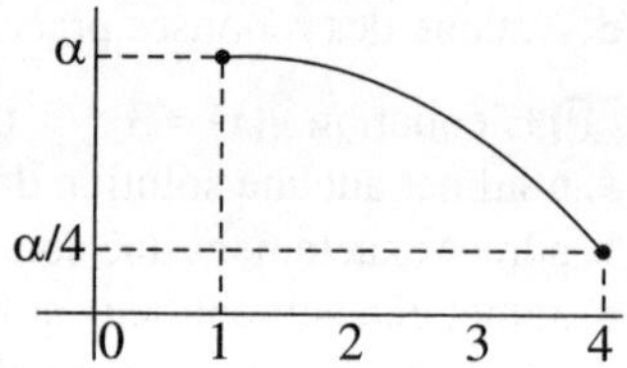

46 Le nombre α vérifie :

a. $\frac{\alpha}{4}\times 3+\frac{1}{2}\times 3\times\left(\alpha-\frac{\alpha}{4}\right)<1$; **b.** $\frac{3}{4}\times\left(\alpha-\frac{3\alpha}{2}\right)=1$;

c. $3\alpha<4$; **d.** $15\alpha=8$.

47 $P(1 \leqslant X \leqslant 2) =$

a. $\frac{\alpha}{3}$; **b.** $\alpha\ln(2)$ **c.** αe^2 ; **d.** $\frac{\alpha}{2}$.

48 Le nombre α est égal à :

a. $\frac{1}{3}$; **b.** 1 ; **c.** e^4 ; **d.** $\frac{1}{2\ln(2)}$.

Loi normale

49 On considère une variable aléatoire X qui suit une loi normale d'espérance mathématique 3 et d'écart-type 2, alors :

a. $Y=\frac{X+3}{2}$ suit une loi normale centrée réduite.

b. $Y=\frac{X-3}{2}$ suit une loi normale centrée réduite.

c. $Y=\frac{X+3}{2^2}$ suit une loi normale centrée réduite.

d. $Y=\frac{X-3}{2^2}$ suit une loi normale centrée réduite.

50 On considère une variable aléatoire X qui suit une loi normale d'espérance mathématique 2 et d'écart-type 3, alors $P(X - 2 \leqslant -6) \approx$

a. 0,5 ; **b.** 0,16 ; **c.** 0,046 ; **d.** 0,023.

Algorithme

Pour les questions **51** à **54**, on considère l'algorithme suivant :

```
Variables :
    x, y, z : nombres
Traitement
    Saisir x, y et z
    Affecter à z la valeur x
    Affecter à x la valeur y
    Affecter à y la valeur z
    Afficher x ; y
```

51 Si on fait fonctionner l'algorithme avec $x = 2$, $y = 1$ et $z = 3$, on obtient comme affichage :

a. 2 ; 3. **b.** 3 ; 2. **c.** 2 ; 1.

d. Aucune des réponses précédentes n'est exacte.

51 Si on fait fonctionner l'algorithme avec $x = 3$ et $y = -1$, on obtient comme affichage :

a. 2 ; – 1. **b.** – 1 ; 3. **c.** – 1 ; 3 ; 3.

d. Aucune des réponses précédentes n'est exacte.

53 Avec quelles valeurs doit-on faire fonctionner l'algorithme si on désire afficher 3 ; 7 ?

a. $x = 2$; $y = 3$; $z = 7$.

b. $x = 7$; $y = 3$; $z = 2$.

c. $x = 3$; $y = 2$; $z = 7$

d. Aucune des réponses précédentes n'est exacte.

54 Parmi les algorithmes suivants, lequel est équivalent à l'algorithme utilisé pour les questions **51** à **53** ?

a.

```
Variables :
    x, y, z : nombres
Traitement
    Saisir x, y et z
    Afficher x ; y
```

b.

```
Variables :
    x, y, z : nombres
Traitement
    Saisir x, y et z
    Afficher y ; z
```

c.

Variables :
x, y, z : nombres
Traitement
Saisir x, y et z
Afficher z ; x

d. Aucune des réponses précédentes n'est exacte.

Géométrie dans l'espace

Pour les questions **55** à **60**, on se place dans l'espace muni d'un repère orthonormé $\left(O ; \vec{i}, \vec{j}, \vec{k}\right)$.

55 On considère la droite (d) de représentation paramétrique $\begin{cases} x = 2 - t \\ y = 3 + 2t \\ z = -1 + t \end{cases}$

où $t \in \mathbb{R}$. Une autre représentation paramétrique de (d) est :

a. $\begin{cases} x = 2 - 2k \\ y = 3 + 4k \\ z = -1 + k \end{cases}$ où $k \in \mathbb{R}$;

b. $\begin{cases} x = -2 - k \\ y = -3 + 2k \\ z = 1 + k \end{cases}$ où $k \in \mathbb{R}$;

c. $\begin{cases} x = -1 - 2k \\ y = 9 + 4k \\ z = 2 + 2k \end{cases}$ où $k \in \mathbb{R}$;

d. $\begin{cases} x = 4 - 2k \\ y = 6 + 4k \\ z = -2 + 2k \end{cases}$ où $k \in \mathbb{R}$.

56 On considère le plan P d'équation cartésienne $x - 2y + z + 1 = 0$. L'intersection du plan P avec le plan $\left(O ; \vec{i}, \vec{j}\right)$ est :

a. une droite dont le vecteur directeur est colinéaire à $\vec{k}$;

b. une droite dont un vecteur directeur est orthogonal à $\vec{k}$;

c. une droite dont tous les vecteurs normaux sont orthogonaux à $\vec{k}$;

d. aucune des réponses précédentes n'est juste.

57 On considère le plan P de vecteur normal $\vec{n}\begin{pmatrix} -1/2 \\ 3/4 \\ 4/5 \end{pmatrix}$ passant par le point A(2 ; 1 ; – 1). Une équation cartésienne de P est :

a. $50x - 75y - 80z - 105 = 0$;

b. $-10x + 15y + 16z + 11 = 0$;

c. $\frac{-1}{2}x+\frac{3}{4}y+\frac{4}{5}z-\frac{21}{20}=0$;
d. $-20x+30y+32z-42=0$.

58 On considère 2 points A(2 ; 0 ; 1) et B(1 ; – 1 ; 1). Une équation cartésienne du plan (OAB) est de la forme :
a. $\sqrt{7}x-\sqrt{7}y-\sqrt{14}z+d=0$, où $d \in \mathbb{R}$.
b. $\sqrt{5}x+\sqrt{5}y-\sqrt{20}z+d=0$, où $d \in \mathbb{R}$.
c. $\sqrt{11}x-\sqrt{11}y+\sqrt{44}z+d=0$, où $d \in \mathbb{R}$.
d. $\sqrt{3}x-\sqrt{3}y-\sqrt{12}z+d=0$, où $d \in \mathbb{R}$.

59 On considère le plan P d'équation cartésienne $2x+5y+3z+15=0$. L'intersection du plan P avec la droite passant par le point O et perpendiculaire au plan $\left(O ; \vec{i}, \vec{k}\right)$ est :
a. le point de coordonnées (0 ; – 3 ; 0) ;
b. le point de coordonnées (– 7,5 ; 0 ; 0) ;
c. le point de coordonnées (0 ; 0 ; – 5) ;
d. aucune des réponses précédentes n'est juste.

60 Laquelle des propositions suivantes est vraie ?
a. Il est toujours possible de trouver une droite perpendiculaire à deux plans distincts perpendiculaires entre eux.
b. Connaissant un premier plan, il est toujours possible de trouver un autre plan tel que l'intersection des deux plans soit égale à un point donné.
c. Connaissant 4 points distincts et alignés A, B, C et D, il est toujours possible de trouver deux plans perpendiculaires tels que l'un des plans passe par B et C et l'autre plan passe par A et D.
d. Aucune des réponses précédentes n'est juste.

Les exercices classés par thèmes

Fonctions

Polynésie, juin 2016 — **7 pts** — 1 h 25

1 Lecture graphique, Fonction exponentielle, Algorithme

Partie A

Voici deux courbes $\mathscr{C}_1$ et $\mathscr{C}_2$ qui donnent pour deux personnes P_1 et P_2 de corpulences différentes la concentration C d'alcool dans le sang (taux d'alcoolémie) en fonction du temps t après ingestion de la même quantité d'alcool. L'instant $t = 0$ correspond au moment où les deux individus ingèrent l'alcool.

C est exprimée en gramme par litre et t en heure.

Définition : La corpulence est le nom scientifique correspondant au volume du corps.

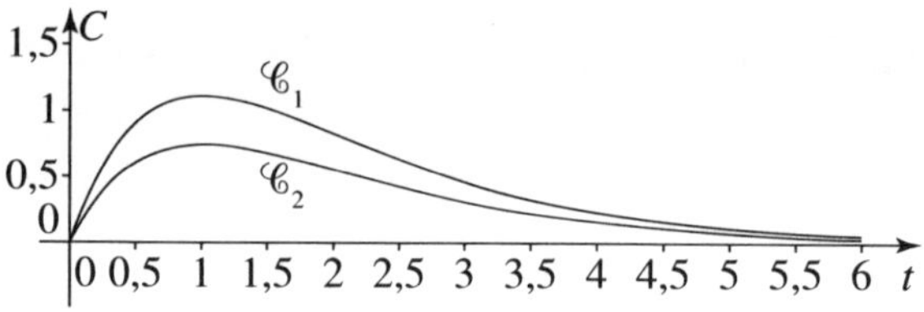

1 La fonction C est définie sur l'intervalle $[0\ ;+\infty[$ et on note C' sa fonction dérivée. À un instant t positif ou nul, la vitesse d'apparition d'alcool dans le sang est donnée par $C'(t)$.

À quel instant cette vitesse est-elle maximale ?

On dit souvent qu'une personne de faible corpulence subit plus vite les effets de l'alcool.

2 Sur le graphique précédent, identifier la courbe correspondant à la personne la plus corpulente. Justifier le choix effectué.

3 Une personne à jeun absorbe de l'alcool. On admet que la concentration C d'alcool dans son sang peut être modélisée par la fonction f définie sur $[0\ ;+\infty[$ par :

$$f(t) = \mathrm{A}\, t\, \mathrm{e}^{-t}$$

où A est une constante positive qui dépend de la corpulence et de la quantité d'alcool absorbée.

a. On note f' la fonction dérivée de la fonction f. Déterminer $f'(0)$.
b. L'affirmation suivante est-elle vraie ?
« À quantité d'alcool absorbée égale, plus A est grand, plus la personne est corpulente. »

Partie B Un cas particulier

Paul, étudiant de 19 ans de corpulence moyenne et jeune conducteur, boit deux verres de rhum. La concentration C d'alcool dans son sang est modélisée en fonction du temps t, exprimé en heure, par la fonction f définie sur $[0\,;+\infty[$ par :

$$f(t) = 2te^{-t}.$$

1 Étudier les variations de la fonction f sur l'intervalle $[0\,;+\infty[$.

2 À quel instant la concentration d'alcool dans le sang de Paul est-elle maximale ? Quelle est alors sa valeur ? Arrondir à 10^{-2} près.

3 Rappeler la limite de $\frac{e^t}{t}$ lorsque t tend vers $+\infty$ et en déduire celle de $f(t)$ en $+\infty$. Interpréter le résultat dans le contexte de l'exercice.

4 Paul veut savoir au bout de combien de temps il peut prendre sa voiture. On rappelle que la législation autorise une concentration maximale d'alcool dans le sang de 0,2 g.L^{-1} pour un jeune conducteur.
a. Démontrer qu'il existe deux nombres réels t_1 et t_2 tels que :

$$f(t_1) = f(t_2) = 0{,}2.$$

b. Quelle durée minimale Paul doit-il attendre avant de pouvoir prendre le volant en toute légalité ?
Donner le résultat arrondi à la minute la plus proche.

5 La concentration minimale d'alcool détectable dans le sang est estimée à 5×10^{-3} g.L^{-1}.
a. Justifier qu'il existe un instant T à partir duquel la concentration d'alcool dans le sang n'est plus détectable.
b. On donne l'algorithme suivant où f est la fonction définie par :

$$f(t) = 2te^{-t}.$$

```
Initialisation :  t prend la valeur 3,5
                  p prend la valeur 0,25
                  C prend la valeur 0,21
Traitement :      Tant que C > 5 × 10^-3 faire :
                     | t prend la valeur t + p
                     | C prend la valeur f(t)
                  Fin Tant que
Sortie :          Afficher t
```

Recopier et compléter le tableau de valeurs suivant en exécutant cet algorithme. Arrondir les valeurs à 10^{-2} près.

	Initialisation	Étape 1	Étape 2
p	0,25		
t	3,5		
C	0,21		

Que représente la valeur affichée par cet algorithme ?

France métropolitaine, La Réunion, juin 2016 **5 pts** 1 heure

2 Fonction tangente, Optimisation, Question avec prise d'initiative

Lors d'un match de rugby, un joueur doit transformer un essai qui a été marqué au point E (voir figure ci-dessous) situé à l'extérieur du segment [AB]. La transformation consiste à taper le ballon par un coup de pied depuis un point T que le joueur a le droit de choisir n'importe où sur le segment [EM] perpendiculaire à la droite (AB), sauf en E. La transformation est réussie si le ballon passe entre les poteaux repérés par les points A et B sur la figure.

Terrain vu de dessus

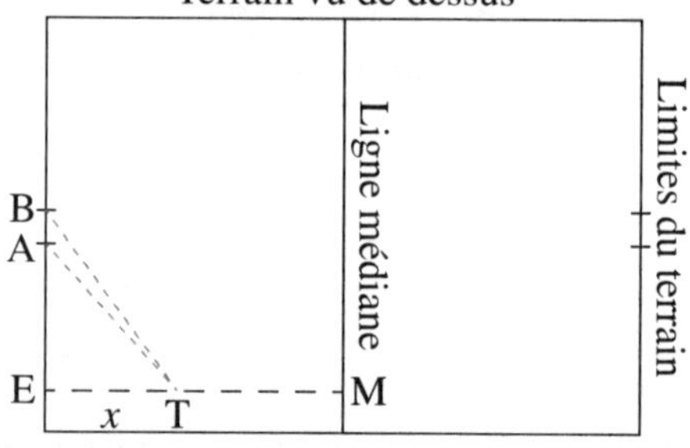

Pour maximiser ses chances de réussite, le joueur tente de déterminer la position du point T qui rend l'angle $\widehat{ATB}$ le plus grand possible.
Le but de cet exercice est donc de rechercher s'il existe une position du point T sur le segment [EM] pour laquelle l'angle $\widehat{ATB}$ est maximum et, si c'est le cas, de déterminer une valeur approchée de cet angle.
Dans toute la suite, on note x la longueur ET, qu'on cherche à déterminer.
Les dimensions du terrain sont les suivantes :

$$EM = 50 \text{ m}, EA = 25 \text{ m et } AB = 5{,}6 \text{ m}.$$

On note α la mesure en radian de l'angle $\widehat{ETA}$, β la mesure en radian de l'angle $\widehat{ETB}$ et γ la mesure en radian de l'angle $\widehat{ATB}$.

1 En utilisant les triangles rectangles ETA et ETB, ainsi que les longueurs fournies, exprimer tan α et tan β en fonction de x.

La fonction tangente est définie sur l'intervalle $\left]0\,;\frac{\pi}{2}\right[$ par :

$$\tan x = \frac{\sin x}{\cos x}.$$

2 Montrer que la fonction tan est strictement croissante sur l'intervalle $\left]0\,;\frac{\pi}{2}\right[$.

3 L'angle $\widehat{\text{ATB}}$ admet une mesure γ appartenant à l'intervalle $\left]0\,;\frac{\pi}{2}\right[$, résultat admis ici, que l'on peut observer sur la figure.

On admet que, pour tous réels a et b de l'intervalle $\left]0\,;\frac{\pi}{2}\right[$:

$$\tan(a-b) = \frac{\tan a - \tan b}{1 + \tan a \times \tan b}.$$

Montrer que $\tan\gamma = \dfrac{5{,}6x}{x^2+765}$.

4 L'angle $\widehat{\text{ATB}}$ est maximum lorsque sa mesure γ est maximale. Montrer que cela correspond à un minimum sur l'intervalle]0 ; 50] de la fonction f définie par :

$$f(x) = x + \frac{765}{x}.$$

Montrer qu'il existe une unique valeur de x pour laquelle l'angle $\widehat{\text{ATB}}$ est maximum et déterminer cette valeur de x au mètre près, ainsi qu'une mesure de l'angle $\widehat{\text{ATB}}$ à 0,01 radian près.

Remarque : sur un terrain, un joueur de rugby ne se soucie pas d'une telle précision.

1 h 10

D'après sujet de Bac — **6 pts**

3 Fonction trigonométrique, Encadrement

1 On désigne par g la fonction numérique définie sur [0 ; π] par :

$$g(x) = x\cos x - \sin x.$$

Étudier g et dresser son tableau de variation.
En déduire le signe de $g(x)$ sur [0 ; π].

EXERCICES

2 Soit f la fonction numérique de la variable réelle x définie sur $[0\,;\,\pi]$ par :

$$\text{si } x = 0, \text{ alors } f(0) = 1\,;$$

$$\text{si } x \in]0\,;\,\pi], \text{ alors } f(x) = \frac{\sin x}{x}.$$

On rappelle que $\lim\limits_{x \to 0} \dfrac{\sin x}{x} = 1$.

Étudier les variations de f sur $]0\,;\,\pi]$.

3 Étude de f en 0

a. Prouver que, pour tout nombre réel $x \geq 0$:

$$0 \leq x - \sin x \leq \frac{x^3}{6}.$$

(Pour cela, on introduira la fonction φ définie sur $[0\,;\,+\infty[$ par :

$$\varphi(x) = \sin x - x + \frac{x^3}{6}$$

on calculera les dérivées φ', φ'' et φ''' et on en déduira le signe de φ.)

b. Prouver que f est dérivable au point 0 et calculer $f'(0)$.

4 Construire la courbe représentative $(\mathscr{C})$ de la fonction f dans un repère orthonormé $(O\,;\,\vec{i}, \vec{j})$. (On prendre 3 cm pour unité.)

Amérique du Nord, juin 2008 — **6 pts** — 1 h 10

4 Fonction logarithme, Tangente, Équation, Lecture graphique

Soit f la fonction définie sur l'intervalle $]1\,;\,+\infty[$ par :

$$f(x) = \ln x - \frac{1}{\ln x}.$$

On nomme $(\mathscr{C})$ la courbe représentative de f et Γ la courbe d'équation $y = \ln x$ dans un repère orthogonal $(O\,;\,\vec{i}, \vec{j})$.

1 Étudier les variations de la fonction f et préciser les limites en 1 et en $+\infty$.

2 a. Déterminer $\lim\limits_{x \to +\infty} [f(x) - \ln(x)]$.

Interpréter graphiquement cette limite.

b. Préciser les positions relatives de $(\mathscr{C})$ et de Γ.

3 On se propose de chercher les tangentes à la courbe ($\mathscr{C}$) passant par le point O.

a. Soit a un réel appartenant à l'intervalle $]1\ ;+\infty[$.
Démontrer que la tangente $\mathscr{T}_a$ à ($\mathscr{C}$) au point d'abscisse a passe par l'origine du repère si, et seulement si :

$$f(a) - af'(a) = 0.$$

Soit g la fonction définie sur l'intervalle $]1\ ;+\infty[$ par :

$$g(x) = f(x) - xf'(x).$$

b. Montrer que sur $]1\ ;+\infty[$, les équations :

$$g(x) = 0 \quad \text{et} \quad (\ln x)^3 - (\ln x)^2 - \ln x - 1 = 0$$

ont les mêmes solutions.

c. Après avoir étudié les variations de la fonction u définie sur $\mathbb{R}$ par :

$$u(t) = t^3 - t^2 - t - 1,$$

montrer que la fonction u s'annule une fois et une seule sur $\mathbb{R}$.

d. En déduire l'existence d'une tangente unique à la courbe ($\mathscr{C}$) passant par le point O.
La courbe ($\mathscr{C}$) et la courbe Γ sont données ci-après.
Tracer cette tangente le plus précisément possible sur cette figure.

Représentations graphiques obtenues à l'aide d'un tableur

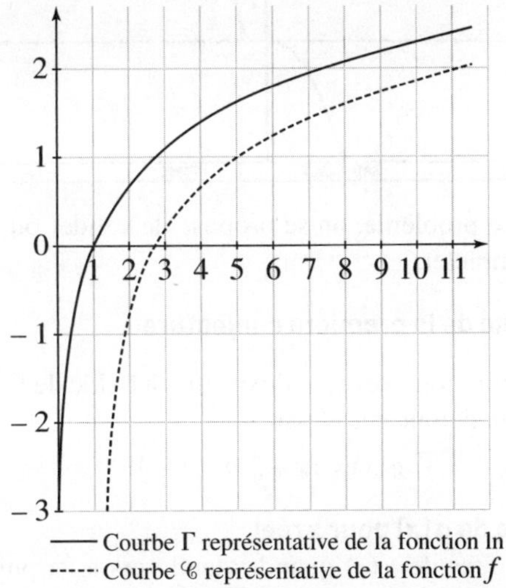

4 On considère un réel m et l'équation $f(x) = mx$ d'inconnue x.
Par lecture graphique et sans justification, donner, suivant les valeurs du réel m, le nombre de solutions de cette équation appartenant à l'intervalle $]1\ ;10]$.

EXERCICES

Inde, avril 2013 — 11 pts — 2 h 10

5 Fonction exponentielle, Équation

On considère la fonction numérique f définie sur $\mathbb{R}$ par :

$$f(x) = x^2 e^{x-1} - \frac{x^2}{2}.$$

Le graphique ci-après est la courbe représentative de cette fonction telle que l'affiche une calculatrice dans un repère orthonormal.

À l'observation de cette courbe, quelles conjectures pensez-vous pouvoir faire concernant :

1 Le sens de variation de f sur $[-3; 2]$?

2 La position de la courbe par rapport à l'axe $(x'x)$?

Conjectures

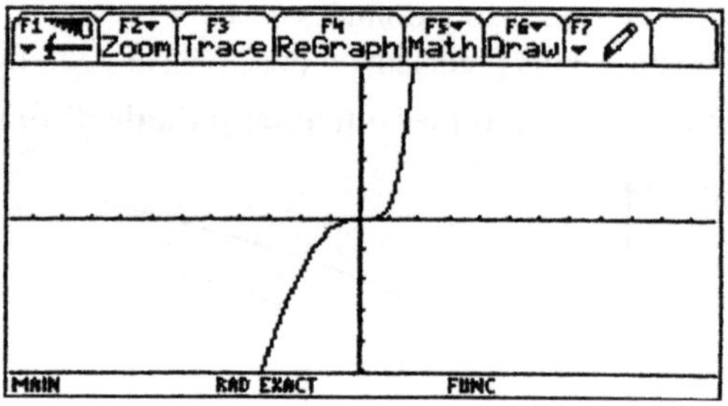

Dans la suite de ce problème, on se propose de valider ou non ces conjectures et de les compléter.

Partie A Contrôle de la première conjecture

1 Calculer $f'(x)$ pour tout réel x, et l'exprimer à l'aide de l'expression $g(x)$, où g est la fonction définie sur $\mathbb{R}$ par :

$$g(x) = (x+2)e^{x-1} - 1.$$

2 Étude du signe de $g(x)$ pour x réel

a. Calculer les limites de $g(x)$ quand x tend vers $+\infty$, puis quand x tend vers $-\infty$.

b. Calculer $g'(x)$ et étudier son signe suivant les valeurs de x.

c. En déduire le sens de variation de la fonction g, puis dresser son tableau de variation.

d. Montrer que l'équation $g(x) = 0$ possède une unique solution dans $\mathbb{R}$.

On note α cette solution. Montrer que $0{,}20 < \alpha < 0{,}21$.
e. Déterminer le signe de $g(x)$ suivant les valeurs de x.

3 Sens de variation de la fonction *f* sur $\mathbb{R}$
a. Étudier, suivant les valeurs de x, le signe de $f'(x)$.
b. En déduire le sens de variation de la fonction f.
c. Que pensez-vous de votre première conjecture ?

Partie B Contrôle de la deuxième conjecture

On note $\mathscr{C}$ la courbe représentative de la fonction f dans un repère orthogonal $(O ; \vec{i}, \vec{j})$.

On se propose de contrôler la position de la courbe par rapport à l'axe $(x'x)$.

1 Montrer que $f(\alpha) = \dfrac{-\alpha^3}{2(\alpha + 2)}$.

2 On considère la fonction h définie sur l'intervalle $[0 ; 1]$ par :

$$h(x) = \frac{-x^3}{2(x+2)}.$$

a. Calculer $h'(x)$ pour $x \in [0 ; 1]$, puis déterminer le sens de variation de h sur $[0 ; 1]$.
b. En déduire un encadrement de $f(\alpha)$.

3 a. Déterminer les abscisses des points d'intersection de la courbe $\mathscr{C}$ avec l'axe $(x'x)$.
b. Préciser alors la position de la courbe $\mathscr{C}$ par rapport à l'axe des abscisses.
c. Que pensez-vous de votre deuxième conjecture ?

Partie C Tracé de la courbe

Compte tenu des résultats précédents, on se propose de tracer la partie Γ de $\mathscr{C}$ correspondant à l'intervalle $[-0{,}2 ; 0{,}4]$, dans le repère orthogonal $(O ; \vec{i}, \vec{j})$, avec les unités suivantes :
Sur l'axe $(x'x)$, 1 cm représentera 0,05.
Sur l'axe $(y'y)$, 1 cm représentera 0,001.

1 Recopier le tableau suivant et compléter celui-ci à l'aide de la calculatrice en indiquant les valeurs approchées sous la forme $n \cdot 10^{-4}$ (n entier relatif).

x	−0,20	−0,15	−0,10	−0,05	0,10	0,15	0,20	0,30	0,35	0,40
$f(x)$										

2 Tracer alors Γ dans le repère choisi.

EXERCICES

Antilles-Guyane, juin 2015 **6 pts** 1 h 10

6 Lecture graphique, Fonction logarithme, Équation, Intersection de deux courbes

Soit f la fonction définie sur l'intervalle $]0\,;+\infty[$ par $f(x) = \ln x$.
Pour tout réel a strictement positif, on définit sur $]0\,;+\infty[$ la fonction g_a par :

$$g_a(x) = ax^2.$$

On note $\mathscr{C}$ la courbe représentative de la fonction f et Γ_a celle de la fonction g_a dans un repère du plan. Le but de l'exercice est d'étudier l'intersection des courbes $\mathscr{C}$ et Γ_a suivant les valeurs du réel strictement positif a.

Partie A

On a construit ci-dessous les courbes $\mathscr{C}$, $\Gamma_{0,05}$, $\Gamma_{0,1}$, $\Gamma_{0,19}$ et $\Gamma_{0,4}$.

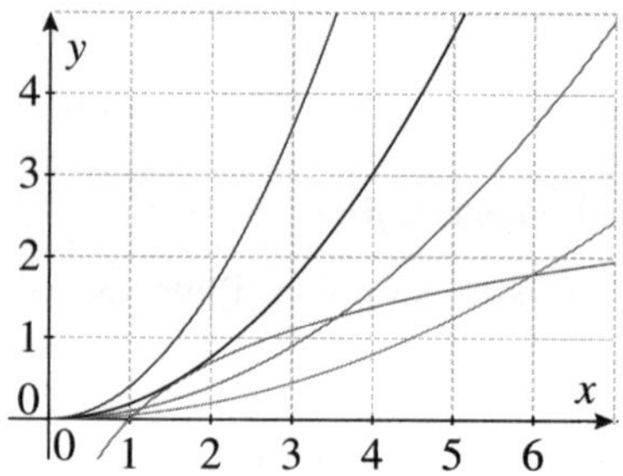

1 Nommer les différentes courbes sur le graphique. Aucune justification n'est demandée.

2 Utiliser le graphique pour émettre une conjecture sur le nombre de points d'intersection de $\mathscr{C}$ et Γ_a suivant les valeurs (à préciser) du réel a.

Partie B

Pour un réel a strictement positif, on considère la fonction h_a définie sur l'intervalle $]0\,;+\infty[$ par :

$$h_a(x) = \ln x - ax^2.$$

1 Justifier que x est l'abscisse d'un point M appartenant à l'intersection de $\mathscr{C}$ et Γ_a si et seulement si $h_a(x) = 0$.

2 **a.** On admet que la fonction h_a est dérivable sur $]0\,;+\infty[$, et on note h'_a la dérivée de la fonction h_a sur cet intervalle.
Le tableau de variation de la fonction h_a est donné ci-dessous.
Justifier, par le calcul, le signe de $h'_a(x)$ pour x appartenant à $]0\,;+\infty[$.

x	0		$\frac{1}{\sqrt{2a}}$		$+\infty$
$h'_a(x)$	‖	$+$	0	$-$	
$h_a(x)$	‖ $-\infty$	↗	$\frac{-1-\ln(2a)}{2}$	↘	

b. Rappeler la limite de $\frac{\ln x}{x}$ en $+\infty$. En déduire la limite de la fonction h_a en $+\infty$. On ne demande pas de justifier la limite de h_a en 0.

3 Dans cette question et uniquement dans cette question, on suppose que $a = 0{,}1$.

a. Justifier que, dans l'intervalle $\left]0\,;\frac{1}{\sqrt{0{,}2}}\right]$, l'équation $h_{0,1}(x) = 0$ admet une unique solution. On admet que cette équation a aussi une seule solution dans l'intervalle $\left]\frac{1}{\sqrt{0{,}2}}\,;+\infty\right[$.

b. Quel est le nombre de points d'intersection de $\mathscr{C}$ et $\Gamma_{0,1}$?

4 Dans cette question et uniquement dans cette question, on suppose que $a = \frac{1}{2\mathrm{e}}$.

a. Déterminer la valeur du maximum de $h_{\frac{1}{2\mathrm{e}}}$.

b. En déduire le nombre de points d'intersection des courbes $\mathscr{C}$ et $\Gamma_{\frac{1}{2\mathrm{e}}}$. Justifier.

5 Quelles sont les valeurs de a pour lesquelles $\mathscr{C}$ et Γ_a n'ont aucun point d'intersection? Justifier.

Suites

Antilles-Guyane, septembre 2014 — 6 pts — 1 h 10

7 Suite

Partie A

On considère la fonction f définie et dérivable sur l'intervalle $[0 ; +\infty[$ par :

$$f(x) = xe^{-x}.$$

1 Déterminer la limite de la fonction f en $+\infty$.

2 Déterminer la dérivée f' de la fonction f sur $[0 ; +\infty[$ et en déduire le tableau de variation de f sur $[0 ; +\infty[$.

On donne ci-après la courbe $\mathscr{C}_f$ représentative de la fonction f dans un repère du plan.

La droite Δ d'équation $y = x$ a aussi été tracée.

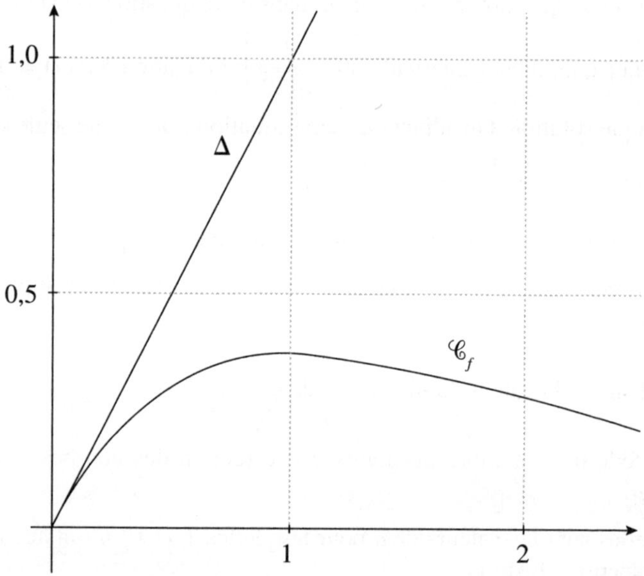

Partie B

Soit la suite (u_n) définie par $u_0 = 1$ et, pour tout entier naturel n :

$$u_{n+1} = f(u_n).$$

1 Placer sur le graphique donné ci-avant, en utilisant la courbe $\mathscr{C}_f$ et la droite Δ, les points A_0, A_1 et A_2 d'ordonnée nulle et d'abscisses respectives u_0, u_1 et u_2. Laisser les tracés explicatifs apparents.

2 Démontrer par récurrence que, pour tout entier naturel n, $u_n > 0$.

3 Montrer que la suite (u_n) est décroissante.

4 **a.** Montrer que la suite (u_n) est convergente.

b. On admet que la limite de la suite (u_n) est solution de l'équation $x\mathrm{e}^{-x} = x$. Résoudre cette équation pour déterminer la valeur de cette limite.

Partie C

On considère la suite (S_n) définie pour tout entier naturel n par :

$$S_n = \sum_{k=0}^{k=n} u_k = u_0 + u_1 + \ldots + u_n.$$

Compléter l'algorithme donné ci-après afin qu'il calcule S_{100}.

```
Déclaration des variables :
        S et u sont des nombres réels
        k est un nombre entier
Initialisation :
        u prend la valeur ......
        S prend la valeur ......
Traitement :
        Pour k variant de 1 à...
            u prend la valeur u × e^(-u)
            S prend la valeur...
        Fin Pour
        Afficher...
```

Amérique du Sud, novembre 2014 — **5 pts** — 1 heure

8 Suite, Convergence

On considère la suite numérique (u_n) définie sur $\mathbb{N}$ par $u_0 = 2$ et pour tout entier naturel n :

$$u_{n+1} = -\frac{1}{2}u_n^2 + 3u_n - \frac{3}{2}.$$

EXERCICES

Partie A **Conjecture**

1 Calculer les valeurs exactes, données en fractions irréductibles, de u_1 et u_2.

2 Donner une valeur approchée à 10^{-5} près des termes u_3 et u_4.

3 Conjecturer le sens de variation et la convergence de la suite (u_n).

Partie B **Validation des conjectures**

On considère la suite numérique (v_n) définie pour tout entier naturel n, par :

$$v_n = u_n - 3.$$

1 Montrer que, pour tout entier naturel n, $v_{n+1} = -\frac{1}{2}v_n^2$.

2 Démontrer par récurrence que, pour tout entier naturel n, $-1 \leq v_n \leq 0$.

3 **a.** Démontrer que, pour tout entier naturel n :

$$v_{n+1} - v_n = -v_n\left(\frac{1}{2}v_n + 1\right).$$

b. En déduire le sens de variation de la suite (v_n).

4 Pourquoi peut-on alors affirmer que la suite (v_n) converge ?

5 On note ℓ la limite de la suite (v_n).
On admet que ℓ appartient à l'intervalle $[-1; 0]$ et vérifie l'égalité :

$$\ell = -\frac{1}{2}\ell^2.$$

Déterminer la valeur de ℓ.

6 Les conjectures faites dans la **partie A** sont-elles validées ?

France métropolitaine, septembre 2012 **5 pts** 1 heure

9 Fonction rationnelle, Algorithme, Convergence

L'objet de cet exercice est d'étudier la suite (u_n) définie sur $\mathbb{N}$ par $u_0 = 3$ et pour tout entier naturel n :

$$u_{n+1} = \frac{1}{2}\left(u_n + \frac{7}{u_n}\right) \quad (*)$$

On pourra utiliser sans démonstration le fait que pour tout entier naturel n :

$$u_n > 0.$$

1 On désigne par f la fonction définie sur l'intervalle $]0\,;+\infty[$ par :

$$f(x) = \frac{1}{2}\left(x + \frac{7}{x}\right).$$

Démontrer que la fonction f admet un minimum.
En déduire que pour tout entier naturel n, $u_n \geq \sqrt{7}$.

2 **a.** Soit n un entier naturel quelconque.

Étudier le signe de $u_{n+1} - u_n$.

b. Pourquoi peut-on en déduire que la suite (u_n) est convergente ?

c. On déduit de la relation (*) que la limite ℓ de cette suite est telle que $\ell = \frac{1}{2}\left(\ell + \frac{7}{\ell}\right)$. Déterminer ℓ.

3 Démontrer que pour tout entier naturel n, $u_{n+1} - \sqrt{7} = \frac{1}{2}\frac{(u_n - \sqrt{7})^2}{u_n}$.

4 On définit la suite (d_n) par $d_0 = 1$ et pour tout entier naturel n :

$$d_{n+1} = \frac{1}{2}d_n^2.$$

a. Démontrer par récurrence que pour tout entier naturel n :

$$u_n - \sqrt{7} \leq d_n.$$

b. Voici un algorithme :

Variables :	n et p sont des entiers naturels d est un réel.
Entrée :	Demander à l'utilisateur la valeur de p.
Initialisation :	Affecter à d la valeur 1. Affecter à n la valeur 0.
Traitement :	Tant que $d > 10^{-p}$. | Affecter à d la valeur $0{,}5d^2$. | Affecter à n la valeur $n + 1$.
Sortie :	Afficher n.

En entrant la valeur 9, l'algorithme affiche le nombre 5.
Quelle inégalité peut-on en déduire pour d_5 ?
Justifier que u_5 est une valeur approchée de $\sqrt{7}$ à 10^{-9} près.

Amérique du Nord, mai 2013 **5 pts** 1 heure

10 Fonction irrationnelle, Algorithme, Convergence, Fonction logarithme

On considère la suite (u_n) définie par $u_0 = 1$ et, pour tout entier naturel n :

$$u_{n+1} = \sqrt{2u_n}.$$

1 On considère l'algorithme suivant :

Variables :	n est un entier naturel
	u est un réel positif
Initialisation :	Demander la valeur de n
	Affecter à u la valeur 1
Traitement :	Pour i variant de 1 à n :
	| Affecter à u la valeur $\sqrt{2u}$
	Fin de Pour
Sortie :	Afficher u

a. Donner une valeur approchée à 10^{-4} près du résultat qu'affiche cet algorithme lorsque l'on choisit $n = 3$.

b. Que permet de calculer cet algorithme ?

c. Le tableau ci-dessous donne des valeurs approchées obtenues à l'aide de cet algorithme pour certaines valeurs de n.

n	1	5	10	15	20
Valeur affichée	1,414 2	1,957 1	1,998 6	1,999 9	1,999 9

Quelles conjectures peut-on émettre concernant la suite (u_n) ?

2 **a.** Démontrer que, pour tout entier naturel n, $0 < u_n \leq 2$.

b. Déterminer le sens de variation de la suite (u_n).

c. Démontrer que la suite (u_n) est convergente. On ne demande pas la valeur de sa limite.

3 On considère la suite (v_n) définie, pour tout entier naturel n, par :

$$v_n = \ln u_n - \ln 2.$$

a. Démontrer que la suite (v_n) est la suite géométrique de raison $\frac{1}{2}$ et de premier terme $v_0 = -\ln 2$.

b. Déterminer, pour tout entier naturel n, l'expression de v_n en fonction de n, puis de u_n en fonction de n.

c. Déterminer la limite de la suite (u_n).

d. Recopier l'algorithme ci-dessous et le compléter par les instructions du traitement et de la sortie, de façon à afficher en sortie la plus petite valeur de n telle que $u_n > 1,999$.

Variables :	n est un entier naturel u est un réel
Initialisation :	Affecter à n la valeur 0 Affecter à u la valeur 1
Traitement :	
Sortie :	

France métropolitaine, septembre 2013 **5 pts** 1 heure

11 Algorithme, Suite géométrique, Convergence

On considère la suite (u_n) définie sur $\mathbb{N}$ par $u_0 = 2$ et pour tout entier naturel n :

$$u_{n+1} = \frac{u_n + 2}{2u_n + 1}.$$

On admet que, pour tout entier naturel n, $u_n > 0$.

1 **a.** Calculer u_1, u_2, u_3, u_4. On pourra en donner une valeur approchée à 10^{-2} près.

b. Vérifier que si n est l'un des entiers 0, 1, 2, 3, 4, alors $u_n - 1$ a le même signe que $(-1)^n$.

c. Établir que pour tout entier naturel n, $u_{n+1} - 1 = \dfrac{-u_n + 1}{2u_n + 1}$.

d. Démontrer par récurrence que pour tout entier naturel n, $u_n - 1$ a le même signe que $(-1)^n$.

2 Pour tout entier naturel n, on pose $v_n = \dfrac{u_n - 1}{u_n + 1}$.

a. Établir que pour tout entier naturel n, $v_{n+1} = \dfrac{-u_n + 1}{3u_n + 3}$.

b. Démontrer que la suite (v_n) est une suite géométrique de raison $-\dfrac{1}{3}$. En déduire l'expression de v_n en fonction de n.

c. On admet que pour tout entier naturel n, $u_n = \dfrac{1 + v_n}{1 - v_n}$.

Exprimer u_n en fonction de n et déterminer la limite de la suite (u_n).

France métropolitaine – La Réunion, juin 2016 **5 pts** 1 heure

12 Fonction logarithme, Équation, Algorithme, Suite

Partie A

Soit f la fonction définie sur $\mathbb{R}$ par $f(x) = x - \ln(x^2 + 1)$.

1 Résoudre dans $\mathbb{R}$ l'équation $f(x) = x$.

2 Justifier tous les éléments du tableau de variation ci-dessous à l'exception de la limite de la fonction f en $+\infty$ que l'on admet.

x	$-\infty$		1		$+\infty$
$f'(x)$		+	0	+	
f	$-\infty$	↗		↗	$+\infty$

3 Montrer que, pour tout réel x appartenant à $[0\ ;\ 1]$, $f(x)$ appartient à $[0\ ;\ 1]$.

4 On considère l'algorithme suivant :

Variables :	N et A des entiers naturels
Entrée :	Saisir la valeur de A
Traitement :	N prend la valeur 0
	Tant que $\mathrm{N} - \ln(\mathrm{N}^2 + 1) < \mathrm{A}$
	N prend la valeur N + 1
	Fin tant que
Sortie :	Afficher N

a. Que fait cet algorithme ?
b. Déterminer la valeur N fournie par l'algorithme lorsque la valeur saisie pour A est 100.

Partie B

Soit (u_n) la suite définie par $u_0 = 1$ et, pour tout entier naturel n :

$$u_{n+1} = u_n - \ln(u_n^2 + 1).$$

1 Montrer par récurrence que, pour tout entier naturel n, u_n appartient à $[0\ ;\ 1]$.

2 Étudier les variations de la suite (u_n).

3 Montrer que la suite (u_n) est convergente.

4 On note l sa limite, et on admet que l vérifie l'égalité $f(l) = l$.
En déduire la valeur de l.

Centres étrangers, juin 2015 **7 pts** 1 h 25

13 Algorithme, Suite géométrique, Convergence

Soit a un nombre réel fixé non nul.
Le but de cet exercice est d'étudier la suite (u_n) définie par $u_0 = a$ et, pour tout n de $\mathbb{N}$:

$$u_{n+1} = \mathrm{e}^{2u_n} - \mathrm{e}^{u_n}.$$

On remarquera que cette égalité peut aussi s'écrire :

$$u_{n+1} = \mathrm{e}^{u_n}(\mathrm{e}^{u_n} - 1).$$

1 Soit g la fonction définie pour tout réel x par $g(x) = \mathrm{e}^{2x} - \mathrm{e}^{x} - x$.
a. Calculer $g'(x)$ et prouver que, pour tout réel x, $g'(x) = (\mathrm{e}^{x} - 1)(2\mathrm{e}^{x} + 1)$.
b. Déterminer les variations de la fonction g et donner la valeur de son minimum.
c. En remarquant que $u_{n+1} - u_n = g(u_n)$, étudier le sens de variation de la suite (u_n).

2 Dans cette question, on suppose que $a \leq 0$.
a. Démontrer par récurrence que, pour tout entier naturel n, $u_n \leq 0$.
b. Déduire des questions précédentes que la suite (u_n) est convergente.
c. Dans le cas où a vaut 0, donner la limite de la suite (u_n).

3 Dans cette question, on suppose que $a > 0$.
La suite (u_n) étant croissante, la question **1** permet d'affirmer que, pour tout entier naturel n, $u_n \geq a$.
a. Démontrer que, pour tout entier naturel n, on a $u_{n+1} - u_n \geq g(a)$.
b. Démontrer par récurrence que, pour tout entier naturel n :

$$u_n \geq a + n \times g(a).$$

c. Déterminer la limite de la suite (u_n).

4 Dans cette question, on prend $a = 0{,}02$.
L'algorithme suivant a pour but de déterminer le plus petit entier n tel que $u_n > M$, où M désigne un réel positif. Cet algorithme est incomplet.

EXERCICES

Variables	n est un entier, u et M sont deux réels
Initialisation	u prend la valeur 0,02 n prend la valeur 0 Saisir la valeur de M.
Traitement	Tant que……………… ……………… ……………… Fin tant que
Sortie	Afficher n

a. Sur la copie, recopier la partie « Traitement » en la complétant.
b. À l'aide de la calculatrice, déterminer la valeur que cet algorithme affichera si $M = 60$.

Centres étrangers, juin 2013 — **5 pts** — 1 heure

14 Algorithme, Suite géométrique, Convergence

L'objet de cet exercice est l'étude de la suite (u_n) définie par son premier terme $u_1 = \frac{3}{2}$ et la relation de récurrence :

$$u_{n+1} = \frac{nu_n + 1}{2(n+1)}.$$

Partie A Algorithmique et conjectures

Pour calculer et afficher le terme u_9 de la suite, un élève propose l'algorithme ci-dessous.

Variables	n est un entier naturel u est un réel
Initialisation	Affecter à n la valeur 1 Affecter à u la valeur 1,5
Traitement	Tant que $n < 9$ Affecter à u la valeur ... Affecter à n la valeur ... Fin Tant que
Sortie	Afficher la variable u

Il a oublié de compléter deux lignes.

1 Recopier et compléter les deux lignes de l'algorithme où figurent des points de suspension.

2 Comment faudrait-il modifier cet algorithme pour qu'il calcule et affiche tous les termes de la suite de u_2 jusqu'à u_9 ?

3 Avec cet algorithme modifié, on a obtenu les résultats suivants, arrondis au dix-millième :

n	1	2	3	4	5	6	…	99	100
u_n	1,5	0,625	0,375	0,265 6	0,206 3	0,169 3	…	0,010 2	0,010 2

Au vu de ces résultats, conjecturer le sens de variation et la convergence de la suite (u_n).

Partie B Étude mathématique

On définit une suite auxiliaire (v_n) pour tout entier $n \geq 1$, par :

$$v_n = nu_n - 1.$$

1 Montrer que la suite (v_n) est géométrique ; préciser sa raison et son premier terme.

2 En déduire que, pour tout entier naturel $n \geq 1$:

$$u_n = \frac{1 + (0,5)^n}{n}.$$

3 Déterminer la limite de la suite (u_n).

4 Justifier que, pour tout entier $n \geq 1$:

$$u_{n+1} - u_n = -\frac{1 + (1 + 0,5n)(0,5)^n}{n(n+1)}.$$

En déduire le sens de variation de la suite (u_n).

Partie C Retour à l'algorithmique

En s'inspirant de la **partie A**, écrire un algorithme permettant de déterminer et d'afficher le plus petit entier n tel que $u_n < 0,001$.

EXERCICES

Nouvelle-Calédonie, novembre 2014 **5 pts** 1 heure

15 Algorithme, Représentation graphique, Sens de variation, Somme

On considère la fonction f définie sur l'intervalle $[0\ ;+\infty[$ par :

$$f(x)=5-\frac{4}{x+2}.$$

On admettra que f est dérivable sur l'intervalle $[0\ ;+\infty[$.
On a tracé ci-après dans un repère orthonormé la courbe $\mathcal{C}$ représentative de f, ainsi que la droite $\mathcal{D}$ d'équation $y=x$.

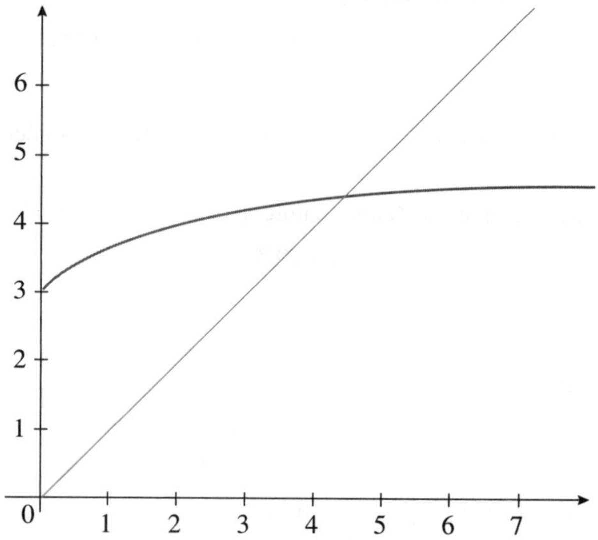

1 Démontrer que f est croissante sur l'intervalle $[0\ ;+\infty[$.

2 Résoudre l'équation $f(x)=x$ sur l'intervalle $[0\ ;+\infty[$. On note α la solution. On donnera la valeur exacte de α, puis on en donnera une valeur approchée à 10^{-2} près.

3 On considère la suite (u_n) définie par $u_0=1$ et, pour tout entier naturel n :

$$u_{n+1}=f(u_n).$$

Sur la figure ci-avant, en utilisant la courbe $\mathscr{C}$ et la droite $\mathscr{D}$, placer les points M_0, M_1 et M_2 d'ordonnée nulle et d'abscisses respectives u_0, u_1 et u_2. Quelles conjectures peut-on faire sur le sens de variation et la convergence de la suite (u_n) ?

4 **a.** Démontrer, par récurrence, que, pour tout entier naturel n :

$$0 \leq u_n \leq u_{n+1} \leq \alpha$$

où α est le réel défini dans la question **2**.

b. Peut-on affirmer que la suite (u_n) est convergente ? On justifiera la réponse.

5 Pour tout entier naturel n, on définit la suite (S_n) par :

$$S_n = \sum_{k=0}^{n} u_k = u_0 + u_1 + \ldots + u_n.$$

a. Calculer S_0, S_1 et S_2. Donner une valeur approchée des résultats à 10^{-2} près.

b. Compléter l'algorithme donné ci-après pour qu'il affiche la somme S_n pour la valeur de l'entier n demandée à l'utilisateur.

Entrée :	n un entier naturel
Variables :	u et s sont des variables réelles n et i sont des variables entières
Initialisation :	u prend la valeur 1 s prend la valeur u i prend la valeur 0 Demander la valeur de n
Traitement :	Tant que… Affecter à i la valeur $i + 1$ Affecter à u la valeur… Affecter à s la valeur… Fin Tant que
Sortie :	Afficher s.

c. Montrer que la suite (S_n) diverge vers $+\infty$.

EXERCICES

D'après sujet de Bac — 4 pts — 50 min

16 Fonction irrationnelle, Sens de variation, Convergence

Soit (u_n) la suite numérique définie sur $\mathbb{N}$ par :

$$u_0 = 0 \; ; \; u_{n+1} = \sqrt{3u_n + 4}.$$

1 **a.** Montrer que (u_n) est majorée par 4.

b. Montrer que (u_n) est strictement croissante.

c. En déduire que (u_n) converge et déterminer sa limite.

2 **a.** Montrer que pour tout entier naturel n :

$$4 - u_{n+1} \leq \frac{1}{2}(4 - u_n).$$

b. Retrouver le résultat du **1.c**.

c. Étudier la convergence de la suite (v_n) définie sur $\mathbb{N}$ par :

$$v_n = n^2(4 - u_n).$$

Centres étrangers, juin 2005 — 7 pts — 1 h 20

17 Fonction logarithme, Encadrement, Convergence

Partie A

On appelle f et g les deux fonctions définies sur l'intervalle $[0\,;+\infty[$ par :

$$f(x) = \ln(1 + x) - x \quad \text{et} \quad g(x) = \ln(1 + x) - x + \frac{x^2}{2}.$$

1 Étudier les variations de f et de g sur $[0\,;+\infty[$.

2 En déduire que pour tout $x \geq 0$, $x - \dfrac{x^2}{2} \leq \ln(1 + x) \leq x$.

Partie B

On se propose d'étudier la suite (u_n) de nombres réels définie par :

$$u_1 = \frac{3}{2} \quad \text{et} \quad u_{n+1} = u_n\left(1 + \frac{1}{2^{n+1}}\right).$$

1 Montrer par récurrence que $u_n > 0$ pour tout entier naturel $n \geq 1$.

2 Montrer par récurrence que pour tout entier naturel $n \geq 1$:

$$\ln u_n = \ln\left(1 + \frac{1}{2}\right) + \ln\left(1 + \frac{1}{2^2}\right) + \ldots + \ln\left(1 + \frac{1}{2^n}\right).$$

3 On pose $S_n = \frac{1}{2} + \frac{1}{2^2} + \frac{1}{2^3} + \ldots + \frac{1}{2^n}$ et $T_n = \frac{1}{4} + \frac{1}{4^2} + \frac{1}{4^3} + \ldots + \frac{1}{4^n}$.

À l'aide de la première partie, montrer que :

$$S_n - \frac{1}{2}T_n \leq \ln u_n \leq S_n.$$

4 Calculer S_n et T_n en fonction de n.

En déduire $\lim\limits_{n \to +\infty} S_n$ et $\lim\limits_{n \to +\infty} T_n$.

5 Étude de la convergence de la suite (u_n)

a. Montrer que la suite (u_n) est strictement croissante.

b. En déduire que (u_n) est convergente. Soit ℓ sa limite.

c. On admet le résultat suivant :

Si deux suites (v_n) et (w_n) sont convergentes et telles que $v_n \leq w_n$ pour tout n entier naturel, alors $\lim\limits_{n \to +\infty} v_n \leq \lim\limits_{n \to +\infty} w_n$.

Montrer alors que $\frac{5}{6} \leq \ln \ell \leq 1$ et en déduire un encadrement de ℓ.

Polynésie, juin 2012 — 5 pts — 1 heure

18 Algorithme, Suite géométrique, Sens de variation

Partie A

On considère l'algorithme suivant :

Les variables sont le réel U et les entiers naturels k et N.

Entrée
Saisir le nombre entier naturel non nul N.
Traitement
Affecter à U la valeur 0
Pour k allant de 0 à N – 1
Affecter à U la valeur 3U – 2k + 3

Fin pour
Sortie
Afficher U

Quel est l'affichage en sortie lorsque N = 3 ?

Partie B

On considère la suite (u_n) définie par $u_0 = 0$ et, pour tout entier naturel n :

$$u_{n+1} = 3u_n - 2n + 3.$$

1 Calculer u_1 et u_2.

2 **a.** Démontrer par récurrence que, pour tout entier naturel n :

$$u_n \geq n.$$

b. En déduire la limite de la suite (u_n).

3 Démontrer que la suite (u_n) est croissante.

4 Soit la suite (v_n) définie, pour tout entier naturel n, par :

$$v_n = u_n - n + 1.$$

a. Démontrer que la suite (v_n) est une suite géométrique.

b. En déduire que, pour tout entier naturel n :

$$u_n = 3^n + n - 1.$$

5 Soit p un entier naturel non nul.

a. Pourquoi peut-on affirmer qu'il existe au moins un entier n_0 tel que, pour tout $n \geq n_0$, $u_n \geq 10^p$?

On s'intéresse maintenant au plus petit entier n_0.

b. Justifier que $n_0 \leq 3p$.

c. Déterminer à l'aide de la calculatrice cet entier n_0 pour la valeur $p = 3$.

d. Proposer un algorithme qui, pour une valeur de p donnée en entrée, affiche en sortie la valeur du plus petit entier n_0 tel que, pour tout $n \geq n_0$, on ait $u_n \geq 10^p$.

Liban, juin 2004 — **4 pts** — 50 min

19 Factorielle, Encadrement, Convergence

1 Soit x un nombre réel positif ou nul et k un entier strictement supérieur à x.

Soit n un entier naturel.
$n!$ (on lit factorielle n) est l'entier défini par $0! = 1$, $1! = 1$ et, si $n > 1$, $n! = n[(n-1)!]$.
Par exemple, $5! = 5 \times 4 \times 3 \times 2 \times 1 = 120$.
Si $n > 1$, $n!$ est le produit de tous les entiers compris entre 1 et n.

a. Montrer par récurrence sur n que, pour tout entier n supérieur ou égal à k :

$$\frac{k^n}{n!} \leq \frac{k^k}{k!}.$$

b. En déduire que, pour tout entier n supérieur ou égal à k :

$$\frac{x^n}{n!} \leq \left(\frac{x}{k}\right)^n \times \frac{k^k}{k!}.$$

c. Montrer que $\lim\limits_{n \to +\infty} \frac{x^n}{n!} = 0$.

2 **a.** Montrer que, pour tout entier n supérieur ou égal à 2, $\frac{n^{n-1}}{n!} \geq 1$.
(On pourra écrire $\frac{n^{n-1}}{n!}$ comme un produit de $n-1$ facteurs supérieurs ou égaux à 1).

b. En déduire que $\lim\limits_{n \to +\infty} \frac{n^n}{n!} = +\infty$.

Asie, juin 2012 — 5 pts — 1 heure

20 Algorithme, Sens de variation, Convergence

1 On considère l'algorithme ci-dessous.
Reproduire et compléter le tableau page suivante, en faisant fonctionner cet algorithme pour $a = 4$, $b = 9$ et $N = 2$. Les valeurs successives de u et v seront arrondies au millième.

Entrée	Saisir un réel strictement positif non nul a Saisir un réel strictement positif non nul b ($b > a$) Saisir un entier naturel non nul N
Initialisation	Affecter à u la valeur a Affecter à v la valeur b Affecter à n la valeur 0

Traitement	TANT QUE $n < N$ Affecter à n la valeur $n + 1$ Affecter à u la valeur $\dfrac{a+b}{2}$ Affecter à v la valeur $\sqrt{\dfrac{a^2+b^2}{2}}$ Affecter à a la valeur u Affecter à b la valeur v
Sortie	Afficher u, afficher v

n	a	b	u	v
0	4	9		
1				
2				

Dans la suite, a et b sont deux réels tels que $0 < a < b$.
On considère les suites (u_n) et (v_n) définies par $u_0 = a$, $v_0 = b$ et, pour tout entier naturel n :

$$u_{n+1} = \frac{u_n + v_n}{2} \text{ et } v_{n+1} = \sqrt{\frac{u_n^2 + v_n^2}{2}}.$$

2 **a.** Démontrer par récurrence que, pour tout entier naturel n

$$u_n > 0 \text{ et } v_n > 0.$$

b. Démontrer que, pour tout entier naturel n, $v_{n+1}^2 - u_{n+1}^2 = \left(\dfrac{u_n - v_n}{2}\right)^2$.

En déduire que, pour tout entier naturel n, $u_n \leq v_n$.

3 **a.** Démontrer que la suite (u_n) est croissante.

b. Comparer v_{n+1}^2 et v_n^2. En déduire le sens de variation de la suite (v_n).

4 Démontrer que les suites (u_n) et (v_n) sont convergentes.

Intégration

Liban, juin 2008 — **5 pts** — 1 heure

21 Fonction définie par une intégrale, Sens de variation, Calcul d'une limite

On considère une fonction f dérivable sur l'intervalle $]-\infty\,;+\infty[$.
On donne le tableau de ses variations :

x	$-\infty$		0		2		$+\infty$
$f'(x)$		$+$		$+$	0	$-$	
f	$-\infty$	↗	0	↗	$1+\mathrm{e}^{-2}$	↘	1

Soit g la fonction définie sur $]-\infty\,;+\infty[$ par $g(x)=\displaystyle\int_0^x f(t)\,\mathrm{d}t$.

Partie A

1 En tenant compte de toutes les informations contenues dans le tableau de variation, tracer une courbe $(\mathscr{C})$ susceptible de représenter f dans le plan muni d'un repère orthogonal (unités graphiques : 1 cm sur l'axe des abscisses, 2 cm sur l'axe des ordonnées).

2 **a.** Interpréter graphiquement $g(2)$.
b. Montrer que $0 \leq g(2) \leq 2{,}5$.

3 **a.** Soit x un réel supérieur à 2.
Montrer que $\displaystyle\int_2^x f(t)\,\mathrm{d}t \geq x-2$.
En déduire que $g(x) \geq x-2$.
b. Déterminer la limite de la fonction g en $+\infty$.

4 Étudier le sens de variation de la fonction g sur l'intervalle $]-\infty\,;+\infty[$.

Partie B

On admet que pour tout réel t, $f(t)=(t-1)\,\mathrm{e}^{-t}+1$.

1 Déterminer deux réels a, b pour que la fonction h définie sur $\mathbb{R}^+$ par :

$$h(t)=(at+b)\,\mathrm{e}^{-t}$$

soit une primitive de la fonction $t \mapsto (t-1)\,\mathrm{e}^{-t}$.

Exprimer en fonction du réel x l'intégrale :

$$\int_0^x (t-1)\mathrm{e}^{-t}\,\mathrm{d}t.$$

2 En déduire que pour tout réel x, $g(x) = x\,(1 - \mathrm{e}^{-x})$.

3 Déterminer la limite de la fonction g en $-\infty$.

Inde, avril 2007 — 5 pts — 1 heure

22 Fonction logarithme, Suite d'intégrales, Encadrement

On considère la fonction f définie sur $[0\,;+\infty[$ par $f(x) = \dfrac{\ln(x+3)}{x+3}$.

1 Montrer que f est dérivable sur $[0\,;+\infty[$. Étudier le signe de sa fonction dérivée f', sa limite éventuelle en $+\infty$ et dresser le tableau de ses variations.

2 On définit la suite $(u_n)_{n\geq 0}$ par son terme général :

$$u_n = \int_n^{n+1} f(x)\,\mathrm{d}x.$$

a. Justifier que, si $n \leq x \leq n+1$, alors $f(n+1) \leq f(x) \leq f(n)$.

b. Montrer, sans chercher à calculer u_n, que, pour tout entier naturel n :

$$f(n+1) \leq u_n \leq f(n).$$

c. En déduire que la suite (u_n) est convergente et déterminer sa limite.

3 Soit F la fonction définie sur $[0\,;+\infty[$ par $\mathrm{F}(x) = (\ln(x+3))^2$.

a. Justifier la dérivabilité sur $[0\,;+\infty[$ de la fonction F et déterminer, pour tout réel positif x, le nombre $\mathrm{F}'(x)$.

b. On pose, pour tout entier naturel n, $\mathrm{I}_n = \displaystyle\int_0^n f(x)\,\mathrm{d}x$. Calculer I_n.

4 On pose, pour tout entier naturel n, $\mathrm{S}_n = u_0 + u_1 + \ldots + u_{n-1}$.

Calculer S_n. La suite (S_n) est-elle convergente ?

Centres étrangers, juin 2012 — 5 pts — 1 heure

23 Fonction exponentielle, Suite d'intégrales, Sens de variation, Algorithme, Convergence

On considère la suite (I_n) définie pour n entier naturel non nul par :

$$I_n = \int_0^1 x^n e^{x^2}\,dx.$$

1 **a.** Soit g la fonction définie sur $\mathbb{R}$ par $g(x) = xe^{x^2}$.

Démontrer que la fonction G définie sur $\mathbb{R}$ par $G(x) = \frac{1}{2}e^{x^2}$ est une primitive sur $\mathbb{R}$ de la fonction g.

b. En déduire la valeur de I_1.

c. Pour tout entier naturel n, on définit sur $\mathbb{R}$ la fonction H_n par :

$$H_n(x) = x^{n+1}G(x).$$

Montrer que H_n est dérivable sur $\mathbb{R}$, calculer pour tout réel x, $H_n'(x)$ et en déduire que, pour tout entier naturel n :

$$I_{n+2} = \frac{1}{2}e - \frac{n+1}{2}I_n.$$

d. Calculer I_3 et I_5.

2 On considère l'algorithme suivant :

Initialisation	Affecter à n la valeur 1 Affecter à u la valeur $\frac{1}{2}e - \frac{1}{2}$
Traitement	Tant que $n < 21$ Affecter à u la valeur $\frac{1}{2}e - \frac{n+1}{2}u$ Affecter à n la valeur $n + 2$
Sortie	Afficher u

Quel terme de la suite (I_n) obtient-on en sortie de cet algorithme ?

EXERCICES

3 **a.** Montrer que, pour tout entier naturel non nul n, $I_n \geq 0$.
b. Montrer que la suite (I_n) est décroissante.
c. En déduire que la suite (I_n) est convergente.
On note ℓ sa limite.

4 *Dans cette question, toute trace de recherche, même incomplète, ou d'initiative, même non fructueuse, sera prise en compte dans l'évaluation.*
Déterminer la valeur de ℓ.

Asie, juin 2014 — 5 pts — 1 heure

24 Suite de fonctions rationnelles, Suite d'intégrales, Sens de variation, Algorithme, Convergence

Soit n un entier naturel supérieur ou égal à 1.
On note f_n la fonction définie pour tout réel x de l'intervalle [0 ; 1] par :

$$f_n(x) = \frac{1}{1+x^n}.$$

Pour tout entier $n \geq 1$, on définit le nombre I_n par :

$$I_n = \int_0^1 f_n(x)\,\mathrm{d}x = \int_0^1 \frac{1}{1+x^n}\,\mathrm{d}x.$$

1 Les représentations graphiques de certaines fonctions f_n obtenues à l'aide d'un logiciel sont tracées ci-après.
En expliquant soigneusement votre démarche, conjecturer, pour la suite (I_n) l'existence et la valeur éventuelle de la limite, lorsque n tend vers $+\infty$.

2 Calculer la valeur exacte de I_1.

3 **a.** Démontrer que, pour tout réel x de l'intervalle [0 ; 1] et pour tout entier naturel $n \geq 1$:

$$\frac{1}{1+x^n} \leq 1.$$

b. En déduire que, pour tout entier naturel $n \geq 1$, on a $I_n \leq 1$.

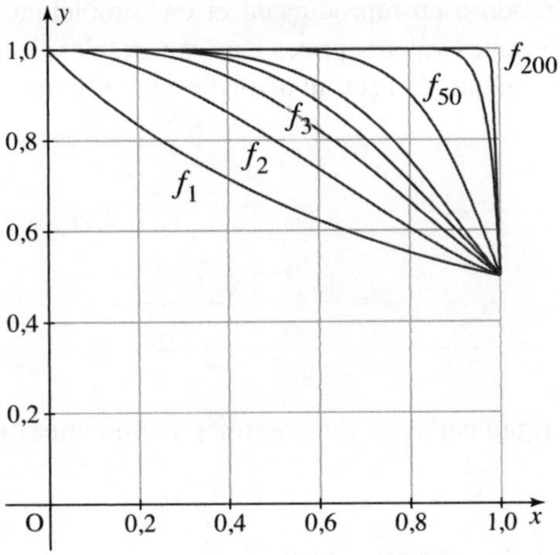

4 Démontrer que, pour tout réel x de l'intervalle [0 ; 1] et pour tout entier naturel $n \geq 1$:

$$1 - x^n \leq \frac{1}{1 + x^n}.$$

5 Calculer l'intégrale $\int_0^1 (1 - x^n)\,dx$.

6 À l'aide des questions précédentes, démontrer que la suite (I_n) est convergente et déterminer sa limite.

7 On considère l'algorithme suivant :

Variables :	n, p et k sont des entiers naturels x et I sont des réels
Initialisation :	I prend la valeur 0

Traitement :	Demander un entier $n \geq 1$
	Demander un entier $p \geq 1$
	Pour k allant de 0 à $p - 1$, faire
	  x prend la valeur $\frac{k}{p}$
	  I prend la valeur $\mathrm{I} + \frac{1}{1 + x^n} \times \frac{1}{p}$
	Fin Pour
	Afficher I.

a. Quelle valeur, arrondie au centième, renvoie cet algorithme si l'on entre les valeurs $n = 2$ et $p = 5$?

EXERCICES

On justifiera la réponse en reproduisant et en complétant le tableau suivant avec les différentes valeurs prises par les variables, à chaque étape de l'algorithme. Les valeurs de I seront arrondies au millième.

k	x	I
0		
4		

b. Expliquer pourquoi cet algorithme permet d'approcher l'intégrale I_n.

France métropolitaine, juin 2012 — **6 pts** — 1 h 10

25 Fonction logarithme, Suite d'intégrales, Encadrement, Algorithme, Convergence

Il est possible de traiter la partie C sans avoir traité la partie B.

Partie A

On désigne par f la fonction définie sur l'intervalle $[1\ ;+\infty[$ par :

$$f(x)=\frac{1}{x+1}+\ln\left(\frac{x}{x+1}\right).$$

1 Déterminer la limite de la fonction f en $+\infty$.

2 Démontrer que pour tout réel x de l'intervalle $[1\ ;+\infty[$, $f'(x)=\dfrac{1}{x(x+1)^2}$.

Dresser le tableau de variation de la fonction f.

3 En déduire le signe de la fonction f sur l'intervalle $[1\ ;+\infty[$.

Partie B

Soit (u_n) la suite définie pour tout entier n strictement positif par :

$$u_n=1+\frac{1}{2}+\frac{1}{3}+\ldots+\frac{1}{n}-\ln n.$$

1 On considère l'algorithme suivant :

Variables :	i et n sont des entiers naturels.
	u est un réel.
Entrée :	Demander à l'utilisateur la valeur de n.
Initialisation :	Affecter à n la valeur 0.
Traitement :	Pour i variant de 1 à n.
	Affecter à u la valeur $u + \frac{1}{i}$.
Sortie :	Afficher u.

Donner la valeur exacte affichée par cet algorithme lorsque l'utilisateur entre la valeur $n = 3$.

2 Recopier et compléter l'algorithme précédent afin qu'il affiche la valeur de u_n lorsque l'utilisateur entre la valeur de n.

3 Voici les résultats fournis par l'algorithme modifié, arrondis à 10^{-3}.

n	4	5	6	7	8	9	10	100	1 000	1 500	2 000
u_n	0,697	0,674	0,658	0,647	0,638	0,632	0,626	0,582	0,578	0,578	0,577

À l'aide de ce tableau, formuler des conjectures sur le sens de variation de la suite (u_n) et son éventuelle convergence.

Partie C

Cette partie peut être traitée indépendamment de la partie B.
Elle permet de démontrer les conjectures formulées à propos de la suite (u_n) telle que, pour tout entier strictement positif n :

$$u_n = 1 + \frac{1}{2} + \frac{1}{3} + \ldots + \frac{1}{n} - \ln n.$$

1 Démontrer que pour tout entier strictement positif n :

$$u_{n+1} - u_n = f(n).$$

où f est la fonction définie dans la **partie A**.
En déduire le sens de variation de la suite (u_n).

2 **a.** Soit k un entier strictement positif.

Justifier l'inégalité $\displaystyle\int_k^{k+1}\left(\frac{1}{k} - \frac{1}{x}\right)\mathrm{d}x \geq 0$.

En déduire que $\displaystyle\int_k^{k+1}\frac{1}{x}\mathrm{d}x \leq \frac{1}{k}$.

EXERCICES

Démontrer l'inégalité $\ln(k+1) - \ln k \leq \frac{1}{k}$ (1).

b. Écrire l'inégalité (1) en remplaçant successivement k par 1, 2,..., n et démontrer que, pour tout entier strictement positif n :

$$\ln(n+1) \leq 1 + \frac{1}{2} + \frac{1}{3} + \ldots + \frac{1}{n}.$$

c. En déduire que, pour tout entier strictement positif n, $u_n \geq 0$.

3 Prouver que la suite (u_n) est convergente. On ne demande pas de calculer sa limite.

Inde, avril 2012 — **5 pts** — 1 heure

26 Fonction exponentielle, Suite d'intégrales, Sens de variation, Algorithme, Convergence

On considère les suites (I_n) et (J_n) définies pour tout entier naturel n par :

$$\mathrm{I}_n = \int_0^1 \frac{\mathrm{e}^{-nx}}{1+x}\,\mathrm{d}x \text{ et } \mathrm{J}_n = \int_0^1 \frac{\mathrm{e}^{-nx}}{(1+x)^2}\,\mathrm{d}x.$$

1 Sont représentées ci-dessous les fonctions f_n définies sur l'intervalle [0 ; 1] par $f_n(x) = \frac{\mathrm{e}^{-nx}}{1+x}$ pour différentes valeurs de n :

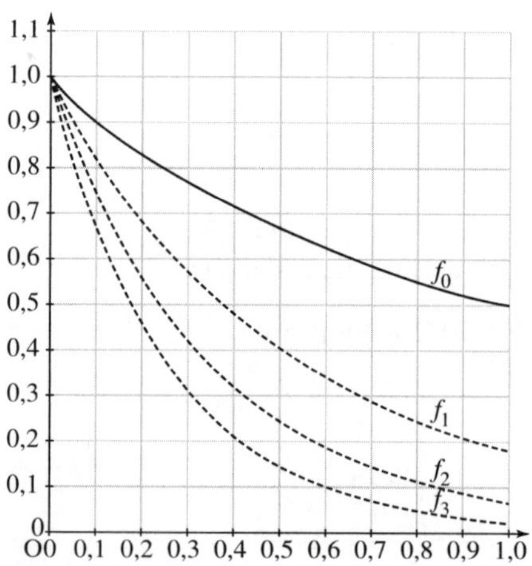

a. Formuler une conjecture sur le sens de variation de la suite (I_n) en expliquant la démarche.
b. Démontrer cette conjecture.

2 **a.** Montrer que pour tout entier $n \geq 0$ et pour tout nombre réel x de l'intervalle [0 ; 1] :

$$0 \leq \frac{e^{-nx}}{(1+x)^2} \leq \frac{e^{-nx}}{1+x} \leq e^{-nx}.$$

b. Montrer que les suites (I_n) et (J_n) sont convergentes et déterminer leur limite.

3 **a.** Montrer que pour tout entier naturel n non nul :

$$f_n'(x) = nf_n(x) - \frac{e^{-nx}}{(1+x)^2}.$$

En déduire que, pour tout entier $n \geq 1$: $I_n = \dfrac{1}{n}\left(1 - \dfrac{e^{-n}}{2} - J_n\right)$

b. En déduire $\lim\limits_{n \to +\infty} nI_n$.

Liban, mai 2016 — **4 pts** — 50 min

27 Suite de fonctions, Fonction exponentielle, Intégrale

On considère la fonction f définie sur l'intervalle [0 ; 1] par :

$$f(x) = \frac{1}{1+e^{1-x}}.$$

Partie A

1 Étudier le sens de variation de la fonction f sur l'intervalle [0 ; 1].

2 Démontrer que pour tout réel x de l'intervalle [0 ; 1] :

$$f(x) = \frac{e^x}{e^x + e}$$

(on rappelle que $e = e^1$).

3 Montrer alors que $\int_0^1 f(x)\,dx = \ln(2) + 1 - \ln(1+e)$.

Partie B

Soit n un entier naturel. On considère les fonctions f_n définies sur [0 ; 1] par :

$$f_n(x) = \frac{1}{1 + ne^{1-x}}.$$

On note $\mathscr{C}_n$ la courbe représentative de la fonction f_n dans le plan muni d'un repère orthonormé.
On considère la suite de terme général :

$$u_n = \int_0^1 f_n(x)\,\mathrm{d}x.$$

1 On a tracé ci-après les courbes représentatives des fonctions f_n pour n variant de 1 à 5. Compléter le graphique en traçant la courbe $\mathscr{C}_0$ représentative de la fonction f_0.

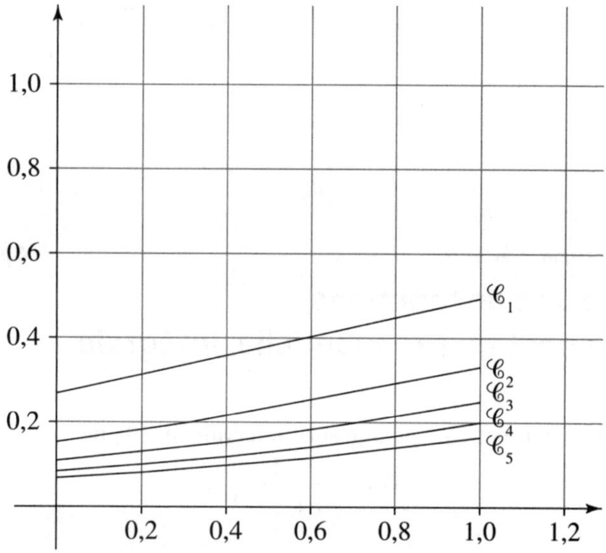

2 Soit n un entier naturel, interpréter graphiquement u_n et préciser la valeur de u_0.

3 Quelle conjecture peut-on émettre quant au sens de variation de la suite (u_n) ? Démontrer cette conjecture.

4 La suite (u_n) admet-elle une limite ?

Liban, juin 2009 — 8 pts — 1 h 40

28 Fonction logarithme, Suite d'intégrales, Encadrement, Convergence, Tangente

On considère la fonction f définie sur $\mathbb{R}$ par :

$$f(x) = \ln(1 + \mathrm{e}^{-x}) + \frac{1}{3}x.$$

La courbe $(\mathscr{C})$ représentative de la fonction f dans le plan muni d'un repère orthogonal est donnée ci-dessous.

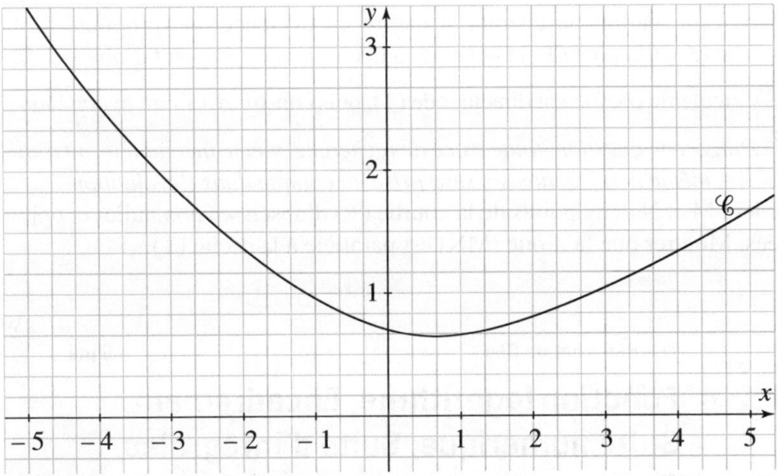

Partie A

1 **a.** Déterminer la limite de la fonction f en $+\infty$.

b. Soit la droite (D) d'équation $y = \frac{1}{3}x$. Tracer (D).

c. Étudier la position relative de (D) et de $(\mathscr{C})$.

d. Montrer que pour tout réel x, $f(x) = \ln(\mathrm{e}^x + 1) - \frac{2}{3}x$.

e. En déduire la limite de f en $-\infty$.

2 **a.** On note f' la fonction dérivée de la fonction f.

Montrer que pour tout x réel, $f'(x) = \frac{\mathrm{e}^x - 2}{3(\mathrm{e}^x + 1)}$.

b. En déduire les variations de la fonction f.

Partie B

Soit n un entier naturel non nul. On appelle d_n, l'aire, en unités d'aire, du domaine du plan délimité par la courbe $(\mathscr{C})$, la droite (D) d'équation $y = \frac{1}{3}x$ et les droites d'équations $x = 0$ et $x = n$.

1 Justifier que pour tout entier naturel n non nul :

$$d_n = \int_0^n \ln(1 + e^{-x})\,dx.$$

2 On admet que pour tout réel x, $\ln(1 + e^{-x}) \leq e^{-x}$.
Montrer que pour tout entier naturel n supérieur ou égal à 1, $d_n \leq 1$. La suite $(d_n)_{n \geq 1}$ est-elle convergente ?

Partie C

Dans cette partie, on cherche à mettre en évidence une propriété de la courbe $(\mathscr{C})$. On note (T) la tangente à la courbe $(\mathscr{C})$ au point d'abscisse 0.

1 Calculer le coefficient directeur de (T), puis construire (T) sur le graphique.

2 *Dans cette question, toute trace de recherche, même incomplète, ou d'initiative, même non fructueuse, sera prise en compte dans l'évaluation.*
Soient M et N deux points de la courbe $(\mathscr{C})$ d'abscisses non nulles et opposées. Montrer que la droite (MN) est parallèle à la droite (T).

D'après sujet de Bac — **6 pts** — 1h10

29 Fonction logarithme, Encadrement, Suite numérique, Suite d'intégrales, Convergence

Soit f la fonction définie sur $]0\,;+\infty[$ par :

$$f(x) = \frac{1}{4}x^2 - \frac{1}{4} - \frac{1}{2}\ln x.$$

1 **a.** Étudier les variations de f et dresser son tableau de variation.
b. Tracer la courbe représentative (C) de f dans le plan muni d'un repère orthonormal $(O\,;\vec{i},\vec{j})$ où l'unité de longueur est 5 cm.

2 **a.** On note λ un réel strictement positif.
Montrer que la fonction L définie sur $\mathbb{R}_+^*$ par $L(x) = x\ln x - x$ est une primitive sur $\mathbb{R}_+^*$ de la fonction ln.
En déduire la valeur de $I(\lambda) = \int_\lambda^1 f(x)\,dx$.

Déterminer la limite I de I(λ) quand λ tend vers zéro par valeurs supérieures.

b. Pour n entier naturel supérieur ou égal à 2, on pose :

$$S_n = \frac{1}{n}\sum_{p=1}^{p=n} f\left(\frac{p}{n}\right).$$

En utilisant le sens de variation de f sur]0 ; 1], démontrer que, pour p entier naturel vérifiant $1 \leq p \leq n-1$:

$$\frac{1}{n} f\left(\frac{p+1}{n}\right) \leq \int_{\frac{p}{n}}^{\frac{p+1}{n}} f(x)\,\mathrm{d}x \leq \frac{1}{n} f\left(\frac{p}{n}\right).$$

En déduire que :

$$S_n - \frac{1}{n} f\left(\frac{1}{n}\right) \leq I\left(\frac{1}{n}\right) \leq S_n.$$

Puis que :

$$I\left(\frac{1}{n}\right) \leq S_n \leq I\left(\frac{1}{n}\right) + \frac{1}{n} f\left(\frac{1}{n}\right).$$

En déduire que :

$$\lim_{n \to +\infty} S_n = \frac{1}{3}.$$

EXERCICES

Aires

Centres Étrangers, juin 2016 — 6 pts — 1 h 10

30 Fonction, Aire, Suite, Équation

Soit f une fonction définie sur l'intervalle [0, 1], continue et positive sur cet intervalle, et a un réel tel que $0 < a < 1$.

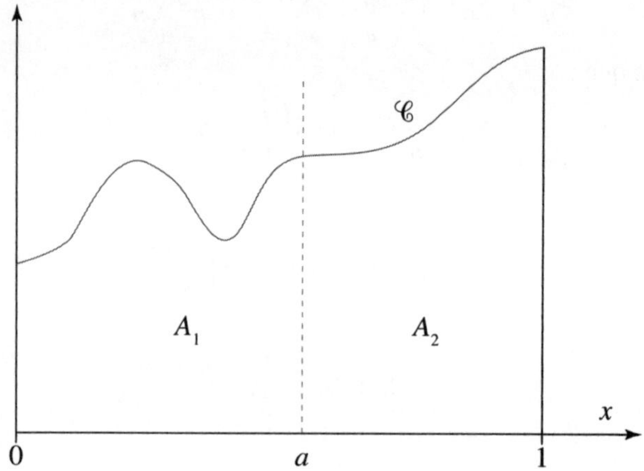

On note :

- $\mathscr{C}$ la représentation graphique de la fonction f dans un repère orthogonal ;
- A_1 l'aire du domaine plan limité par l'axe des abscisses et la courbe $\mathscr{C}$ d'une part, les droites d'équations $x = 0$ et $x = a$ d'autre part ;
- A_2 l'aire du domaine plan limité par l'axe des abscisses et la courbe $\mathscr{C}$ d'une part, les droites d'équations $x = a$ et $x = 1$ d'autre part.

Le but de cet exercice est de déterminer, pour différentes fonctions f, une valeur du réel a vérifiant la condition (E) « les aires A_1 et A_2 sont égales ». On admet l'existence d'un tel réel a pour chacune des fonctions considérées.

Partie A Étude de quelques exemples

1 Vérifier que, dans les cas suivants, la condition (E) est remplie pour un unique réel a, et déterminer sa valeur :

a. f est une fonction constante strictement positive ;

b. f est définie pour tout réel x de [0, 1] par $f(x) = x$.

2 **a.** À l'aide d'intégrales, exprimer (en unité d'aire) les aires A_1 et A_2.
b. On note F une primitive de la fonction f sur l'intervalle [0, 1].
Démontrer que si le réel a satisfait la condition (E), alors :

$$F(a) = \frac{F(0) + F(1)}{2}$$

La réciproque est-elle vraie ?

3 Dans cette question, on envisage deux autres fonctions particulières.
a. La fonction f est définie pour tout réel x de [0, 1] par $f(x) = e^x$.
Vérifier que la condition (E) est remplie pour un unique réel a, et déterminer sa valeur.
b. La fonction f est définie pour tout réel x de [0, 1] par $f(x) = \frac{1}{(x+2)^2}$.
Vérifier que la valeur $a = \frac{2}{5}$ convient.

Partie B Utilisation d'une suite pour déterminer une valeur approchée de *a*

Dans cette partie, on considère la fonction f définie pour tout réel x de [0, 1] par :

$$f(x) = 4 - 3x^2.$$

1 Démontrer que si a est un réel satisfaisant la condition (E), alors a est solution de l'équation :

$$x = \frac{x^3}{4} + \frac{3}{8}.$$

Dans la suite de l'exercice, on admettra que cette équation a une unique solution dans l'intervalle [0, 1]. On note a cette solution.

2 On considère la fonction g définie pour tout réel x de l'intervalle [0, 1] par :

$$g(x) = \frac{x^3}{4} + \frac{3}{8}$$

et la suite (u_n) définie par $u_0 = 0$ et, pour tout entier naturel n :

$$u_{n+1} = g(u_n).$$

a. Calculer u_1.
b. Démontrer que la fonction g est croissante sur l'intervalle [0, 1].
c. Démontrer par récurrence que, pour tout entier naturel n, on a :

$$0 \leq u_n \leq u_{n+1} \leq 1.$$

d. Prouver que la suite (u_n) est convergente. À l'aide des opérations sur les limites, prouver que sa limite est égale à a.
On admet que le réel a vérifie l'inégalité $0 < a - u_{10} < 10^{-9}$. Calculer u_{10} à 10^{-8} près.

EXERCICES

Inde, avril 2015 — 4 pts — 50 min

31 Fonction exponentielle, Équation, Calcul d'aire

Partie A

Soit f la fonction définie sur $\mathbb{R}$ par :

$$f(x) = \frac{3}{1 + e^{-2x}}.$$

Sur le graphique ci-après, on a tracé, dans un repère orthogonal $(O ; \vec{i}, \vec{j})$, la courbe représentative $\mathscr{C}$ de la fonction f et la droite Δ d'équation $y = 3$.

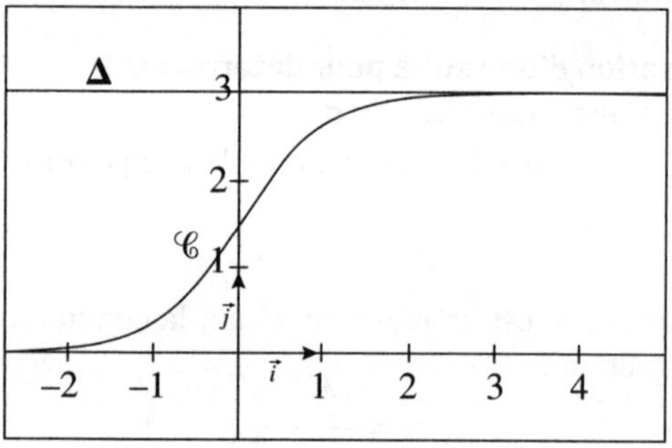

1 Démontrer que la fonction f est strictement croissante sur $\mathbb{R}$.

2 Justifier que la droite Δ est asymptote à la courbe $\mathscr{C}$.

3 Démontrer que l'équation $f(x) = 2{,}999$ admet une unique solution α sur $\mathbb{R}$. Déterminer un encadrement de α d'amplitude 10^{-2}.

Partie B

Soit h la fonction définie sur $\mathbb{R}$ par $h(x) = 3 - f(x)$.

1 Justifier que la fonction h est positive sur $\mathbb{R}$.

2 On désigne par H la fonction définie sur $\mathbb{R}$ par $H(x) = -\frac{3}{2}\ln(1 + e^{-2x})$. Démontrer que H est une primitive de h sur $\mathbb{R}$.

3 Soit a un réel strictement positif.

a. Donner une interprétation graphique de l'intégrale $\int_0^a h(x)\,dx$.

b. Démontrer que $\int_0^a h(x)\,dx = \frac{3}{2}\ln\left(\frac{2}{1 + e^{-2a}}\right)$.

c. On note $\mathcal{D}$ l'ensemble des points M(x ; y) du plan défini par :

$$\begin{cases} x \geq 0 \\ f(x) \leq y \leq 3 \end{cases}$$

Déterminer l'aire, en unité d'aire, du domaine $\mathcal{D}$.

Polynésie, juin 2015 **6 pts** 1 h 30

32 Famille de fonctions, Fonction exponentielle, Suite, Calcul d'aire

Pour tout entier naturel n, on définit la fonction f_n pour tout réel x de l'intervalle [0 ; 1] par :

$$f_n(x) = x + e^{n(x-1)}.$$

On note $\mathscr{C}_n$ la représentation graphique de la fonction f_n dans un repère orthogonal.

Quelques-unes des courbes $\mathscr{C}_n$ sont représentées ci-dessous.

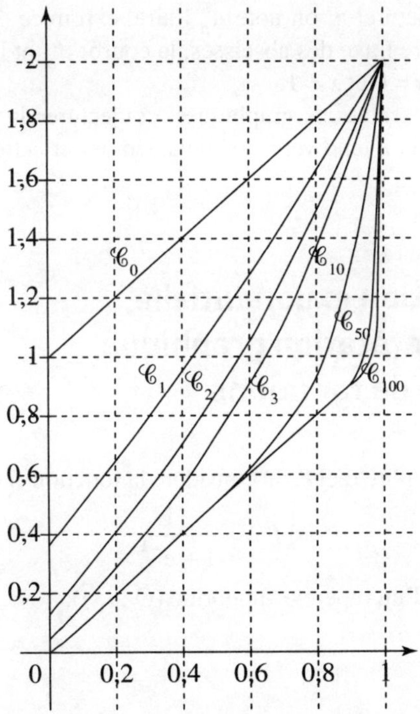

Partie A Généralités sur les fonctions f_n

1 Démontrer que, pour tout entier naturel n, la fonction f_n est croissante et positive sur l'intervalle $[0 ; 1]$.

2 Montrer que les courbes $\mathscr{C}_n$ ont toutes un point commun A, et préciser ses coordonnées.

3 À l'aide des représentations graphiques, peut-on conjecturer le comportement des coefficients directeurs des tangentes en A aux courbes $\mathscr{C}_n$ pour les grandes valeurs de n ? Démontrer cette conjecture.

Partie B Évolution de $f_n(x)$ lorsque x est fixé

Soit x un réel fixé de l'intervalle $[0 ; 1]$.
Pour tout entier naturel n, on pose $u_n = f_n(x)$.

1 Dans cette question, on suppose que $x = 1$. Étudier la limite éventuelle de la suite (u_n).

2 Dans cette question, on suppose que $0 \leq x < 1$. Étudier la limite éventuelle de la suite (u_n).

Partie C Aire sous les courbes $\mathscr{C}_n$

Pour tout entier naturel n, on note A_n l'aire, exprimée en unité d'aire, du domaine situé entre l'axe des abscisses, la courbe $\mathscr{C}_n$ et les droites d'équations respectives $x = 0$ et $x = 1$.
À partir des représentations graphiques, conjecturer la limite de la suite (A_n) lorsque l'entier n tend vers $+\infty$, puis démontrer cette conjecture.

Liban, mai 2013 — 6 pts — 1 h 10

33 Fonction exponentielle, Interprétation graphique, Suite de fonctions

Étant donné un nombre réel k, on considère la fonction f_k définie sur $\mathbb{R}$ par :

$$f_k(x) = \frac{1}{1 + e^{-kx}}.$$

Le plan est muni d'un repère orthonormé $(O ; \vec{i}, \vec{j})$.

Partie A

Dans cette partie, on choisit $k = 1$. On a donc, pour tout réel x, $f_1(x) = \dfrac{1}{1 + e^{-x}}$.

La représentation graphique $\mathscr{C}_1$ de la fonction f_1 dans le repère $(O ; \vec{i}, \vec{j})$ est donnée ci-après.

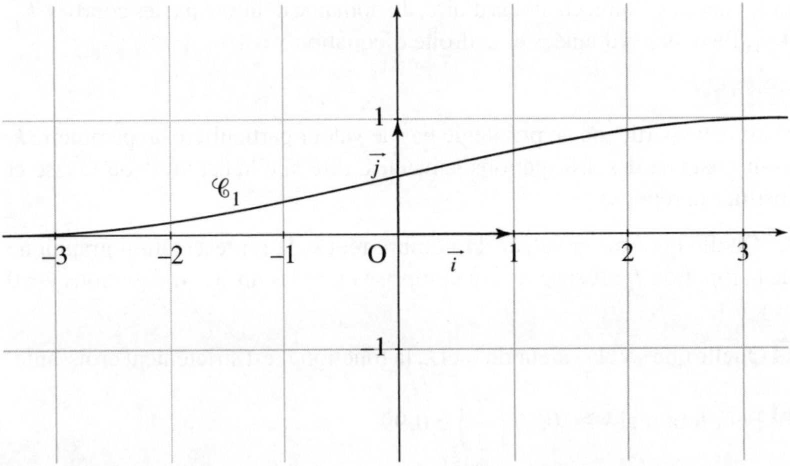

1 Déterminer les limites de $f_1(x)$ en $+\infty$ et en $-\infty$ et interpréter graphiquement les résultats obtenus.

2 Démontrer que, pour tout réel x, $f_1(x) = \dfrac{e^x}{1 + e^x}$.

3 On appelle f_1' la fonction dérivée de f_1 sur $\mathbb{R}$. Calculer, pour tout réel x, $f_1'(x)$. En déduire les variations de la fonction f_1 sur $\mathbb{R}$.

4 On définit le nombre $I = \int_0^1 f_1(x)\,dx$.

Montrer que $I = \ln\left(\dfrac{1 + e}{2}\right)$. Donner une interprétation graphique de I.

Partie B

Dans cette partie, on choisit $k = -1$ et on souhaite tracer la courbe $\mathscr{C}_{-1}$ représentant la fonction f_{-1}.
Pour tout réel x, on appelle P le point de $\mathscr{C}_1$ d'abscisse x et M le point de $\mathscr{C}_{-1}$ d'abscisse x.
On note K le milieu du segment [MP].

1 Montrer que, pour tout réel x :

$$f_1(x) + f_{-1}(x) = 1.$$

2 En déduire que le point K appartient à la droite d'équation $y = \frac{1}{2}$.

3 Tracer la courbe $\mathscr{C}_{-1}$ sur la figure de la **partie A**.

4 En déduire l'aire, en unités d'aire, du domaine délimité par les courbes $\mathscr{C}_1$, $\mathscr{C}_{-1}$, l'axe des ordonnées et la droite d'équation $x = 1$.

Partie C

Dans cette partie, on ne privilégie pas de valeur particulière du paramètre k. Pour chacune des affirmations suivantes, dire si elle est vraie ou fausse et justifier la réponse.

1 Quelle que soit la valeur du nombre réel k, la représentation graphique de la fonction f_k est strictement comprise entre les droites d'équations $y = 0$ et $y = 1$.

2 Quelle que soit la valeur du réel k, la fonction f_k est strictement croissante.

3 Pour tout réel $k \geq 10$, $f_k\left(\frac{1}{2}\right) \geq 0{,}99$.

Antilles-Guyane, juin 2013 — **5 pts** — 1 heure

34 Fonction exponentielle, Famille de fonctions, Position relative de deux courbes, Limite

Dans tout ce qui suit, m désigne un nombre réel quelconque.

Partie A

Soit f la fonction définie et dérivable sur l'ensemble des nombres réels $\mathbb{R}$ telle que :

$$f(x) = (x + 1)\,\mathrm{e}^x.$$

1 Calculer la limite de f en $+\infty$ et en $-\infty$.

2 On note f' la fonction dérivée de la fonction f sur $\mathbb{R}$.
Démontrer que pour tout réel x, $f'(x) = (x + 2)\,\mathrm{e}^x$.

3 Dresser le tableau de variation de f sur $\mathbb{R}$.

Partie B

On définit la fonction g_m sur $\mathbb{R}$ par $g_m(x) = x + 1 - me^{-x}$.
On note $\mathscr{C}_m$ la courbe de la fonction g_m dans un repère $(O ; \vec{i}, \vec{j})$ du plan.

1 **a.** Démontrer que $g_m(x) = 0$ si et seulement si $f(x) = m$.
b. Déduire de la **partie A**, sans justification, le nombre de points d'intersection de la courbe $\mathscr{C}_m$ avec l'axe des abscisses en fonction du réel m.

2 On a représenté ci-dessous les courbes $\mathscr{C}_0$, $\mathscr{C}_e$ et $\mathscr{C}_{-e}$ (obtenues en prenant respectivement pour m les valeurs 0, e et –e).
Identifier chacune de ces courbes sur la figure ci-dessous en justifiant.

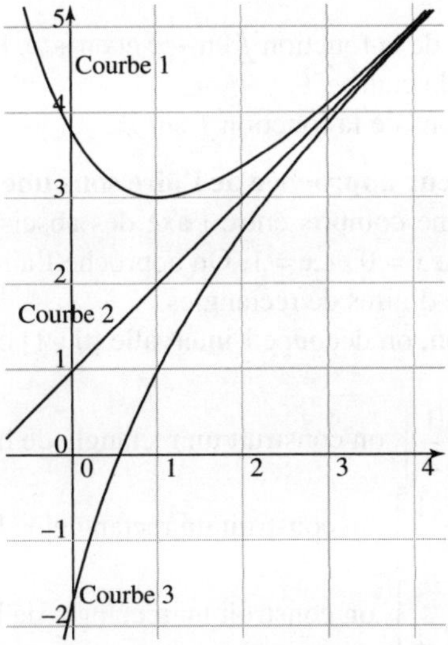

3 Étudier la position de la courbe $\mathscr{C}_m$ par rapport à la droite $\mathscr{D}$ d'équation $y = x + 1$ suivant les valeurs du réel m.

4 **a.** On appelle D_2 la partie du plan comprise entre les courbes $\mathscr{C}_e$, $\mathscr{C}_{-e}$, l'axe (Oy) et la droite $x = 2$. Hachurer D_2 sur la figure ci-avant.
b. Dans cette question, a désigne un réel positif, D_a la partie du plan comprise entre $\mathscr{C}_e$, $\mathscr{C}_{-e}$, l'axe (Oy) et la droite Δ_a d'équation $x = a$. On désigne par $\mathscr{A}(a)$ l'aire de cette partie du plan exprimée en unités d'aire.
Démontrer que pour tout réel a positif :

$$\mathscr{A}(a) = 2e - 2e^{1-a}.$$

En déduire la limite de $\mathscr{A}(a)$ quand a tend vers $+\infty$.

EXERCICES

Polynésie, juin 2013 — 6 pts — 1 h 10

35 Fonction exponentielle, Algorithme, Approximation d'une aire

On considère la fonction f définie sur $\mathbb{R}$ par $f(x) = (x+2)\,\mathrm{e}^{-x}$. On note $\mathscr{C}$ la courbe représentative de la fonction f dans un repère orthogonal.

1 Étude de la fonction f

a. Déterminer les coordonnées des points d'intersection de la courbe $\mathscr{C}$ avec les axes du repère.

b. Étudier les limites de la fonction f en $-\infty$ et en $+\infty$. En déduire les éventuelles asymptotes à la courbe $\mathscr{C}$.

c. Étudier les variations de la fonction f sur $\mathbb{R}$.

2 Calcul d'une valeur approchée de l'aire sous une courbe

On note $\mathscr{D}$ le domaine compris entre l'axe des abscisses, la courbe $\mathscr{C}$ et les droites d'équation $x = 0$ et $x = 1$. On approche l'aire du domaine $\mathscr{D}$ en calculant une somme d'aires de rectangles.

a. Dans cette question, on découpe l'intervalle $[0\,;1]$ en quatre intervalles de même longueur :

- sur l'intervalle $\left[0\,;\frac{1}{4}\right]$, on construit un rectangle de hauteur $f(0)$;
- sur l'intervalle $\left[\frac{1}{4}\,;\frac{1}{2}\right]$, on construit un rectangle de hauteur $f\left(\frac{1}{4}\right)$;
- sur l'intervalle $\left[\frac{1}{2}\,;\frac{3}{4}\right]$, on construit un rectangle de hauteur $f\left(\frac{1}{2}\right)$;
- sur l'intervalle $\left[\frac{3}{4}\,;1\right]$, on construit un rectangle de hauteur $f\left(\frac{3}{4}\right)$.

Cette construction est illustrée ci-dessous.

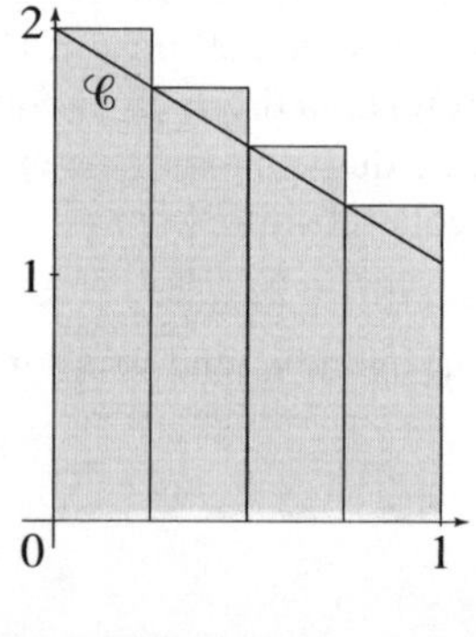

L'algorithme ci-dessous permet d'obtenir une valeur approchée de l'aire du domaine $\mathscr{D}$ en ajoutant les aires des quatre rectangles précédents :

Variables :	k est un nombre entier
	S est un nombre réel
Initialisation :	Affecter à S la valeur 0
Traitement :	Pour k variant de 0 à 3
	Affecter à S la valeur $S + \frac{1}{4} f\left(\frac{k}{4}\right)$
	Fin Pour
Sortie :	Afficher S

Donner une valeur approchée à 10^{-3} près du résultat affiché par cet algorithme.

b. Dans cette question, N est un nombre entier strictement supérieur à 1. On découpe l'intervalle [0 ; 1] en N intervalles de même longueur. Sur chacun de ces intervalles, on construit un rectangle en procédant de la même manière qu'à la question **2 a.**

Modifier l'algorithme précédent afin qu'il affiche en sortie la somme des aires des N rectangles ainsi construits.

3 Calcul de la valeur exacte de l'aire sous une courbe

Soit g la fonction définie sur $\mathbb{R}$ par $g(x) = (-x - 3)e^{-x}$. On admet que la fonction g est une primitive de la fonction f sur $\mathbb{R}$.

a. Calculer l'aire exacte $\mathscr{A}$ du domaine $\mathscr{D}$, exprimée en unités d'aire.

b. Donner une valeur approchée à 10^{-3} près de l'erreur commise en remplaçant $\mathscr{A}$ par la valeur approchée trouvée au moyen de l'algorithme à la question **2 a.**, c'est-à-dire de l'écart entre ces deux valeurs.

EXERCICES

Centres étrangers, juin 2015 — **5 pts** — 1 heure

36 Fonction logarithme, Partage de domaine

Les parties A et B sont indépendantes.

Le fabricant de cadenas de la marque « K » désire imprimer un logo pour son entreprise.

Ce logo a la forme d'une lettre majuscule K stylisée, inscrite dans un carré ABCD, de côté une unité de longueur, et respectant les conditions C1 et C2 suivantes.

- Condition C1 : la lettre K doit être constituée de trois lignes :
  - une des lignes est le segment [AD] ;

- une deuxième ligne a pour extrémités le point A et un point E du segment [DC] ;
- la troisième ligne a pour extrémités le point B et un point G situé sur la deuxième ligne.

• Condition C2 : l'aire de chacune des trois surfaces délimitées par les trois lignes dessinées dans le carré doit être comprise entre 0,3 et 0,4, l'unité d'aire étant celle du carré. Ces aires sont notées r, s, t sur les figures ci-après.

Un atelier de design propose deux dessins possibles, représentés ci-dessous.

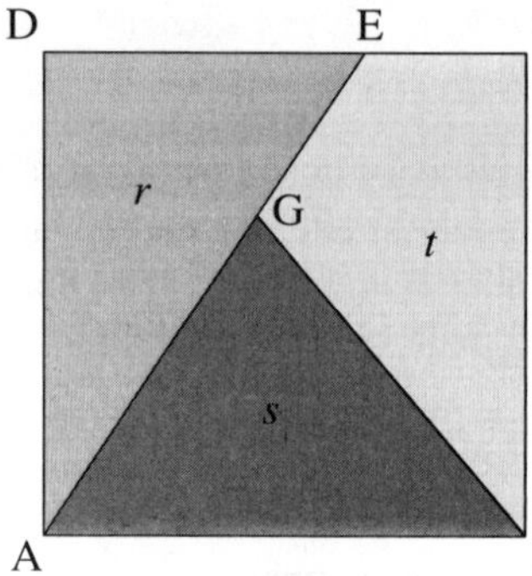

Proposition A

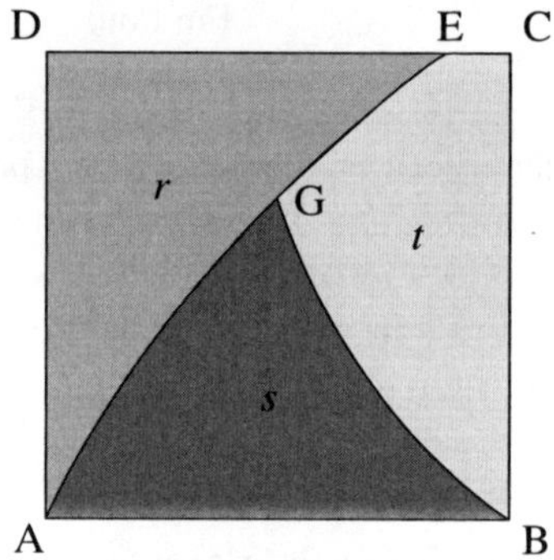

Proposition B

Pour mener les études qui suivent, on se place dans le repère orthonormé $(\mathrm{A}\,;\,\overrightarrow{\mathrm{AB}},\,\overrightarrow{\mathrm{AD}})$.

Partie A **Étude de la proposition A**

Dans cette proposition, les trois lignes sont des segments et les trois aires sont égales :

$$r = s = t = \frac{1}{3}.$$

Déterminer les coordonnées des points E et G.

Partie B **Étude de la proposition B**

Cette proposition est caractérisée par les deux modalités suivantes :

• la ligne d'extrémités A et E est une portion de la représentation graphique de la fonction f définie pour tout réel $x \geq 0$ par $f(x) = \ln(2x + 1)$;

• la ligne d'extrémités B et G est une portion de la représentation graphique de la fonction g définie pour tout réel $x > 0$ par $g(x) = k\left(\dfrac{1 - x}{x}\right)$, où k est un réel positif qui sera déterminé.

1 **a.** Déterminer l'abscisse du point E.

b. Déterminer la valeur du réel k, sachant que l'abscisse du point G est égale à 0,5.

2 a. Démontrer que la fonction f admet pour primitive la fonction F définie pour tout réel $x \geq 0$ par :

$$F(x) = (x + 0{,}5) \times \ln(2x + 1) - x.$$

b. Démontrer que $r = \frac{e}{2} - 1$.

3 Déterminer une primitive G de la fonction g sur l'intervalle $]0, +\infty[$.

4 On admet que les résultats précédents permettent d'établir que :

$$s = (\ln(2))^2 + \frac{\ln(2) - 1}{2}.$$

La proposition B remplit-elle les conditions imposées par le fabricant ?

1 h 10

Amérique du Nord, juin 2016 **6 pts**

37 Fonction logarithme, Calcul d'aire et de volume, Algorithme

Un particulier veut faire fabriquer un récupérateur d'eau.
Ce récupérateur d'eau est une cuve qui doit respecter le cahier des charges suivant :

- elle doit être située à deux mètres de sa maison ;
- la profondeur maximale doit être de deux mètres ;
- elle doit mesurer cinq mètres de long ;
- elle doit épouser la pente naturelle du terrain.

Cette cuve est schématisée ci-dessous.

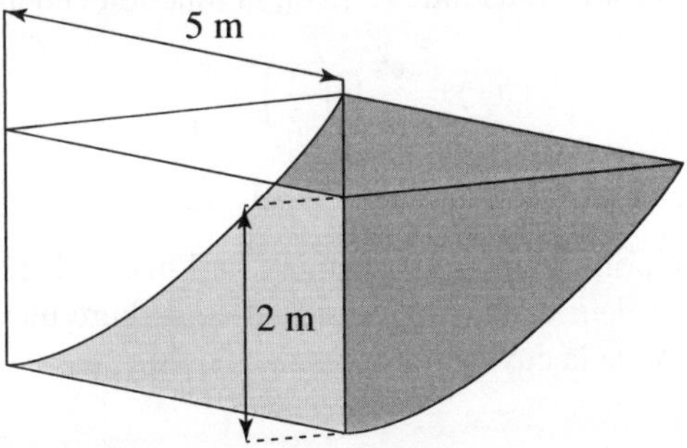

La partie incurvée est modélisée par la courbe $\mathscr{C}_f$ de la fonction f sur l'intervalle $[2 ; 2e]$ définie par :

$$f(x) = x \ln\left(\frac{x}{2}\right) - x + 2.$$

La courbe $\mathscr{C}_f$ est représentée ci-dessous dans un repère orthonormé d'unité 1 m et constitue une vue de profil de la cuve.
On considère les points A(2 ; 2), I(2 ; 0) et B(2e ; 2).

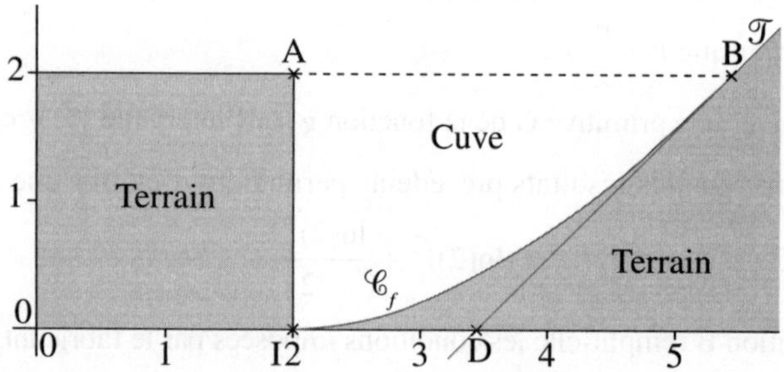

Partie A

L'objectif de cette partie est d'évaluer le volume de la cuve.

1 Justifier que les points B et I appartiennent à la courbe $\mathscr{C}_f$ et que l'axe des abscisses est tangent à la courbe $\mathscr{C}_f$ au point I.

2 On note $\mathscr{T}$ la tangente à la courbe $\mathscr{C}_f$ au point B, et D le point d'intersection de la droite $\mathscr{T}$ avec l'axe des abscisses.

a. Déterminer une équation de la droite $\mathscr{T}$ et en déduire les coordonnées de D.

b. On s'appelle S l'aire du domaine délimité par la courbe $\mathscr{C}_f$, les droites d'équation $y = 2$, $x = 2$ et $x = 2\text{e}$. S peut être encadrée par l'aire du triangle ABI et celle du trapèze AIDB.
Quel encadrement du volume de la cuve peut-on en déduire ?

3 **a.** Montrer que, sur l'intervalle [2 ; 2e], la fonction G définie par :

$$G(x) = \frac{x^2}{2}\ln\left(\frac{x}{2}\right) - \frac{x^2}{4}$$

est une primitive de la fonction g définie par $g(x) = x\ln\left(\frac{x}{2}\right)$.

b. En déduire une primitive F de la fonction f sur l'intervalle [2 ; 2e].

c. Déterminer la valeur exacte de l'aire S et en déduire une valeur approchée du volume V de la cuve au m^3 près.

Partie B

Pour tout réel x compris entre 2 et 2e, on note $v(x)$ le volume d'eau, exprimé en m^3, se trouvant dans la cuve lorsque la hauteur d'eau dans la cuve est à égale à $f(x)$.

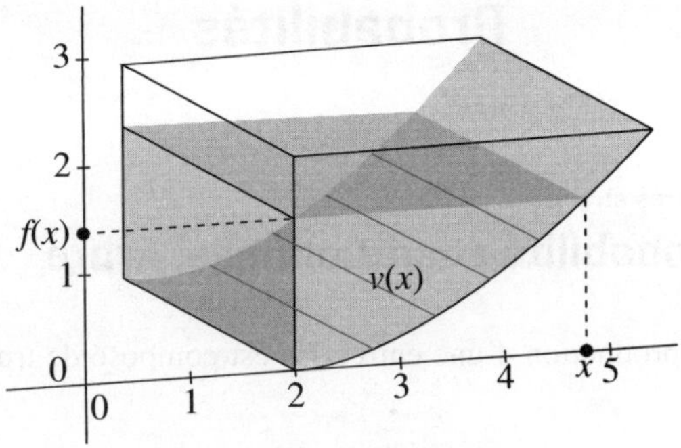

On admet que, pour tout réel x de l'intervalle [2 ; 2e] :

$$v(x) = 5\left(\frac{x^2}{2}\ln\left(\frac{x}{2}\right) - 2x\ln\left(\frac{x}{2}\right) - \frac{x^2}{4} + 2x - 3\right).$$

1 Quel volume d'eau, au m^3 près, y a-t-il dans la cuve lorsque la hauteur d'eau dans la cuve est de un mètre ?

2 On rappelle que V est le volume total de la cuve, f est la fonction définie en début d'exercice et v la fonction définie dans la **partie B**.
On considère l'algorithme ci-dessous :

Variables :	a est un réel
	b est un réel
Traitement :	a prend la valeur 2
	b prend la valeur 2e
	Tant que $v(b) - v(a) > 10^{-3}$ faire :
		c prend la valeur $(a + b)/2$
		Si $v(c) < V/2$, alors :
			a prend la valeur c
		Sinon
			b prend la valeur c
		Fin Si
	Fin Tant que
Sortie :	Afficher $f(c)$

Interpréter le résultat que cet algorithme permet d'afficher.

Probabilités

Centres étrangers, juin 2008 **4 pts** 50 min

38 Probabilité conditionnelle, Arbre

Le secteur de production d'une entreprise est composé de trois catégories de personnel :

- les ingénieurs ;
- les opérateurs de production ;
- les agents de maintenance.

Il y a 8 % d'ingénieurs et 82 % d'opérateurs de production. Les femmes représentent 50 % des ingénieurs, 25 % des agents de maintenance et 60 % des opérateurs de production.

Partie A

Dans cette partie, on interroge au hasard un membre du personnel de cette entreprise.
On note :

- M l'événement « le personnel interrogé est un agent de maintenance » ;
- O l'événement « le personnel interrogé est un opérateur de production » ;
- I l'événement « le personnel interrogé est un ingénieur » ;
- F l'événement « le personnel interrogé est une femme ».

1 Construire un arbre pondéré correspondant aux données.

2 Calculer la probabilité d'interroger :
a. un agent de maintenance ;
b. une femme agent de maintenance ;
c. une femme.

Partie B

Le service de maintenance effectue l'entretien des machines, mais il est appelé aussi à intervenir en cas de panne.
Pour cela, une alarme est prévue ; des études ont montré que sur une journée :

- la probabilité qu'il n'y ait pas de panne et que l'alarme se déclenche est égale à 0,002 ;
- la probabilité qu'une panne survienne et que l'alarme ne se déclenche pas est égale à 0,003 ;

• la probabilité qu'une panne se produise est égale à 0,04.
On note :

• A l'événement : « l'alarme se déclenche » ;

• B l'événement : « une panne se produit ».

1 Démontrer que la probabilité qu'une panne survienne et que l'alarme se déclenche est égale à 0,037.

2 Calculer la probabilité que l'alarme se déclenche.

3 Calculer la probabilité qu'il y ait une panne sachant que l'alarme se déclenche.

La Réunion, juin 2002 **4 pts** 50 min

39 Probabilité conditionnelle, Arbre

Dans un lot de 100 pièces de monnaie toutes de même apparence, ont été mélangées 60 pièces équilibrées et 40 pièces truquées.
La probabilité d'apparition de « PILE » lors d'un jet d'une pièce truquée est $\frac{3}{4}$.
La probabilité d'apparition de « PILE » lors d'un jet d'une pièce équilibrée est $\frac{1}{2}$.
On suppose que les différents lancers dont il sera question dans la suite sont indépendants les uns des autres.
La probabilité d'un événement A est notée $p(\text{A})$. On désigne par $\overline{\text{A}}$ l'événement contraire de A.
La probabilité conditionnelle de A sachant que l'événement B est réalisé est notée $p_{\text{B}}(\text{A})$.
Les résultats seront donnés sous forme de fractions irréductibles.

1 On prend une pièce au hasard et on la lance :
soit T l'événement « la pièce est truquée » ;
soit P l'événement « on obtient PILE ».
a. Calculer la probabilité d'obtenir « PILE » (on pourra s'aider d'un arbre).
b. Quelle est la probabilité que la pièce soit truquée sachant que l'on a obtenu « PILE » ?

2 On prend une pièce au hasard et on la lance quatre fois.

• si au cours des quatre lancers on obtient quatre fois « PILE », on décide d'éliminer la pièce ;

EXERCICES

• dans le cas contraire, on décide de conserver la pièce.
On note E l'événement « la pièce est éliminée ».
a. Quelle est la probabilité que la pièce soit éliminée sachant qu'elle est équilibrée ?
b. Quelle est la probabilité que la pièce soit conservée sachant qu'elle est truquée ?
c. Quelle est la probabilité d'avoir pris une pièce équilibrée et de l'avoir éliminée ou d'avoir pris une pièce truquée et de l'avoir conservée ?

Asie, juin 2008 — 5 pts — 1 heure

40 Probabilité conditionnelle, Arbre, Suite, Convergence

On considère plusieurs sacs de billes S_1, S_2, ..., S_n, ... tels que :
• le premier, S_1, contient 3 billes jaunes et 2 vertes ;
• chacun des suivants, S_2, S_3, ..., S_n, ... contient 2 billes jaunes et 2 vertes.
Le but de cet exercice est d'étudier l'évolution des tirages successifs d'une bille de ces sacs, effectués de la manière suivante :
• on tire au hasard une bille dans S_1 ;
• on place la bille tirée de S_1 dans S_2, puis on tire au hasard une bille dans S_2 ;
• on place la bille tirée de S_2 dans S_3, puis on tire au hasard une bille dans S_3 ;
• etc...
Pour tout entier $n \geq 1$, on note E_n l'événement « la bille tirée dans S_n est verte » et on note $p(E_n)$ sa probabilité.

1 Mise en évidence d'une relation de récurrence

a. D'après l'énoncé, donner les valeurs de $p(E_1)$, $p_{E_1}(E_2)$, $p_{\overline{E}_1}(E_2)$.
En déduire la valeur de $p(E_2)$.
b. À l'aide d'un arbre pondéré, exprimer $p(E_{n+1})$ en fonction de $p(E_n)$.

2 Étude d'une suite

On considère la suite (u_n) définie par :

$$\begin{cases} u_1 = \dfrac{2}{5} \\ u_{n+1} = \dfrac{1}{5}u_n + \dfrac{2}{5} \text{ pour tout } n \geq 1 \end{cases}$$

a. Démontrer que la suite (u_n) est majorée par $\frac{1}{2}$.
b. Démontrer que (u_n) est croissante.
c. Justifier que la suite (u_n) est convergente et préciser sa limite.

3 Évolution des probabilités $p(E_n)$

a. À l'aide des résultats précédents, déterminer l'évolution des probabilités $p(E_n)$.

b. Pour quelles valeurs de l'entier n a-t-on :

$$0{,}49999 \leq p(E_n) \leq 0{,}5\ ?$$

1 heure

Antilles-Guyane, septembre 2013 — 5 pts

41 Probabilité conditionnelle, Arbre, Marche aléatoire, Algorithme, Suite

Les deux parties sont indépendantes.

Le robot Tom doit emprunter un pont sans garde-corps de 10 pas de long et de 2 pas de large. Sa démarche est très particulière :

- soit il avance d'un pas tout droit ;
- soit il se déplace en diagonale vers la gauche (déplacement équivalent à un pas vers la gauche et un pas tout droit) ;
- soit il se déplace en diagonale vers la droite (déplacement équivalent à un pas vers la droite et un pas tout droit).

On suppose que ces trois types de déplacement sont aléatoires et équiprobables.

L'objectif de cet exercice est d'estimer la probabilité p de l'événement S « Tom traverse le pont » c'est-à-dire « Tom n'est pas tombé dans l'eau et se trouve encore sur le pont au bout de 10 déplacements. »

Partie A Modélisation et simulation

On schématise le pont par un rectangle dans le plan muni d'un repère orthonormé (O, I, J) comme l'indique la figure ci-dessous. On suppose que Tom se trouve au point de coordonnées (0 ; 0) au début de la traversée. On note $(x\ ;\ y)$ les coordonnées de la position de Tom après x déplacements.

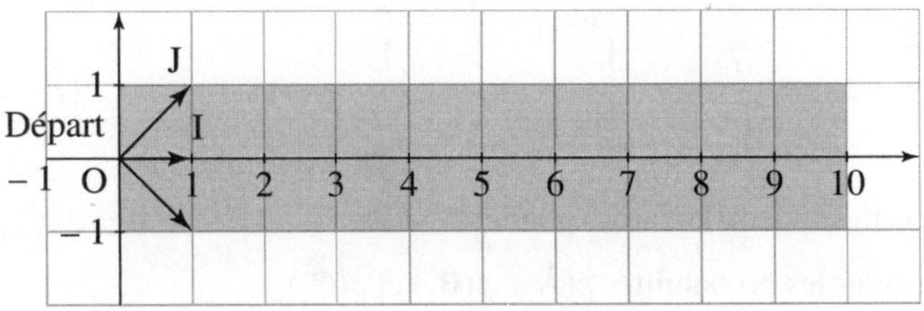

On a écrit l'algorithme suivant qui simule la position de Tom au bout de x déplacements :

```
x, y, n sont des entiers
Affecter à x la valeur 0
Affecter à y la valeur 0
Tant que y ≥ –1 et y ≤ 1 et x ≤ 9
    Affecter à n une valeur choisie au hasard entre –1, 0 et 1
    Affecter à y la valeur y + n
    Affecter à x la valeur x + 1
Fin tant que
Afficher « la position de Tom est » (x ; y)
```

1 On donne les couples suivants : (–1 ; 1) ; (10 ; 0) ; (2 ; 4) ; (10 ; 2). Lesquels ont pu être obtenus avec cet algorithme ? Justifier la réponse.

2 Modifier cet algorithme pour qu'à la place de « la position de Tom est (*x* ; *y*) », il affiche finalement « Tom a réussi la traversée » ou « Tom est tombé ».

Partie B

Pour tout n entier naturel compris entre 0 et 10, on note :

A_n l'événement « après n déplacements, Tom se trouve sur un point d'ordonnée –1 ».

B_n l'événement « après n déplacements, Tom se trouve sur un point d'ordonnée 0 ».

C_n l'événement « après n déplacements, Tom se trouve sur un point d'ordonnée 1 ».

On note a_n, b_n, c_n les probabilités respectives des événements A_n, B_n, C_n.

1 Justifier que $a_0 = 0$, $b_0 = 1$, $c_0 = 0$.

2 Montrer que pour tout entier naturel n compris entre 0 et 9 :

$$\begin{cases} a_{n+1} = \dfrac{a_n + b_n}{3} \\ b_{n+1} = \dfrac{a_n + b_n + c_n}{3} \\ c_{n+1} = \dfrac{b_n + c_n}{3} \end{cases}$$

On pourra s'aider d'un arbre pondéré.

3 Calculer les probabilités $p(A_1)$, $p(B_1)$ et $p(C_1)$.

4 Calculer la probabilité que Tom se trouve sur le pont au bout de deux déplacements.

5 À l'aide d'un tableur, on a obtenu la feuille de calcul ci-après qui donne des valeurs approchées de a_n, b_n, c_n, pour n compris entre 0 et 10.
Donner une valeur approchée à 0,001 près de la probabilité que Tom traverse le pont (on pourra s'aider du tableau ci-dessous).

n	a_n	b_n	c_n
0	0	1	0
1	0,333 333	0,333 333	0,333 333
2	0,222 222	0,333 333	0,222 222
3	0,185 185	0,259 259	0,185 185
4	0,148 148	0,209 877	0,148 148
5	0,119 342	0,168 724	0,119 342
6	0,096 022	0,135 802	0,096 022
7	0,077 275	0,109 282	0,077 275
8	0,062 186	0,087 944	0,062 186
9	0,050 043	0,070 772	0,050 043
10	0,040 272	0,056 953	0,040 272

La Réunion, juin 2010 — **4 pts** — 50 min

42 Probabilité conditionnelle, Arbre

Dans cet exercice, tous les résultats seront donnés sous forme de fractions irréductibles.

Partie A

On dispose d'un dé cubique A parfaitement équilibré possédant une face verte, deux faces noires et trois faces rouges.
Un jeu consiste à lancer deux fois de suite et de manière indépendante ce dé. On note à chaque lancer la couleur de la face obtenue.

1 Calculer la probabilité pour qu'à l'issue d'un jeu, les deux faces obtenues soient noires.

2 Soit l'événement C « à l'issue d'un jeu, les deux faces obtenues sont de la même couleur ».
Démontrer que la probabilité de l'événement C est égale à $\frac{7}{18}$.

3 Calculer la probabilité pour qu'à l'issue d'un jeu, les deux faces obtenues soient de couleurs différentes.

4 À l'issue d'un jeu, sachant que les deux faces obtenues sont de la même couleur, quelle est la probabilité pour que les deux faces obtenues soient vertes ?

Partie B

On dispose d'un second dé cubique B équilibré, présentant quatre faces vertes et deux faces noires. Le nouveau jeu se déroule de la manière suivante : on lance le dé B ;

• si la face obtenue est verte, on lance à nouveau le dé B et on note la couleur de la face obtenue ;

• si la face obtenue est noire, on lance le dé A et on note la couleur de la face obtenue.

1 **a.** Construire un arbre de probabilités traduisant cette situation.
b. Quelle est la probabilité d'obtenir une face verte au deuxième lancer, sachant que l'on a obtenu une face verte au premier lancer ?

2 Montrer que la probabilité d'obtenir deux faces vertes est égale à $\frac{4}{9}$.

3 Quelle est la probabilité d'obtenir une face verte au deuxième lancer ?

Amérique du Sud, novembre 2004 — **5 pts** — 1 heure

43 Probabilité conditionnelle

On note $p_A(B)$ la probabilité conditionnelle de l'événement B sachant que l'événement A est réalisé.
Une urne contient quatre boules rouges et deux boules noires indiscernables au toucher.

1 On effectue au hasard un tirage sans remise de deux boules de l'urne.
On note A_0 l'événement « on n'a obtenu aucune boule noire ».
On note A_1 l'événement « on a obtenu une seule boule noire ».
On note A_2 l'événement « on a obtenu deux boules noires ».
Calculer les probabilités de A_0, A_1 et A_2.

2 Après ce premier tirage, il reste donc 4 boules dans l'urne.
On effectue à nouveau au hasard un tirage sans remise de deux boules de l'urne.
On note B_0 l'événement « on n'a obtenu aucune boule noire au tirage n° 2 ».
On note B_1 l'événement « on a obtenu une seule boule noire au tirage n° 2 ».
On note B_2 l'événement « on a obtenu deux boules noires au tirage n° 2 ».
a. Calculer $p_{A_0}(B_0)$, $p_{A_1}(B_0)$ et $p_{A_2}(B_0)$.
b. En déduire $p(B_0)$.

c. Calculer $p(B_1)$ et $p(B_2)$.
d. On a obtenu une seule boule noire lors de ce second tirage.
Quelle est la probabilité d'avoir obtenu une seule boule noire lors du premier ?

3 On considère l'événement R « il a fallu exactement les deux tirages pour que les deux boules noires soient extraites de l'urne ».

Montrer que $p(R) = \dfrac{1}{3}$.

D'après sujet de Bac **5 pts** 1 heure

44 Probabilité conditionnelle, Suite, Convergence

On désigne par n un entier naturel supérieur ou égal à 2.
On imagine n sacs de jetons $S_1, ..., S_n$.
Au départ, le sac S_1 contient deux jetons noirs et un jeton blanc, et chacun des autres sacs contient un jeton noir et un jeton blanc.
On se propose d'étudier l'évolution des tirages successifs d'un jeton de ces sacs, effectués de la façon suivante :

- Première étape : on tire au hasard un jeton S_1.
- Deuxième étape : on place ce jeton dans S_2 et on tire, au hasard, un jeton de S_2.
- Troisième étape : après avoir placé dans S_3 le jeton sorti de S_2, on tire, au hasard, un jeton de S_3 ... et ainsi de suite...

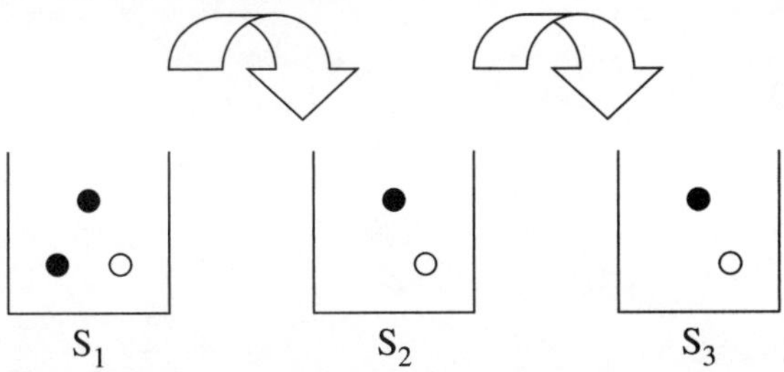

Pour tout entier naturel k tel que $1 \leq k \leq n$, on note E_k l'événement « le jeton sorti de S_k est blanc » et $\overline{E}_k$ l'événement contraire.

1 **a.** Déterminer la probabilité de E_1, notée $p(E_1)$, et les probabilités conditionnelles :

$$p_{E_1}(E_2) \text{ et } p_{\overline{E_1}}(E_2).$$

En déduire la probabilité de E_2, notée $p(E_2)$.
b. Pour tout entier naturel k tel que $1 \leq k \leq n$, la probabilité de E_k est notée p_k.
Justifier la relation de récurrence suivante :

$$p_{k+1} = \frac{1}{3} p_k + \frac{1}{3}.$$

2 **Étude d'une suite (u_k)**

On note (u_k) la suite définie par $u_1 = \frac{1}{3}$ et, pour tout entier $k \geq 1$:

$$u_{k+1} = \frac{1}{3} u_k + \frac{1}{3}.$$

a. On considère la suite (v_k) définie, pour tout élément k de $\mathbb{N}^*$, par :

$$v_k = u_k - \frac{1}{2}.$$

Démontrer que (v_k) est une suite géométrique.
b. En déduire l'expression de u_k en fonction de k. Montrer que la suite (u_k) est convergente et préciser sa limite.

3 Dans cette question, on suppose que $n = 10$.
Déterminer pour quelles valeurs de k on a :

$$0{,}4999 \leq p_k \leq 0{,}5.$$

Variables aléatoires

Nouvelle-Calédonie, novembre 2008 **4 pts** 50 min

45 Probabilité conditionnelle, Arbre, Loi de probabilité, Espérance, Loi binomiale

Un joueur lance une bille qui part de A, puis emprunte obligatoirement une des branches indiquées sur l'arbre ci-dessous pour arriver à l'un des points D, E, F et G.

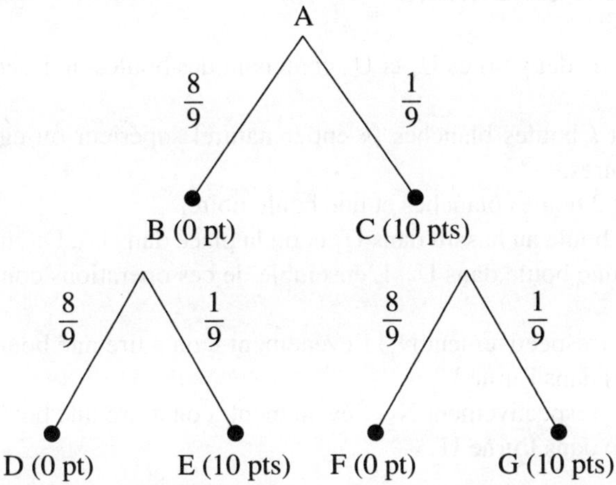

On a marqué sur chaque branche de l'arbre la probabilité pour que la bille l'emprunte après être passée par un nœud. Les nombres entre parenthèses indiquent les points gagnés par le joueur lors du passage de la bille.
On note X la variable aléatoire qui correspond au nombre total de points gagnés à l'issue d'une partie, c'est-à-dire une fois la bille arrivée en D, E, F ou G.

1 Dans cette question, les résultats sont attendus sous forme fractionnaire.
a. Déterminer la loi de probabilité de X.
b. Calculer l'espérance de X.
c. Calculer la probabilité que la bille ait suivi la branche AC, sachant que le joueur a obtenu exactement 10 points.

2 Le joueur effectue huit parties et on suppose que ces huit parties sont indépendantes.

On considère qu'une partie est gagnée si le joueur obtient 20 points à cette partie.
a. Calculer la probabilité qu'il gagne exactement deux parties. On donnera le résultat arrondi au millième.
b. Calculer la probabilité qu'il gagne au moins une partie. On donnera le résultat arrondi au millième.

Antilles-Guyane, juin 2008 **5 pts** 1 heure

46 Probabilité conditionnelle, Arbre, Loi de probabilité, Espérance, Loi binomiale

On dispose de deux urnes U_1 et U_2 contenant des boules indiscernables au toucher.
U_1 contient k boules blanches (k entier naturel supérieur ou égal à 1) et 3 boules noires.
U_2 contient 2 boules blanches et une boule noire.
On tire une boule au hasard dans U_1 et on la place dans U_2. On tire ensuite, au hasard, une boule dans U_2. L'ensemble de ces opérations constitue une épreuve.
On note B_1 (respectivement N_1) l'événement « on a tiré une boule blanche (resp. noire) dans l'urne U_1 ».
On note B_2 (respectivement N_2) l'événement « on a tiré une boule blanche (resp. noire) dans l'urne U_2 ».

1 **a.** Recopier et compléter par les probabilités manquantes l'arbre ci-dessous :

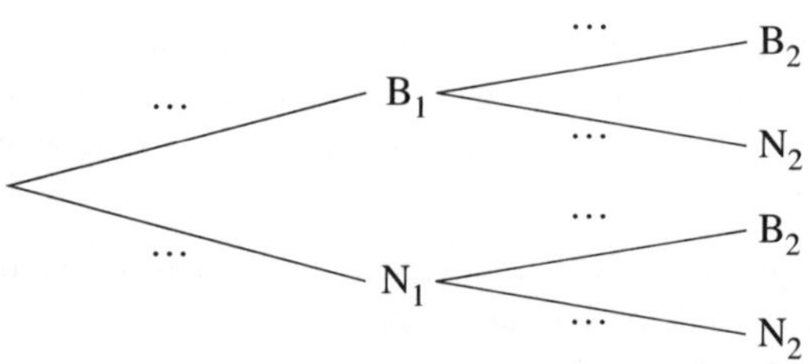

b. Montrer que la probabilité de l'événement B_2 est égale à $\frac{3k+6}{4k+12}$.
Dans la suite, on considère que $k = 12$.

*Les questions **2.** et **3.** sont indépendantes l'une de l'autre et peuvent être traitées dans n'importe quel ordre.*

2 Un joueur mise 8 euros et effectue une épreuve.
Si, à la fin de l'épreuve, le joueur tire une boule blanche de la deuxième urne, le joueur reçoit 12 euros.
Sinon, il ne reçoit rien et perd sa mise.
Soit X la variable aléatoire égale au gain du joueur, c'est-à-dire la différence entre la somme reçue et la mise.
a. Montrer que les valeurs possibles de X sont 4 et -8.
b. Déterminer la loi de probabilité de la variable X.
c. Calculer l'espérance mathématique de X.
d. Le jeu est-il favorable au joueur ?

3 Un joueur participe n fois de suite à ce jeu.
Au début de chaque épreuve, l'urne U_1 contient 12 boules blanches et 3 noires, et l'urne U_2 contient 2 boules blanches et 1 noire.
Ainsi, les épreuves successives sont indépendantes.
Déterminer le plus petit entier n pour que la probabilité de réaliser au moins une fois l'événement B_2 soit supérieure ou égale à 0,99.

Liban, juin 2005 — 3 pts — 40 min

47 Probabilité conditionnelle, Loi de probabilité, Espérance

Un fabricant d'écrans plasma teste une première fois ses appareils à la sortie de la chaîne de fabrication.
Si le test est positif (c'est-à-dire si l'écran fonctionne correctement), l'écran est acheminé chez le client. Sinon, l'écran retourne en usine où il est réparé, puis testé une seconde fois. Si ce deuxième test est positif, l'écran est acheminé chez le client, sinon il est détruit.
Une étude statistique a permis de montrer que le test est positif pour 70 % des écrans neufs sortis directement des chaînes de fabrication, mais que parmi les écrans réparés, seulement 65 % d'entre eux passent le second test avec succès.
On note T_1 l'événement « le premier test est positif ».
On note C l'événement « l'écran est acheminé chez le client ».

1 On choisit un écran au hasard à la sortie de la chaîne de fabrication.
Déterminer les probabilités des événements T_1 et C.

2 La fabrication d'un écran revient à 1 000 € au fabricant si l'écran n'est testé qu'une fois.
Cela lui coûte 50 € de plus si l'écran doit être testé une seconde fois.

Un écran est facturé a euros (a étant un réel positif) au client.
On introduit la variable aléatoire X qui, à chaque écran fabriqué, associe le « gain » (éventuellement négatif) réalisé par le fabricant.
a. Déterminer la loi de probabilité de X en fonction de a.
b. Exprimer l'espérance de X en fonction de a.
c. À partir de quelle valeur de a, l'entreprise peut-elle espérer réaliser des bénéfices ?

Amérique du Nord, juin 2007 **5 pts** 1 heure

48 Probabilité conditionnelle, Arbre, Loi de probabilité, Espérance, Suite

Un joueur débute un jeu au cours duquel il est amené à faire successivement plusieurs parties.
La probabilité que le joueur perde la première partie est de 0,2.
Le jeu se déroule ensuite de la manière suivante :

- s'il gagne une partie, alors il perd la partie suivante avec une probabilité de 0,05 ;
- s'il perd une partie, alors il perd la partie suivante avec une probabilité de 0,1.

1 On appelle :
E_1 l'événement « le joueur perd la première partie » ;
E_2 l'événement « le joueur perd la deuxième partie » ;
E_3 l'événement « le joueur perd la troisième partie ».
On appelle X la variable aléatoire qui donne le nombre de fois où le joueur perd lors des trois premières parties.
On pourra s'aider d'un arbre pondéré.
a. Quelles sont les valeurs prises par X ?
b. Montrer que la probabilité de l'événement (X = 2) est égale à 0,031 et que celle de l'événement (X = 3) est égale à 0,002.
c. Déterminer la loi de probabilité de X.
d. Calculer l'espérance de X.

2 Pour tout entier naturel n non nul, on note E_n l'événement « le joueur perd la n-ième partie », $\overline{E_n}$ l'événement contraire, et on note p_n la probabilité de l'événement E_n.
a. Exprimer, pour tout entier naturel n non nul, les probabilités des événements $E_n \cap E_{n+1}$ et $\overline{E_n} \cap E_{n+1}$ en fonction de p_n.
b. En déduire que $p_{n+1} = 0{,}05\, p_n + 0{,}05$ pour tout entier naturel n non nul.

3 On considère la suite (u_n) définie pour tout entier naturel n non nul par :

$$u_n = p_n - \frac{1}{19}.$$

a. Montrer que (u_n) est une suite géométrique dont on précisera la raison et le premier terme.
b. En déduire, pour tout entier naturel n non nul, u_n, puis p_n en fonction de n.
c. Calculer la limite de p_n quand n tend vers $+\infty$.

France métropolitaine, juin 2013 — 4 pts — 50 min

49 Probabilité conditionnelle, Arbre, Loi binomiale

Une jardinerie vend de jeunes plants d'arbres qui proviennent de trois horticulteurs : 35 % des plants proviennent de l'horticulteur H_1, 25 % de l'horticulteur H_2 et le reste de l'horticulteur H_3. Chaque horticulteur livre deux catégories d'arbres : des conifères et des arbres à feuilles.
La livraison de l'horticulteur H_1 comporte 80 % de conifères, alors que celle de l'horticulteur H_2 n'en comporte que 50 % et celle de l'horticulteur H_3 seulement 30 %.

1 Le gérant de la jardinerie choisit un arbre au hasard dans son stock.
On envisage les événements suivants :

- H_1 « l'arbre choisi a été acheté chez l'horticulteur H_1 »,
- H_2 « l'arbre choisi a été acheté chez l'horticulteur H_2 »,
- H_3 « l'arbre choisi a été acheté chez l'horticulteur H_3 »,
- C « l'arbre choisi est un conifère »,
- F « l'arbre choisi est un arbre feuillu ».

a. Construire un arbre pondéré traduisant la situation.
b. Calculer la probabilité que l'arbre choisi soit un conifère acheté chez l'horticulteur H_3.
c. Justifier que la probabilité de l'événement C est égale à 0,525.
d. L'arbre choisi est un conifère.
Quelle est la probabilité qu'il ait été acheté chez l'horticulteur H_1 ? On arrondira à 10^{-3}.

2 On choisit au hasard un échantillon de 10 arbres dans le stock de cette jardinerie. On suppose que ce stock est suffisamment important pour que ce choix puisse être assimilé à un tirage avec remise de 10 arbres dans le stock.

On appelle X la variable aléatoire qui donne le nombre de conifères de l'échantillon choisi.

a. Justifier que X suit une loi binomiale dont on précisera les paramètres.

b. Quelle est la probabilité que l'échantillon prélevé comporte exactement 5 conifères ? On arrondira à 10^{-3}.

c. Quelle est la probabilité que cet échantillon comporte au moins deux arbres feuillus ? On arrondira à 10^{-3}.

France métropolitaine, juin 2009 — **5 pts** — 1 heure

50 Indépendance d'événements, Loi de probabilité, Espérance

Un sac contient 10 jetons indiscernables au toucher : 7 jetons blancs numérotés de 1 à 7 et 3 jetons noirs numérotés de 1 à 3.
On tire simultanément deux jetons de ce sac.

1 **a.** On note A l'événement « obtenir deux jetons blancs ».

Démontrer que la probabilité de l'événement A est égale à $\frac{7}{15}$.

b. On note B l'événement « obtenir deux jetons portant des numéros impairs ». Calculer la probabilité de B.

c. Les événements A et B sont-ils indépendants ?

2 Soit X la variable aléatoire prenant pour valeur le nombre de jetons blancs obtenus lors de ce tirage simultané.

a. Déterminer la loi de probabilité de X.

b. Calculer l'espérance mathématique de X.

France métropolitaine, septembre 2013 — **5 pts** — 1 heure

51 Probabilité conditionnelle, Loi binomiale, Suite

1 Une urne contient quatre boules rouges et deux boules noires indiscernables au toucher.
On prélève au hasard une boule de l'urne.
Si elle est rouge, on la remet dans l'urne et on prélève au hasard une seconde boule.

Si la première boule est noire, on prélève au hasard une seconde boule dans l'urne sans remettre la boule tirée.

a. Quelle est la probabilité que les boules tirées soient rouges ?

b. Calculer la probabilité que la seconde boule tirée soit noire.

Calculer la probabilité que la première boule soit rouge sachant que la seconde est noire.

2 Soit n un entier naturel supérieur ou égal à 1.

Une urne contient quatre boules rouges et n boules noires indiscernables au toucher.

On prélève successivement et au hasard quatre boules de l'urne en remettant dans l'urne la boule tirée après chaque tirage.

La variable aléatoire X donnant le nombre de boules rouges tirées au cours de ces quatre tirages suit la loi binomiale de paramètres 4 et p.

a. Donner l'expression de p en fonction de n.

b. Démontrer que la probabilité q_n que l'une au moins des quatre boules tirées soit noire est telle que $q_n = 1 - \left(\frac{4}{n+4}\right)^4$.

c. Quel est le plus petit entier naturel n pour lequel la probabilité q_n est supérieure ou égale à 0,9999 ?

D'après sujet de Bac — **6 pts** — 1 h 10

52 Suite, Loi de probabilité, Espérance

On dispose de deux urnes U_1 et U_2 contenant des boules indiscernables au toucher.

U_1 contient n boules blanches et 3 boules noires (n est un entier supérieur ou égal à 1).

U_2 contient 2 boules blanches et 1 boule noire.

On tire au hasard une boule de U_1 et on la met dans U_2, puis on tire au hasard une boule de U_2 et on la met dans U_1 ; l'ensemble de ces opérations constitue une épreuve.

1 On considère l'événement A « après l'épreuve, les urnes se retrouvent chacune dans leur configuration de départ ».

a. Montrer que la probabilité $p(A)$ de l'événement A peut s'écrire :

$$p(A) = \frac{3}{4}\left(\frac{n+2}{n+3}\right).$$

b. Déterminer la limite de $p(A)$ lorsque n tend vers $+\infty$.

EXERCICES

2 On considère l'événement B « après l'épreuve, l'urne U_2 contient une seule boule blanche ».
Vérifier que la probabilité $p(B)$ de l'événement B peut s'écrire :

$$p(B) = \frac{6}{4(n+3)}.$$

3 Un joueur mise 20 euros et effectue une épreuve. À l'issue de cette épreuve, on compte les boules blanches contenues dans U_2 :

- si U_2 contient 1 seule boule blanche, le joueur reçoit $2n$ euros ;
- si U_2 contient 2 boules blanches, le joueur reçoit n euros ;
- si U_2 contient 3 boules blanches, le joueur ne reçoit rien.

a. Expliquer pourquoi le joueur n'a aucun intérêt à jouer tant que n ne dépasse pas 10.
Dans la suite, on considère $n > 10$ et on introduit la variable aléatoire X qui prend pour valeurs les gains algébriques du joueur (par exemple, si après l'épreuve, l'urne U_2 contient une seule boule blanche, $X = 2n - 20$).
b. Déterminer la loi de probabilité de X.
c. Calculer l'espérance mathématique de X.
d. On dit que le jeu est favorable au joueur si et seulement si l'espérance mathématique est strictement positive. Montrer qu'il en est ainsi dès que l'urne U_1 contient au moins 25 boules blanches.

D'après sujet de Bac — **5 pts** — 1 heure

53 Loi de probabilité, Espérance

Une urne contient 9 boules (4 rouges, 2 bleues et 3 vertes) identiques au toucher. Toutes les boules ont la même probabilité d'être tirées.

1 On tire simultanément deux boules de l'urne et on note leur couleur.
Calculer la probabilité d'obtenir deux boules de même couleur (on donnera le résultat sous forme d'une fraction).

2 On tire une boule de l'urne, on note sa couleur et on la remet dans l'urne ; puis on tire une seconde boule et on note sa couleur.
Calculer la probabilité d'obtenir deux boules de même couleur (on donnera le résultat sous forme d'une fraction).

3 On adopte la règle suivante : soit n un entier naturel non nul, on gagne $10n$ euros si les deux boules tirées sont de la même couleur et on perd n^2 euros dans le cas contraire.
On désigne par X (respectivement Y) la variable aléatoire qui, à tout tirage de deux boules de l'urne selon le procédé décrit dans la première question

(respectivement la deuxième question), associe le gain algébrique réalisé à l'issue du tirage.
Les variables aléatoires X et Y prennent donc les valeurs $10n$ et $-n^2$.
a. Déterminer les espérances mathématiques E(X) et E(Y) des variables aléatoires X et Y.
b. Déterminer les valeurs de l'entier naturel n telles que $E(X) < 0 < E(Y)$.

D'après sujet de Bac — 5 pts — 1 heure

54 Loi binomiale, Espérance

Une première urne renferme 8 boules vertes. Une de ces boules porte le nombre 1, trois portent le nombre 2 et quatre le nombre 4.
Une deuxième urne renferme 6 boules rouges. Une de ces boules porte le nombre 3, deux le nombre 5 et trois le nombre 6.

1 On extrait au hasard une boule de chaque urne. On désigne par X le nombre porté par la boule verte et par Y le nombre porté par la boule rouge.
a. Calculer la probabilité de l'événement $\{X = 2 \text{ et } Y = 6\}$.
b. Montrer que la probabilité de l'événement $\{X - Y \geq 8\}$ est égale à $\dfrac{29}{48}$.

2 On appelle A l'événement $\{X + Y \geq 8\}$. On effectue dix fois de suite le tirage décrit au **1**, en replaçant les boules extraites dans leur urne respective avant chaque nouveau tirage. Les tirages sont indépendants.
On désigne par Z la variable aléatoire qui prend pour valeur le nombre de réalisations de l'événement A au cours de ces dix épreuves.
Déterminer la probabilité de l'événement Z = 5 et l'espérance mathématique de Z. On donnera les résultats sous forme décimale à 10^{-3} près.

D'après sujet de Bac — 7 pts — 1 h 20

55 Marche aléatoire, Loi de probabilité, Loi binomiale

Un sac contient trois boules numérotées respectivement 0, 1 et 2, indiscernables au toucher.
On tire une boule du sac, on note son numéro x et on la remet dans le sac ; puis on tire une seconde boule, on note son numéro y et on la remet dans le sac. Toutes les boules ont la même probabilité d'être tirées.
À chaque tirage de deux boules, on associe dans le plan, muni d'un repère orthonormal $(O ; \vec{i}, \vec{j})$, le point M de coordonnées $(x ; y)$.
On désigne par D le disque de centre O et de rayon 1,7.

EXERCICES

Les résultats seront donnés sous forme de fraction irréductible.

1 Placer dans le plan muni du repère $(O\,;\vec{i},\vec{j})$ les points correspondant aux différents résultats possibles.

2 Calculer la probabilité de chacun des événements suivants :
A : « Le point M est sur l'axe des abscisses » ;
B : « Le point M appartient au cercle de centre O et de rayon 1 ».

3 Soit X la variable aléatoire qui, à chaque tirage de deux boules, associe la somme $x^2 + y^2$.
a. Déterminer la loi de probabilité de la variable aléatoire X.
Calculer son espérance mathématique E(X).
b. Montrer que la probabilité de l'événement « le point M appartient au disque D » est égale à $\frac{4}{9}$.

4 On tire 5 fois de suite, de façon indépendante, deux boules successivement et avec remise. On obtient ainsi 5 points du plan.
Quelle est la probabilité de l'événement C « au moins un de ces points appartient au disque D » ?

5 On renouvelle n fois de suite, de façon indépendante, le tirage de deux boules successivement et avec remise. On obtient ainsi n points du plan.
Déterminer le plus petit entier n strictement positif tel que la probabilité de l'événement « au moins un de ces points appartient à D » soit supérieure ou égale à 0,999 9.

Antilles-Guyane, juin 2012 — **5 pts** — 1 heure

56 Loi binomiale, Algorithme, Loi de probabilité

1 Dans un lycée donné, on sait que 55 % des élèves sont des filles. On sait également que 35 % des filles et 30 % des garçons déjeunent à la cantine.
On choisit, au hasard, un élève du lycée.
Quelle est la probabilité que cet élève ne déjeune pas à la cantine ?

2 Une variable aléatoire Y suit une loi binomiale de paramètres 20 et $\frac{1}{5}$.
Calculer la probabilité que Y soit supérieure ou égale à 2. Donner une valeur approchée du résultat à 10^{-3} près.

3 Un appareil ménager peut présenter après sa fabrication deux défauts.

On appelle A l'événement « l'appareil présente un défaut d'apparence » et F l'événement « l'appareil présente un défaut de fonctionnement ».
On suppose que les événements A et F sont indépendants.
On sait que la probabilité que l'appareil présente un défaut d'apparence est égale à 0,02 et que la probabilité que l'appareil présente au moins l'un des deux défauts est égale à 0,069.
On choisit au hasard un des appareils. Quelle est la probabilité que l'appareil présente le défaut F ?

4 On considère l'algorithme :

```
A et C sont des entiers naturels,
C prend la valeur 0
Répéter 9 fois
        A prend une valeur aléatoire entière entre 1 et 7.
                Si A > 5 alors C prend la valeur de C + 1
                Fin Si
Fin répéter
Afficher C.
```

Dans l'expérience aléatoire simulée par l'algorithme précédent, on appelle X la variable aléatoire prenant la valeur C affichée.
Quelle loi suit la variable X ? Préciser ses paramètres.

Variables à densité

Exercice-type

57 Loi uniforme

2 pts — 30 min

On choisit au hasard un réel x dans l'intervalle [1 ; 4].
Quelle est la probabilité que x soit solution de :

1 l'équation $x^2 - 8x + 12 = 0$;

2 l'inéquation $x^2 - 8x + 12 < 0$;

3 l'inéquation $x^2 - 8x + 12 \leq 0$.

Exercice-type

58 Loi uniforme

2 pts — 30 min

ABC est un triangle équilatéral de côté a ($a > 0$).
À tout réel x de l'intervalle[0 ; a] choisi au hasard, on associe le point M du segment [AB] tel que AM = x.

1 Calculer l'aire $\mathcal{A}(x)$ du triangle AMC.

2 Calculer la probabilité de l'événement « l'aire du triangle AMC est inférieure ou égale à 0,25 unité d'aire ».

Exercice-type

59 Fonction de densité, Fonction de répartition

2 pts — 30 min

On considère la fonction f définie sur $\mathbb{R}$ par :

$$\begin{cases} f(x) = \dfrac{2x}{10^2} e^{-\left(\frac{x}{10}\right)^2} & \text{si } x > 0\,; \\ f(x) = 0 \text{ sinon} \end{cases}$$

1 Démontrer que f est une densité de probabilité.

2 Soit X une variable aléatoire de densité f, déterminer la fonction de répartition F de X.

3 Déterminer la probabilité suivante : $p(-5 < X < 10)$.

4 Déterminer le réel t tel que $p(X \geq t) = 0{,}8$.

Exercice-type — 3 pts — 40 min

60 Fonction de densité, Fonction de répartition

Soit f la fonction définie sur $\mathbb{R}$ par :

$$f(x) = a\mathrm{e}^{-|x|},$$

où a est un nombre réel.

1 Déterminer la valeur de a pour que f soit une densité de probabilité.

2 Représenter graphiquement la fonction f ainsi obtenue dans un repère orthonormé.

3 Soit X une variable aléatoire de densité f. Déterminer la fonction de répartition de X et la représenter dans le même repère.

4 **a.** Déterminer la valeur de t telle que $P(X \leq t) = 0{,}5$.
b. Interpréter le nombre t ainsi obtenu.

Exercice-type — 3 pts — 40 min

61 Fonction de densité, Fonction de répartition

Soit m un nombre réel et f la fonction définie sur $\mathbb{R}$ par :

$$f(x) = m \sin x \text{ pour } x \in [0 ; \pi] ;$$
$$f(x) = 0 \text{ sinon.}$$

1 Déterminer le réel m tel que f soit une densité de probabilité.

2 Représenter f dans un repère orthonormé.

3 Soit X une variable aléatoire dont f est une densité de probabilité.
Définir la fonction de répartition de X, puis représenter graphiquement F dans un repère orthonormé.

4 Calculer la probabilité $p\left(\frac{\pi}{4} \leq X \leq \frac{3\pi}{4}\right)$.

5 Calculer les probabilités $p(X \geq 0)$ et $p(X \leq 0)$.

Polynésie, juin 2004 **4 pts** 50 min

62 Loi exponentielle, Lecture graphique

Le laboratoire de physique d'un lycée dispose d'un parc d'oscilloscopes identiques. La durée de vie en années d'un oscilloscope est une variable aléatoire notée X qui suit la « loi de durée de vie sans vieillissement » (ou encore loi exponentielle de paramètre λ avec $\lambda > 0$).
Toutes les probabilités seront données à 10^{-3} près.

1 Sachant que $p(X > 10) = 0{,}286$, montrer qu'une valeur approchée à 10^{-3} près de λ est 0,125.
On prendra 0,125 pour valeur de λ dans la suite de l'exercice.

2 Calculer la probabilité qu'un oscilloscope du modèle étudié ait une durée de vie inférieure à 6 mois.

3 Sachant qu'un appareil a déjà fonctionné huit années, quelle est la probabilité qu'il ait une durée de vie supérieure à dix ans ?

4 On considère que la durée de vie d'un oscilloscope est indépendante de celle des autres appareils. Le responsable du laboratoire décide de commander 15 oscilloscopes. Quelle est la probabilité qu'au moins un oscilloscope ait une durée de vie supérieure à 10 ans ?

5 Combien l'établissement devrait-il acheter d'oscilloscopes pour que la probabilité qu'au moins l'un d'entre eux fonctionne plus de 10 ans soit supérieure à 0,999 ?
Rappel :
Loi exponentielle de paramètre λ sur $[0\,;+\infty[$, dite aussi loi de durée de vie sans vieillissement :

pour $0 \leq a \leq b$, $p([a;b]) = \int_a^b \lambda e^{-\lambda t}\,dt$,

pour tout $c \geq 0$, $p([c;+\infty[) = 1 - \int_0^c \lambda e^{-\lambda t}\,dt$.

Antilles-Guyane, juin 2015 — 5 pts — 1 heure

63 Loi exponentielle, Lecture graphique

Partie A

On considère une variable aléatoire X qui suit la loi exponentielle de paramètre λ avec $\lambda > 0$.
On rappelle que, pour tout réel a strictement positif :

$$P(X \leq a) = \int_0^a \lambda e^{-\lambda t}\, dt.$$

On se propose de calculer l'espérance mathématique de X, notée E(X), et définie par :

$$E(X) = \lim_{x \to +\infty} \int_0^x \lambda t e^{-\lambda t}\, dt.$$

On note $\mathbb{R}$ l'ensemble des nombres réels.
On admet que la fonction F définie sur $\mathbb{R}$ par $F(t) = -\left(t + \frac{1}{\lambda}\right)e^{-\lambda t}$ est une primitive sur $\mathbb{R}$ de la fonction f définie sur $\mathbb{R}$ par $f(t) = \lambda t e^{-\lambda t}$.

1 Soit x un nombre réel strictement positif. Vérifier que :

$$\int_0^x \lambda t e^{-\lambda t}\, dt = \frac{1}{\lambda}\left(-\lambda x e^{-\lambda x} - e^{-\lambda x} + 1\right).$$

2 En déduire que $E(X) = \frac{1}{\lambda}$.

Partie B

La durée de vie, exprimée en années, d'un composant électronique peut être modélisée par une variable aléatoire notée X suivant la loi exponentielle de paramètre λ avec $\lambda > 0$.
La courbe de la fonction densité associée est représentée ci-après.

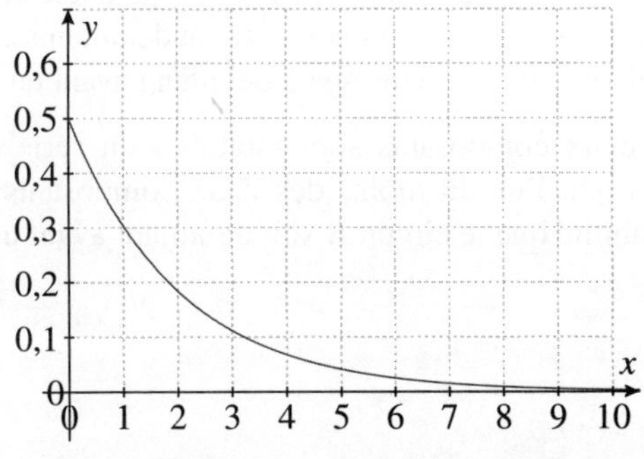

1 Sur le graphique ci-dessus :
a. Représenter la probabilité $P(X \leq 1)$.
b. Indiquer où se lit directement la valeur de λ.

2 On suppose que $E(X) = 2$.
a. Que représente, dans le cadre de l'exercice, la valeur de l'espérance mathématique de la variable aléatoire X ?
b. Calculer la valeur de λ.
c. Calculer $P(X \leq 2)$. On donnera la valeur exacte, puis la valeur arrondie à 0,01 près. Interpréter ce résultat.
d. Sachant que le composant a déjà fonctionné une année, quelle est la probabilité que sa durée de vie totale soit d'au moins trois années ? On donnera la valeur exacte.

Partie C

Un circuit électronique est composé de deux composants identiques numérotés 1 et 2.
On note D_1 l'événement « le composant 1 est défaillant avant un an » et on note D_2 l'événement « le composant 2 est défaillant avant un an ».
On suppose que les deux événements D_1 et D_2 sont indépendants et que :

$$P(D_1) = P(D_2) = 0{,}39.$$

Deux montages possibles sont envisagés, présentés ci-après.

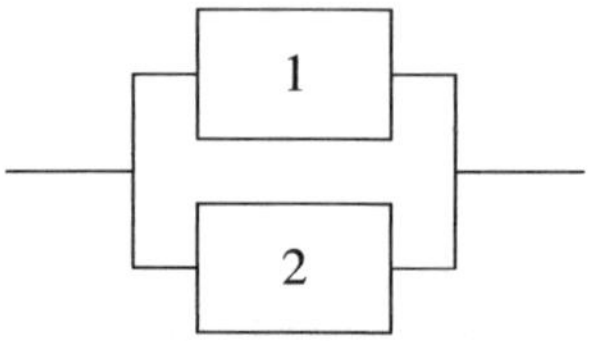

Circuit en parallèle A

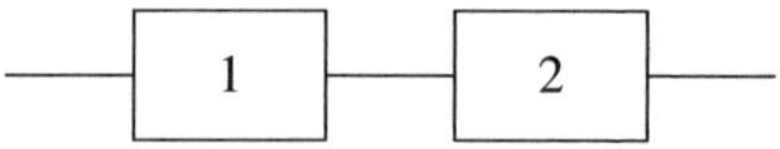

Circuit en série B

1 Lorsque les deux composants sont montés « en parallèle », le circuit A est défaillant uniquement si les deux composants sont défaillants en même temps. Calculer la probabilité que le circuit A soit défaillant avant un an.

2 Lorsque les deux composants sont montés « en série », le circuit B est défaillant dès que l'un au moins des deux composants est défaillant. Calculer la probabilité que le circuit B soit défaillant avant un an.

30 min

Exercice-type 2 pts

64 Loi normale

Soit X une variable aléatoire réelle qui suit la loi normale centrée réduite $\mathcal{N}(0\,;1)$.

1 Déterminer x réel tel que la probabilité $p([x < X < x + 2])$ soit maximale.

2 Soit a un réel strictement positif, montrer qu'il existe un réel x pour lequel $p([x < X < x + a])$ est maximale.

35 min

Polynésie, juin 2015 3 pts

65 Loi normale, Probabilité conditionnelle

Dans un pays, la taille en centimètre des femmes de 18 à 65 ans peut être modélisée par une variable aléatoire X_1 suivant la loi normale d'espérance $\mu_1 = 165$ cm et d'écart-type $\sigma_1 = 6$ cm, et celle des hommes de 18 à 65 ans, par une variable aléatoire X_2 suivant la loi normale d'espérance $\mu_2 = 175$ cm et d'écart-type $\sigma_2 = 11$ cm. Dans cet exercice, tous les résultats seront arrondis à 10^{-2} près.

1 Quelle est la probabilité qu'une femme choisie au hasard dans ce pays mesure entre 1,53 mètre et 1,77 mètre ?

2 **a.** Déterminer la probabilité qu'un homme choisi au hasard dans ce pays mesure plus de 1,70 mètre.

b. De plus, on sait que dans ce pays les femmes représentent 52 % de la population des personnes dont l'âge est compris entre 18 et 65 ans. On choisit au hasard une personne qui a entre 18 et 65 ans. Elle mesure plus de 1,70 m. Quelle est la probabilité que cette personne soit une femme ?

1 heure

Exercice-type 5 pts

66 Fonction de répartition

Les participants à un gala de bienfaisance offrent des dons dont le montant D en centaines d'euros est une variable aléatoire telle que D = 2X+ 5 où X est une variable aléatoire réelle dont la fonction de répartition F est définie dans $\mathbb{R}$ par :

- si $x \leq 0$, $F(x) = 0$;
- si $x > 0$, $F(x) = 1 - \frac{1}{2}e^{-x}(2 + x)$.

1 Déterminer les probabilités des événements $[D < 10]$, $[D \geq 5]$, $[D \geq 10]$.

2 Pour remercier les « bienfaiteurs » (les participants dont le don est supérieur ou égal à 10 000 euros), les organisateurs offrent à chacun une magnifique boîte de chocolats qui peut éventuellement contenir une pièce en or.

a. Sachant qu'il y a 2 500 participants au gala, calculer le nombre de boîtes de chocolats que les organisateurs du gala estiment devoir offrir. (On arrondira à la dizaine supérieure.)

b. Les boîtes de chocolats sont confectionnées de telle sorte qu'une sur cinquante renferme une pièce en or. Les organisateurs ont commandé un lot de 500 boîtes de chocolats. On note Y le nombre de boîtes contenant une pièce en or.

Quelle est la loi de Y ?

Quelle est la probabilité que, parmi les 500 boîtes reçues par les organisateurs, il y ait un nombre supérieur ou égal à 10 de boîtes contenant une pièce d'or ?

France métropolitaine, septembre 2014 — **5 pts** — 1 heure

67 Loi exponentielle, Loi binomiale, Loi normale

Dans cet exercice, on s'intéresse au mode de fonctionnement de deux restaurants : sans réservation ou avec réservation préalable.

1 Le premier restaurant fonctionne sans réservation, mais le temps d'attente pour obtenir une table est souvent un problème pour les clients.

On modélise ce temps d'attente en minutes par une variable aléatoire X qui suit une loi exponentielle de paramètre λ, où λ est un réel strictement positif.

On rappelle que l'espérance mathématique de X est égale à $\frac{1}{\lambda}$.

Une étude statistique a permis d'observer que le temps moyen d'attente pour obtenir une table est de 10 minutes.

a. Déterminer la valeur de λ.

b. Quelle est la probabilité qu'un client attende entre 10 et 20 minutes pour obtenir une table ? On arrondira à 10^{-4}.

c. Un client attend depuis 10 minutes. Quelle est la probabilité qu'il doive attendre au moins 5 minutes de plus pour obtenir une table ? On arrondira à 10^{-4}.

2 Le deuxième restaurant a une capacité d'accueil de 70 places et ne sert que des personnes ayant réservé au préalable. La probabilité qu'une personne ayant réservé se présente au restaurant est estimée à 0,8.
On note n le nombre de réservations prises par le restaurant et Y la variable aléatoire correspondant au nombre de personnes ayant réservé qui se présentent au restaurant.
On admet que les comportements des personnes ayant réservé sont indépendants les uns des autres. La variable aléatoire Y suit alors une loi binomiale.
a. Préciser, en fonction de n, les paramètres de la loi de la variable aléatoire Y, son espérance mathématique E(Y) et son écart-type $\sigma(Y)$.
b. Dans cette question, on désigne par Z une variable aléatoire suivant la loi normale $\mathcal{N}(\mu, \sigma^2)$ de moyenne $\mu = 64{,}8$ et d'écart-type $\sigma = 3{,}6$.
Calculer la probabilité p_1 de l'événement $\{Z \leq 71\}$ à l'aide de la calculatrice.
c. On admet que lorsque $n = 81$, p_1 est une valeur approchée à 10^{-2} près de la probabilité $p(Y \leq 70)$ de l'événement $\{Z \leq 70\}$.
Le restaurant a reçu 81 réservations.
Quelle est la probabilité qu'il ne puisse pas accueillir certains des clients qui ont réservé et se présentent ?

Liban, mai 2014 — 4 pts — 50 min

68 Probabilité conditionnelle, Arbre, Loi normale

Une entreprise fabrique des tablettes de chocolat de 100 grammes. Le service de contrôle qualité effectue plusieurs types de contrôle.

Partie A Contrôle avant la mise sur le marché

Une tablette de chocolat doit peser 100 grammes avec une tolérance de deux grammes en plus ou en moins. Elle est donc mise sur le marché si sa masse est comprise entre 98 et 102 grammes.
La masse (exprimée en grammes) d'une tablette de chocolat peut être modélisée par une variable aléatoire X suivant la loi normale d'espérance $\mu = 100$ et d'écart-type $\sigma = 1$. Le réglage des machines de la chaîne de fabrication permet de modifier la valeur de σ.

1 Calculer la probabilité de l'événement M « la tablette est mise sur le marché ».

EXERCICES

2 On souhaite modifier le réglage des machines de telle sorte que la probabilité de cet événement atteigne 0,97.
Déterminer la valeur de σ pour que la probabilité de l'événement « la tablette est mise sur le marché » soit égale à 0,97.

Partie B Contrôle à la réception

Le service contrôle la qualité des fèves de cacao livrées par les producteurs. Un des critères de qualité est le taux d'humidité qui doit être de 7 %. On dit alors que la fève est conforme. L'entreprise a trois fournisseurs différents : le premier fournisseur procure la moitié du stock de fèves, le deuxième 30 % et le dernier apporte 20 % du stock.
Pour le premier, 98 % de sa production respecte le taux d'humidité ; pour le deuxième, qui est un peu moins cher, 90 % de sa production est conforme, et le troisième fournit 20 % de fèves non conformes. On choisit au hasard une fève dans le stock reçu. On note F_i l'événement « la fève provient du fournisseur i », pour i prenant les valeurs 1, 2 ou 3, et C l'événement « la fève est conforme ».

1 Déterminer la probabilité que la fève provienne du fournisseur 1, sachant qu'elle est conforme. Le résultat sera arrondi à 10^{-2}.

2 Le troisième fournisseur ayant la plus forte proportion de fèves non conformes, l'entreprise décide de ne conserver que les fournisseurs 1 et 2. De plus, elle souhaite que 92 % de fèves qu'elle achète soient conformes. Quelle proportion p de fèves doit-elle acheter au fournisseur 1 pour atteindre cet objectif ?

Inde, avril 2013 **6 pts** 1 h 10

69 Probabilité conditionnelle, Arbre, Suite, Algorithme, Loi normale

Dans une entreprise, on s'intéresse à la probabilité qu'un salarié soit absent durant une période d'épidémie de grippe.

- Un salarié malade est absent.
- La première semaine de travail, le salarié n'est pas malade.
- Si la semaine n, le salarié n'est pas malade, il tombe malade la semaine $n + 1$ avec une probabilité égale à 0,04.
- Si la semaine n, le salarié est malade, il reste malade la semaine $n + 1$ avec une probabilité égale à 0,24.

On désigne, pour tout entier naturel n supérieur ou égal à 1, par E_n l'événement « le salarié est absent pour cause de maladie la n-ième semaine ». On note p_n la probabilité de l'événement E_n.
On a ainsi $p_1 = 0$ et, pour tout entier naturel n supérieur ou égal à 1, $0 \leq p_n < 1$.

1 **a.** Déterminer la valeur de p_3 à l'aide d'un arbre de probabilité.
b. Sachant que le salarié a été absent pour cause de maladie la troisième semaine, déterminer la probabilité qu'il ait été aussi absent pour cause de maladie la deuxième semaine.

2 **a.** Recopier sur la copie et compléter l'arbre de probabilité donné ci-dessous :

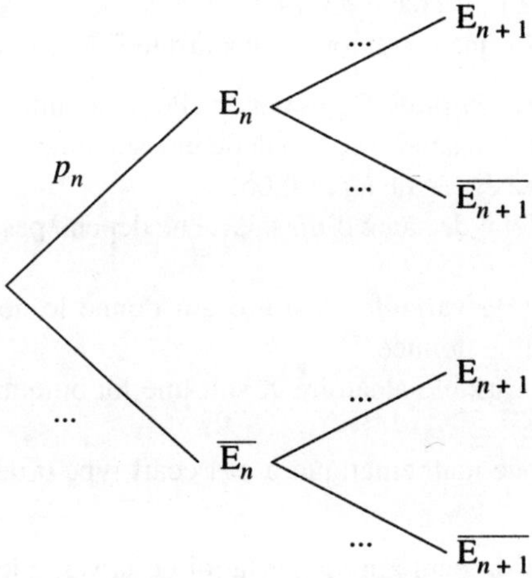

b. Montrer que, pour tout entier naturel n supérieur ou égal à 1 :

$$p_{n+1} = 0{,}2\,p_n + 0{,}04.$$

c. Montrer que la suite (u_n) définie pour tout entier naturel n supérieur ou égal à 1 par $u_n = p_n - 0{,}05$ est une suite géométrique dont on donnera le premier terme et la raison r. En déduire l'expression de u_n puis de p_n en fonction de n et r.
d. En déduire la limite de la suite (p_n).
e. On admet dans cette question que la suite (p_n) est croissante. On considère l'algorithme suivant :

Variables	K et J sont des entiers naturels, P est un nombre réel
Initialisation	P prend la valeur 0 J prend la valeur 1
Entrée	Saisir la valeur de K

Traitement	Tant que $P < 0{,}05 - 10^{-K}$
	    P prend la valeur $0{,}2 \times P + 0{,}04$
	    J prend la valeur J + 1
	Fin tant que

Sortie	Afficher J

À quoi correspond l'affichage final J ?
Pourquoi est-on sûr que cet algorithme s'arrête ?

3 Cette entreprise emploie 220 salariés. Pour la suite, on admet que la probabilité pour qu'un salarié soit malade une semaine donnée durant cette période d'épidémie est égale à $p = 0{,}05$.
On suppose que l'état de santé d'un salarié ne dépend pas de l'état de santé de ses collègues.
On désigne par X la variable aléatoire qui donne le nombre de salariés malades une semaine donnée.
a. Justifier que la variable aléatoire X suit une loi binomiale dont on donnera les paramètres.
Calculer l'espérance mathématique μ et l'écart-type σ de la variable aléatoire X.

b. On admet que l'on peut approcher la loi de la variable aléatoire $\dfrac{X - \mu}{\sigma}$ par la loi normale centrée réduite, c'est-à-dire de paramètres 0 et 1.
On note Z une variable aléatoire suivant la loi normale centrée réduite. Le tableau suivant donne les probabilités de l'événement $Z < x$ pour quelques valeurs du nombre réel x.

x	−1,55	−1,24	−0,93	−0,62	−0,31	0,00	0,31	0,62	0,93	1,24	1,55
$P(Z < x)$	0,061	0,108	0,177	0,268	0,379	0,500	0,621	0,732	0,823	0,892	0,939

Calculer, au moyen de l'approximation proposée en question **b.**, une valeur approchée à 10^{-2} près de la probabilité de l'événement « le nombre de salariés absents dans l'entreprise au cours d'une semaine donnée est supérieur ou égal à 7 et inférieur ou égal à 15 ».

Liban, mai 2013 5 pts 1 heure

70 Arbre, Loi normale

L'entreprise *Fructidoux* fabrique des compotes qu'elle conditionne en petits pots de 50 grammes. Elle souhaite leur attribuer la dénomination « compote allégée ».
La législation impose alors que la teneur en sucre, c'est-à-dire la proportion de sucre dans la compote, soit comprise entre 0,16 et 0,18. On dit dans ce cas que le petit pot de compote est conforme.
L'entreprise possède deux chaînes de fabrication F_1 et F_2.
Les parties A et B peuvent être traitées indépendamment.

Partie A

La chaîne de production F_2 semble plus fiable que la chaîne de production F_1. Elle est cependant moins rapide.
Ainsi, dans la production totale, 70 % des petits pots proviennent de la chaîne F_1 et 30 % de la chaîne F_2.
La chaîne F_1 produit 5 % de compotes non conformes et la chaîne F_2 en produit 1 %. On prélève au hasard un petit pot dans la production totale. On considère les événements :
E « Le petit pot provient de la chaîne F_2 »,
C « Le petit pot est conforme ».

1 Construire un arbre pondéré sur lequel on indiquera les données qui précèdent.

2 Calculer la probabilité de l'événement « le petit pot est conforme et provient de la chaîne de production F_1 ».

3 Déterminer la probabilité de l'événement C.

4 Déterminer, à 10^{-3} près, la probabilité de l'événement E sachant que l'événement C est réalisé.

Partie B

1 On note X la variable aléatoire qui, à un petit pot pris au hasard dans la production de la chaîne F_1, associe sa teneur en sucre.
On suppose que X suit la loi normale d'espérance $m_1 = 0,17$ et d'écart-type $\sigma_1 = 0,006$.

EXERCICES

Dans la suite, on pourra utiliser le tableau ci-dessous.

α	β	$p(\alpha \leq X \leq \beta)$
0,13	0,15	0,000 4
0,14	0,16	0,047 8
0,15	0,17	0,499 6
0,16	0,18	0,904 4
0,17	0,19	0,499 6
0,18	0,20	0,047 8
0,19	0,21	0,000 4

Donner une valeur approchée à 10^{-4} près de la probabilité qu'un petit pot prélevé au hasard dans la production de la chaîne F_1 soit conforme.

2 On note Y la variable aléatoire qui, à un petit pot pris au hasard dans la production de la chaîne F_2, associe sa teneur en sucre.
On suppose que Y suit la loi normale d'espérance $m_2 = 0{,}17$ et d'écart-type σ_2.
On suppose de plus que la probabilité qu'un petit pot prélevé au hasard dans la production de la chaîne F_2 soit conforme est égale à 0,99.

Soit Z la variable aléatoire définie par $Z = \dfrac{Y - m_2}{\sigma_2}$.

a. Quelle loi la variable aléatoire Z suit-elle ?
b. Déterminer, en fonction de σ_2, l'intervalle auquel appartient Z lorsque Y appartient à l'intervalle [0,16 ; 0,18].
c. En déduire une valeur approchée à 10^{-3} près de σ_2.
On pourra utiliser le tableau donné ci-dessous, dans lequel la variable aléatoire Z suit la loi normale d'espérance 0 et d'écart-type 1.

β	$p(-\beta \leq Z \leq \beta)$
2,432 4	0,985
2,457 3	0,986
2,483 8	0,987
2,512 1	0,988
2,542 7	0,989
2,575 8	0,990
2,612 1	0,991
2,652 1	0,992
2,696 8	0,993

Intervalle de fluctuation Intervalle de confiance

Liban, mai 2015 5 pts 1 heure

71 Arbre, Intervalle de confiance, Échantillon

En prévision d'une élection entre deux candidats A et B, un institut de sondage recueille les intentions de vote de futurs électeurs.
Parmi les 1 200 personnes qui ont répondu au sondage, 47 % affirment vouloir voter pour le candidat A et les autres pour le candidat B.

Compte tenu du profil des candidats, l'institut de sondage estime que 10 % des personnes déclarant vouloir voter pour le candidat A ne disent pas la vérité et votent en réalité pour le candidat B, tandis que 20 % des personnes déclarant vouloir voter pour le candidat B ne disent pas la vérité et votent en réalité pour le candidat A.

On choisit au hasard une personne ayant répondu au sondage et on note :

- A l'événement « la personne interrogée affirme vouloir voter pour le candidat A » ;
- B l'événement « la personne interrogée affirme vouloir voter pour le candidat B » ;
- V l'événement « la personne interrogée dit la vérité ».

1 Construire un arbre de probabilités traduisant la situation.

2 **a.** Calculer la probabilité que la personne interrogée dise la vérité.
b. Sachant que la personne interrogée dit la vérité, calculer la probabilité qu'elle affirme vouloir voter pour le candidat A.

3 Démontrer que la probabilité que la personne choisie vote effectivement pour le candidat A est 0,529.

4 L'institut de sondage publie alors les résultats suivants :

> 52,9 % des électeurs* voteraient pour le candidat A.
>
> * estimation après redressement, fondée sur un sondage d'un échantillon représentatif de 1200 personnes.

Au seuil de confiance de 95 %, le candidat A peut-il croire en sa victoire ?

EXERCICES

5 Pour effectuer ce sondage, l'institut a réalisé une enquête téléphonique à raison de 10 communications par demi-heure. La probabilité qu'une personne contactée accepte de répondre à cette enquête est 0,4.
L'institut de sondage souhaite obtenir un échantillon de 1 200 réponses.
Quel temps moyen, exprimé en heures, l'institut doit-il prévoir pour parvenir à cet objectif ?

Inde, avril 2016 **4 pts** 50 min

72 Loi normale, Intervalle de confiance

Les parties A et B peuvent être traitées de façon indépendante.

Partie A

Des études statistiques ont permis de modéliser le temps hebdomadaire, en heures, de connexion à Internet des jeunes en France âgés de 16 à 24 ans par une variable aléatoire T suivant une loi normale de moyenne $\mu = 13{,}9$ et d'écart-type σ.
La fonction densité de probabilité de T est représentée ci-dessous :

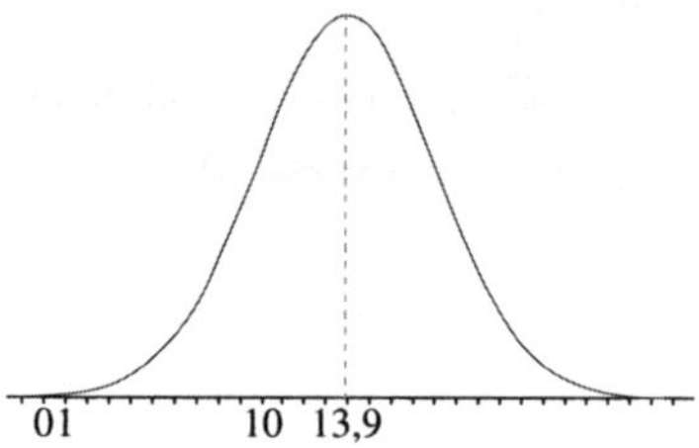

1 On sait que $P(T \geq 22) = 0{,}023$.
En exploitant cette information :
a. hachurer sur le graphique donné ci-dessus, deux domaines distincts dont l'aire est égale à 0,023 ;
b. déterminer $P(5{,}8 \leq T \leq 22)$. Justifier le résultat. Montrer qu'une valeur approchée de σ au dixième est 4,1.

2 On choisit un jeune en France au hasard.
Déterminer la probabilité qu'il soit connecté à internet plus de 18 heures par semaine. Arrondir au centième.

Partie B

Dans cette partie, les valeurs seront arrondies au millième.
La Hadopi (Haute Autorité pour la diffusion des Œuvres et la Protection des droits sur Internet) souhaite connaître la proportion en France de jeunes

âgés de 16 à 24 ans pratiquant au moins une fois par semaine le téléchargement illégal sur Internet. Pour cela, elle envisage de réaliser un sondage. Mais la Hadopi craint que les jeunes interrogés ne répondent pas tous de façon sincère. Aussi, elle propose le protocole ($\mathcal{P}$) suivant :
On choisit aléatoirement un échantillon de jeunes âgés de 16 à 24 ans.
Pour chaque jeune de cet échantillon :

- le jeune lance un dé équilibré à 6 faces ; l'enquêteur ne connaît pas le résultat du lancer ;
- l'enquêteur pose la question « effectuez-vous un téléchargement illégal au moins une fois par semaine ? » ;

- si le résultat du lancer est pair, alors le jeune doit répondre à la question par « Oui » ou « Non » de façon sincère ;
- si le résultat du lancer est « 1 », alors le jeune doit répondre « Oui » ;
- si le résultat du lancer est « 3 ou 5 », alors le jeune doit répondre « Non ».

Grâce à ce protocole, l'enquêteur ne sait jamais si la réponse donnée porte sur la question posée ou résulte du lancer de dé, ce qui encourage les réponses sincères.
On note p la proportion inconnue de jeunes âgés de 16 à 24 ans qui pratiquent au moins une fois par semaine le téléchargement illégal sur Internet.

1 Calculs de probabilités
On choisit aléatoirement un jeune faisant partie du protocole ($\mathcal{P}$).
On note R l'événement « le résultat du lancer est pair »,
O l'événement « le jeune a répondu Oui ».
Reproduire et compléter l'arbre pondéré ci-dessous :

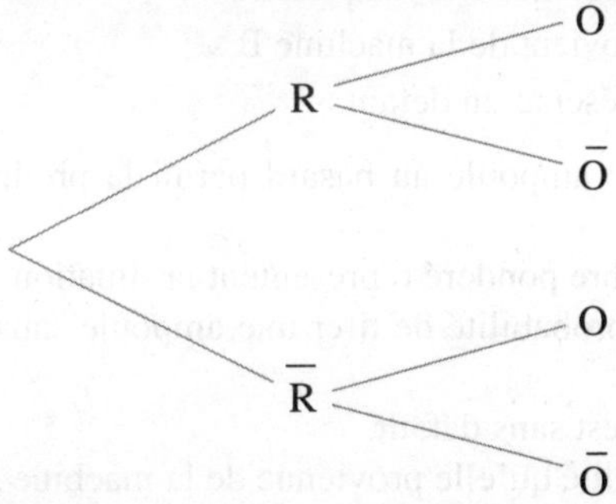

En déduire que la probabilité q de l'événement « le jeune a répondu Oui » est :

$$q = \frac{1}{2}p + \frac{1}{6}.$$

2 Intervalle de confiance

a. À la demande de l'Hadopi, un institut de sondage réalise une enquête selon le protocole ($\mathcal{P}$). Sur un échantillon de taille 1 500, il dénombre 625 réponses « Oui ».

Donner un intervalle de confiance, au niveau de confiance de 95 %, de la proportion q de jeunes qui répondent « Oui » à un tel sondage, parmi la population des jeunes Français âgés de 16 à 24 ans.

b. Que peut-on en conclure sur la proportion p de jeunes qui pratiquent au moins une fois par semaine le téléchargement illégal sur Internet ?

Antilles-Guyane, juin 2016 **5 pts** 1 heure

73 Probabilité, Loi exponentielle, Intervalle de fluctuation asymptotique

Les valeurs approchées des résultats seront données à 10^{-4} près.
Les parties A et B sont indépendantes.

Partie A

Un fabricant d'ampoules possède deux machines, notées A et B. La machine A fournit 65 % de la production, et la machine B fournit le reste. Certaines ampoules présentent un défaut de fabrication :

- à la sortie de la machine A, 8 % des ampoules présentent un défaut ;
- à la sortie de la machine B, 5 % des ampoules présentent un défaut.

On définit les événements suivants :

- A « l'ampoule provient de la machine A » ;
- B « l'ampoule provient de la machine B » ;
- D « l'ampoule présente un défaut ».

1 On prélève une ampoule au hasard parmi la production totale d'une journée.

a. Construire un arbre pondéré représentant la situation.

b. Montrer que la probabilité de tirer une ampoule sans défaut est égale à 0,9305.

c. L'ampoule tirée est sans défaut.

Calculer la probabilité qu'elle provienne de la machine A.

2 On prélève 10 ampoules au hasard parmi la production d'une journée à la sortie de la machine A. La taille du stock permet de considérer les épreuves comme indépendantes et d'assimiler les tirages à des tirages avec remise.

Calculer la probabilité d'obtenir au moins 9 ampoules sans défaut.

Partie B

1 On rappelle que si T suit une loi exponentielle de paramètre λ (λ étant un réel strictement positif), alors pour tout réel positif a, $P(T \leq a) = \int_0^a \lambda e^{-\lambda x}\, dx$.

a. Montrer que $P(T \geq a) = e^{-\lambda a}$.

b. Montrer que si T suit une loi exponentielle, alors pour tous réels positifs t et a, on a :

$$P_{T \geq t}(T \geq t + a) = P(T \geq a).$$

2 Dans cette partie, la durée de vie en heures d'une ampoule sans défaut est une variable aléatoire T qui suit la loi exponentielle d'espérance 10 000.

a. Déterminer la valeur exacte du paramètre λ de cette loi.

b. Calculer la probabilité $P(T \geq 5\,000)$.

c. Sachant qu'une ampoule sans défaut a déjà fonctionné pendant 7 000 heures, calculer la probabilité que sa durée de vie totale dépasse 12 000 heures.

Partie C

L'entreprise a cherché à améliorer la qualité de sa production et affirme qu'il n'y a pas plus de 6 % d'ampoules défectueuses dans sa production. Une association de consommateurs réalise un test sur un échantillon et obtient 71 ampoules défectueuses sur 1 000.

1 Dans le cas où il y aurait exactement 6 % d'ampoules défectueuses, déterminer un intervalle de fluctuation asymptotique au seuil de 95 % de la fréquence d'ampoules défectueuses sur un échantillon aléatoire de taille 1 000.

2 A-t-on des raisons de remettre en cause l'affirmation de l'entreprise ?

Asie, juin 2014 — **6 pts** — 1 h 10

74 Loi normale, Intervalle de fluctuation, Test

Le taux d'hématocrite est le pourcentage du volume de globules rouges par rapport au volume total du sang. On note X la variable aléatoire donnant le taux d'hématocrite d'un adulte choisi au hasard dans la population française. On admet que cette variable suit une loi normale de moyenne $\mu = 45{,}5$ et d'écart-type σ.

Partie A

On note Z la variable aléatoire $Z = \dfrac{X - \mu}{\sigma} = \dfrac{X - 45{,}5}{\sigma}$.

1 **a.** Quelle est la loi de la variable aléatoire Z ?

b. Déterminer $P(X \leq \mu)$.

2 En prenant $\sigma = 3{,}8$, déterminer $P(37{,}9 \leq X \leq 53{,}1)$. Arrondir la valeur au centième.

Partie B

Une certaine maladie V est présente dans la population française avec la fréquence 1 %. On sait d'autre part que 30 % de la population française a plus de 50 ans, et que 90 % des porteurs de la maladie V dans la population française ont plus de 50 ans.

On choisit au hasard un individu dans la population française.

On note α l'unique réel tel que $P(X \leq \alpha) = 0{,}995$, où X est la variable aléatoire définie au début de l'exercice. On ne cherchera pas à calculer α.

On définit les événements :

M : « l'individu est porteur de la maladie V » ;

S : « l'individu a plus de 50 ans » ;

H : « l'individu a un taux d'hématocrite supérieur à α ».

Ainsi $P(M) = 0{,}01$, $P_M(S) = 0{,}9$ et $P(H) = P(X > \alpha)$.

D'autre part, une étude statistique a révélé que 60 % des individus ayant un taux d'hématocrite supérieur à α sont porteurs de la maladie V.

1 **a.** Déterminer $P(M \cap S)$.

b. On choisit au hasard un individu ayant plus de 50 ans. Montrer que la probabilité qu'il soit porteur de la maladie V est égale à 0,03.

2 **a.** Calculer la probabilité P(H).

b. L'individu choisi au hasard a un taux d'hématocrite inférieur ou égal à α. Calculer la probabilité qu'il soit porteur de la maladie V. Arrondir au millième.

Partie C

Le but de cette partie est d'étudier l'influence d'un gène sur la maladie V.

1 Déterminer l'intervalle de fluctuation asymptotique au seuil de 95 % de la fréquence de la maladie V dans les échantillons de taille 1 000, prélevés au hasard et avec remise dans l'ensemble de la population française. On arrondira les bornes de l'intervalle au millième.

2 Dans un échantillon aléatoire de 1 000 personnes possédant le gène, on a trouvé 14 personnes porteuses de la maladie V.

Au regard de ce résultat, peut-on décider, au seuil de 95 %, que le gène a une influence sur la maladie ?

France métropolitaine, juin 2014 **5 pts** 1 heure

75 Probabilité conditionnelle, Test, Intervalle de fluctuation asymptotique

Les parties A et B peuvent être traitées indépendamment.

Partie A

Un laboratoire pharmaceutique propose des tests de dépistage de diverses maladies. Son service de communication met en avant les caractéristiques suivantes :

- la probabilité qu'une personne malade présente un test positif est 0,99 ;
- la probabilité qu'une personne saine présente un test positif est 0,001.

1 Pour une maladie qui vient d'apparaître, le laboratoire élabore un nouveau test. Une étude statistique permet d'estimer que le pourcentage de personnes malades parmi la population d'une métropole est égal à 0,1%. On choisit au hasard une personne dans cette population et on lui fait subir le test.
On note M l'événement « la personne choisie est malade » et T l'événement « le test est positif ».
a. Traduire l'énoncé sous la forme d'un arbre pondéré.
b. Démontrer que la probabilité P(T) de l'événement T est $1{,}989 \times 10^{-3}$.
c. L'affirmation suivante est-elle vraie ou fausse ? Justifier la réponse.
Affirmation « Si le test est positif, il y a moins d'une chance sur deux que la personne soit malade ».

2 Le laboratoire décide de commercialiser un test dès lors que la probabilité qu'une personne testée positivement soit malade est supérieure ou égale à 0,95. On désigne par x la proportion de personnes atteintes d'une certaine maladie dans la population.
À partir de quelle valeur de x le laboratoire commercialise-t-il le test correspondant ?

Partie B

La chaîne de production du laboratoire fabrique, en très grande quantité, le comprimé d'un médicament.

EXERCICES

1 Un comprimé est conforme si sa masse est comprise entre 890 et 920 mg. On admet que la masse en milligrammes d'un comprimé pris au hasard dans la production peut être modélisée par une variable aléatoire X qui suit la loi normale $\mathcal{N}(\mu, \sigma^2)$ de moyenne $\mu = 900$ et d'écart-type $\sigma = 7$.
a. Calculer la probabilité qu'un comprimé prélevé au hasard soit conforme. On arrondira à 10^{-2}.
b. Déterminer l'entier positif h tel que :

$$P(900 - h \leq X \leq 900 + h) \approx 0{,}99 \text{ à } 10^{-3} \text{ près.}$$

2 La chaîne de production a été réglée dans le but d'obtenir au moins 97 % de comprimés conformes. Afin d'évaluer l'efficacité des réglages, on effectue un contrôle en prélevant un échantillon de 1 000 comprimés dans la production. La taille de la production est supposée suffisamment grande pour que ce prélèvement puisse être assimilé à 1 000 tirages successifs avec remise.
Le contrôle effectué a permis de dénombrer 53 comprimés non conformes sur l'échantillon prélevé.
Ce contrôle remet-il en question les réglages faits par le laboratoire ? On pourra utiliser un intervalle de fluctuation asymptotique au seuil de 95 %.

Antilles-Guyane, septembre 2013 — 4 pts — 50 min

76 Loi normale

Une entreprise industrielle fabrique des pièces cylindriques en grande quantité. Pour toute pièce prélevée au hasard, on appelle X la variable aléatoire qui lui associe sa longueur en millimètre et Y la variable aléatoire qui lui associe son diamètre en millimètre.
On suppose que X suit la loi normale de moyenne $\mu_1 = 36$ et d'écart-type $\sigma_1 = 0{,}2$ et que Y suit la loi normale de moyenne $\mu_2 = 6$ et d'écart-type $\sigma_2 = 0{,}05$.

1 Une pièce est dite conforme pour la longueur si sa longueur est comprise entre $\mu_1 - 3\sigma_1$ et $\mu_1 + 3\sigma_1$. Quelle est une valeur approchée à 10^{-3} près de la probabilité p_1 pour qu'une pièce prélevée au hasard soit conforme pour la longueur ?

2 Une pièce est dite conforme pour le diamètre si son diamètre est compris entre 5,88 mm et 6,12 mm. Le tableau donné ci-contre a été obtenu à l'aide d'un tableur. Il indique, pour chacune des valeurs de k, la probabilité que Y soit inférieure ou égale à cette valeur.

Déterminer à 10^{-3} près la probabilité p_2 pour hasard soit conforme pour le diamètre (on pourra s'aider du tableau ci-contre).

k	$p(Y \leq k)$
5,8	3,16712 E – 05
5,82	0,000159109
5,84	0,000687138
5,86	0,00255513
5,88	0,008197536
5,9	0,022750132
5,92	0,054799292
5,94	0,11506967
5,96	0,211855399
5,98	0,344578258
6	0,5
6,02	0,655421742
6,04	0,788144601
6,06	0,88493033
6,08	0,945200708
6,1	0,977249868
6,12	0,991802464
6,14	0,99744487
6,16	0,999312862
6,18	0,999840891
6,2	0,999968329

3 On prélève une pièce au hasard. On appelle L l'événement « la pièce est conforme pour la longueur » et D l'événement « la pièce est conforme pour le diamètre ».
On suppose que les événements L et D sont indépendants.
a. Une pièce est acceptée si elle est conforme pour la longueur et pour le diamètre.
Déterminer la probabilité pour qu'une pièce prélevée au hasard ne soit pas acceptée (le résultat sera arrondi à 10^{-2}).
b. Justifier que la probabilité qu'elle soit conforme pour le diamètre sachant qu'elle n'est pas conforme pour la longueur, est égale à p_2.

France métropolitaine, septembre 2014 — **5 pts** — 1 heure

77 Probabilité conditionnelle, Arbre, Loi binomiale, Intervalle de fluctuation

Dans une usine, on utilise deux machines A et B pour fabriquer des pièces.

1 La machine A assure 40 % de la production et la machine B en assure 60 %.
On estime que 10 % des pièces issues de la machine A ont un défaut et que 9 % des pièces issues de la machine B ont un défaut.
On choisit une pièce au hasard et on considère les événements suivants :

- A « La pièce est produite par la machine A » ;
- B « La pièce est produite par la machine B » ;
- D « La pièce a un défaut » ;
- $\overline{D}$ l'événement contraire de l'événement D.

a. Traduire la situation à l'aide d'un arbre pondéré.

b. Calculer la probabilité que la pièce choisie présente un défaut et ait été fabriquée par la machine A.
c. Démontrer que la probabilité P(D) de l'événement D est égale à 0,094.
d. On constate que la pièce choisie a un défaut.
Quelle est la probabilité que cette pièce provienne de la machine A ?

2 On estime que la machine A est convenablement réglée si 90 % des pièces qu'elle fabrique sont conformes.
On décide de contrôler cette machine en examinant n pièces choisies au hasard (n entier naturel) dans la production de la machine A. On assimile ces n tirages à des tirages successifs indépendants et avec remise.
On note X_n le nombre de pièces qui sont conformes dans l'échantillon de n pièces, et $F_n = \dfrac{X_n}{n}$ la proportion correspondante.
a. Justifier que la variable aléatoire X_n suit une loi binomiale et préciser ses paramètres.
b. Dans cette question, on prend $n = 150$.
Déterminer l'intervalle de fluctuation asymptotique I au seuil de 95 % de la variable aléatoire F_{150}.
c. Un test qualité permet de dénombrer 21 pièces non conformes sur un échantillon de 150 pièces produites.
Cela remet-il en cause le réglage de la machine ? Justifier la réponse.

Centres étrangers, juin 2016 — **5 pts** — 1 heure

78 Probabilité, Intervalle de confiance, Arbre

Un institut effectue un sondage pour connaître, dans une population donnée, la proportion de personnes qui sont favorables à un projet d'aménagement du territoire. Pour cela, on interroge un échantillon aléatoire de personnes de cette population, et l'on pose une question à chaque personne.
Les trois parties sont relatives à cette même situation, mais peuvent être traitées de manière indépendante.

Partie A Nombre de personnes qui acceptent de répondre au sondage

On admet, dans cette partie, que la probabilité qu'une personne interrogée accepte de répondre à la question est égale à 0,6.

1 L'institut de sondage interroge 700 personnes. On note X la variable aléatoire correspondant au nombre de personnes interrogées qui acceptent de répondre à la question posée.

a. Quelle est la loi de la variable aléatoire X ? Justifier la réponse.

b. Quelle est la meilleure valeur approchée de $P(X \geq 400)$ parmi les nombres suivants ?

0,92 0,93 0,94 0,95

2 Combien de personnes l'institut doit-il interroger au minimum pour garantir, avec une probabilité supérieure à 0,9, que le nombre de personnes répondant au sondage soit supérieur ou égal à 400 ?

Partie B Proportion de personnes favorables au projet dans la population

Dans cette partie, on suppose que *n* personnes ont répondu à la question, et on admet que ces personnes constituent un échantillon aléatoire de taille *n* (où *n* est un entier naturel supérieur à 50).

Parmi ces personnes, 29 % sont favorables au projet d'aménagement.

1 Donner un intervalle de confiance, au niveau de confiance de 95 %, de la proportion de personnes qui sont favorables au projet dans la population totale.

2 Déterminer la valeur minimale de l'entier *n* pour que l'intervalle de confiance, au niveau de confiance de 95 %, ait une amplitude inférieure ou égale à 0,04.

Partie C Correction due à l'insincérité de certaines réponses

Dans cette partie, on suppose que, parmi les personnes sondées qui ont accepté de répondre à la question posée, 29 % affirment qu'elles sont favorables au projet.

L'institut de sondage sait par ailleurs que, la question posée pouvant être gênante pour les personnes interrogées, certaines d'entre elles ne sont pas sincères et répondent le contraire de leur opinion véritable. Ainsi, une personne qui se dit favorable peut :

- soit être en réalité favorable au projet si elle est sincère ;
- soit être en réalité défavorable au projet si elle n'est pas sincère.

Par expérience, l'institut estime à 15 % le taux de réponses non sincères parmi les personnes ayant répondu, et admet que ce taux est le même quelle que soit l'opinion de la personne interrogée.

Le but de cette partie est, à partir de ces données, de déterminer le taux réel de personnes favorables au projet, à l'aide d'un modèle probabiliste.

On prélève au hasard la fiche d'une personne ayant répondu, et on définit :

- F l'événement « la personne est en réalité favorable au projet » ;
- $\overline{F}$ l'événement « la personne est en réalité défavorable au projet » ;

EXERCICES

- A l'événement « la personne affirme qu'elle est favorable au projet » ;
- $\overline{A}$ l'événement « la personne affirme qu'elle est défavorable au projet ».

Ainsi, d'après les données, on a P(A) = 0,29.

1 En interprétant les données de l'énoncé, indiquer les valeurs de $P_F(A)$ et $P_{\overline{F}}(A)$.

2 On pose $x = P(F)$.

a. Reproduire sur la copie et compléter l'arbre de probabilité ci-dessous.

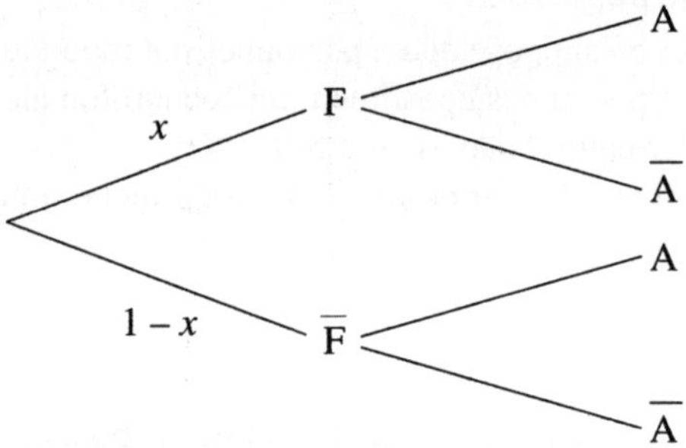

b. En déduire une égalité vérifiée par le réel x.

3 Déterminer, parmi les personnes ayant répondu au sondage, la proportion de celles qui sont réellement favorables au projet.

France métropolitaine, juin 2015 — **6 pts** — 1 h 10

79 Loi exponentielle, Loi normale, Intervalle de fluctuation asymptotique, Test

Les résultats des probabilités seront arrondis à 10^{-3} près.

Partie A

1 Soit X une variable aléatoire qui suit la loi exponentielle de paramètre λ, où λ est un réel strictement positif donné.
On rappelle que la densité de probabilité de cette loi est la fonction f définie sur $[0\,;+\infty[$ par :

$$f(x) = \lambda e^{-\lambda x}.$$

a. Soit c et d deux réels tels que $0 \leq c < d$.
Démontrer que la probabilité $P(c \leq X \leq d)$ vérifie :

$$P(c \leq X \leq d) = e^{-\lambda c} - e^{-\lambda d}.$$

b. Déterminer une valeur de λ à 10^{-3} près de telle sorte que la probabilité $P(X > 20)$ soit égale à 0,05.
c. Donner l'espérance de la variable aléatoire X.

Dans la suite de l'exercice on prend $\lambda = 0{,}15$.
d. Calculer $P(10 \leq X \leq 20)$.
e. Calculer la probabilité de l'événement $(X > 18)$.

2 Soit Y une variable aléatoire qui suit la loi normale d'espérance 16 et d'écart-type 1,95.
a. Calculer la probabilité de l'événement $(20 \leq Y \leq 21)$.
b. Calculer la probabilité de l'événement $(Y < 11) \cup (Y > 21)$.

Partie B

Une chaîne de magasins souhaite fidéliser ses clients en offrant des bons d'achat à ses clients privilégiés. Chacun d'eux reçoit un bon d'achat de couleur verte ou rouge sur lequel est inscrit un montant.
Les bons d'achats sont distribués de façon à avoir, dans chaque magasin, un quart de bons rouges et trois quarts de bons verts.
Les bons d'achat verts prennent la valeur de 30 euros avec une probabilité égale à 0,067 ou des valeurs comprises entre 0 et 15 euros avec des probabilités non précisées ici.
De façon analogue, les bons d'achat rouges prennent les valeurs 30 ou 100 euros avec des probabilités respectivement égales à 0,015 et 0,010 ou des valeurs comprises entre 10 et 20 euros avec des probabilités non précisées ici.

1 Calculer la probabilité d'avoir un bon d'achat d'une valeur supérieure ou égale à 30 euros sachant qu'il est rouge.

2 Montrer qu'une valeur approchée à 10^{-3} près de la probabilité d'avoir un bon d'achat d'une valeur supérieure ou égale à 30 euros vaut 0,057.

Pour la question suivante, on utilise cette valeur.

3 Dans un des magasins de cette chaîne, sur 200 clients privilégiés, 6 ont reçu un bon d'achat d'une valeur supérieure ou égale à 30 €.
Le directeur du magasin considéré estime que ce nombre est insuffisant et doute de la répartition au hasard des bons d'achats dans les différents magasins de la chaîne.
Ses doutes sont-ils justifiés ?

EXERCICES

Nombres complexes

Amérique du Nord, juin 2015 — 5 pts — 1 heure

80 Suite, Algorithme, Construction géométrique

On se place dans un repère orthonormé et, pour tout entier naturel n, on définit les points (A_n) par leurs coordonnées $(x_n\,;\,y_n)$ de la façon suivante :

$$\begin{cases} x_0 = -3 \\ y_0 = 4 \end{cases} \text{ et, pour tout entier naturel } n \begin{cases} x_{n+1} = 0{,}8x_n - 0{,}6y_n \\ y_{n+1} = 0{,}6x_n + 0{,}8y_n \end{cases}$$

1 **a.** Déterminer les coordonnées des points A_0, A_1, et A_2.

b. Pour construire les points A_n ainsi obtenus, on écrit l'algorithme suivant :

Variables :	i, x, y, t : nombres réels
Initialisation :	x prend la valeur -3
	y prend la valeur 4
Traitement :	Pour i allant de 0 à 20
	Construire le point de coordonnées $(x\,;\,y)$
	t prend la valeur x
	x prend la valeur ………
	y prend la valeur ………
	Fin pour

Recopier et compléter cet algorithme pour qu'il construise les points A_0 à A_{20}.

c. À l'aide d'un tableur, on a obtenu le nuage de points suivant :

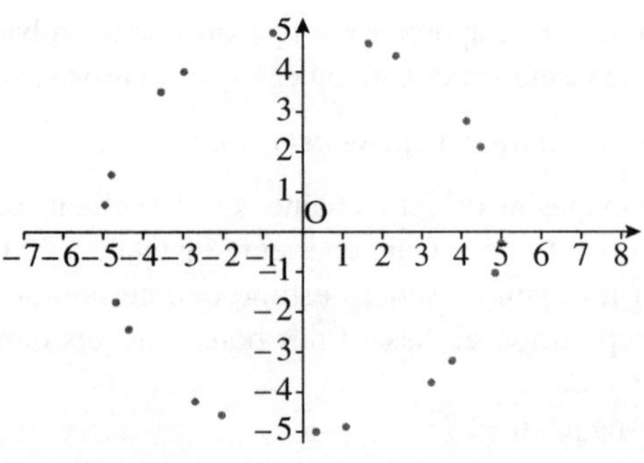

Identifier les points A_0, A_1 et A_2. On les nommera sur la figure ci-dessus. Quel semble être l'ensemble auquel appartiennent les points A_n pour tout n entier naturel ?

2 Le but de cette question est de construire géométriquement les points A_n pour tout n entier naturel.
Dans le plan complexe, on nomme, pour tout entier naturel n, $z_n = x_n + iy_n$ l'affixe du point A_n.
a. Soit $u_n = |z_n|$. Montrer que, pour tout entier naturel n, $u_n = 5$. Quelle interprétation géométrique peut-on faire de ce résultat ?
b. On admet qu'il existe un réel θ tel que $\cos\theta = 0{,}8$ et $\sin\theta = 0{,}6$.
Montrer que, pour tout entier naturel n, $e^{i\theta}z_n = z_{n+1}$.
c. Démontrer que, pour tout entier naturel n, $z_n = e^{in\theta}z_0$.
d. Montrer que $\theta + \frac{\pi}{2}$ est un argument du nombre complexe z_0.
e. Pour tout entier naturel n, déterminer, en fonction de n et θ, un argument du nombre complexe z_n. Représenter θ sur la figure ci-avant.
Expliquer, pour tout entier naturel n, comment construire le point A_{n+1} à partir du point A_n.

Centres étrangers, juin 2016 **5 pts** 1 heure

81 Nombre complexe, Application à la géométrie, Suite, Algorithme

EXERCICES

On veut modéliser dans le plan la coquille d'un nautile (photo ci-dessous) à l'aide d'une ligne brisée en forme de spirale. On s'intéresse à l'aire délimitée par cette ligne.

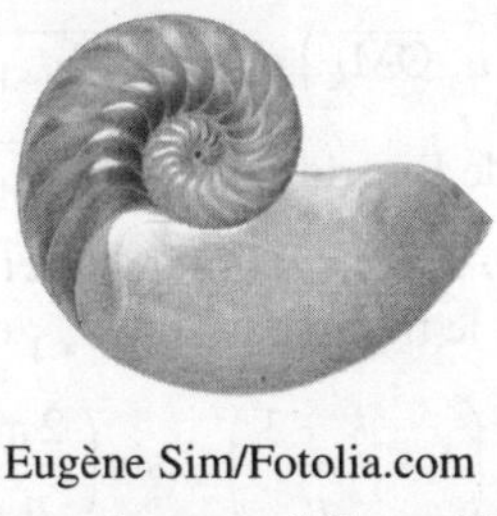

© Eugène Sim/Fotolia.com

On munit le plan d'un repère orthonormé direct $(O\ ;\ \vec{u},\ \vec{v})$.
Soit n un entier supérieur ou égal à 2. Pour tout entier k allant de 0 à n, on définit les nombres complexes $z_k = \left(1 + \frac{k}{n}\right)e^{i\frac{2k\pi}{n}}$, et on note M_k le point d'affixe z_k.

Dans ce modèle, le pourtour du nautile est la ligne brisée reliant tous les points M_k avec $0 \leq k \leq n$.
Par exemple, pour les entiers $n = 6$, $n = 10$ et $n = 20$, on obtient les figures ci-dessous :

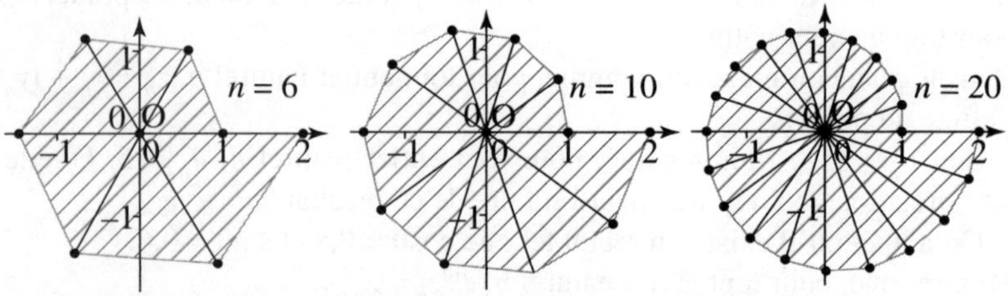

Partie A **Ligne brisée formée à partir de sept points**

Dans cette partie, on suppose que $n = 6$.
Ainsi, pour $0 \leq k \leq 6$, on a $z_k = \left(1 + \frac{k}{6}\right)e^{i\frac{2k\pi}{6}}$.

1 Déterminer la forme algébrique exacte de z_1.

2 Vérifier que z_0 et z_6 sont des entiers, que l'on déterminera.

3 Calculer la longueur de la hauteur issue de M_1 dans le triangle OM_0M_1, puis établir que l'aire de ce triangle est égale à $\frac{7\sqrt{3}}{24}$.

Partie B **Ligne brisée formée à partir de *n* + 1 points**

Dans cette partie, n est un entier quelconque supérieur ou égal à 2.

1 Pour tout entier k tel que $0 \leq k \leq n$, déterminer la longueur OM_k.

2 Pour k entier tel que $0 \leq k \leq n - 1$, déterminer une mesure des angles :

$$\left(\vec{u}, \overrightarrow{OM_k}\right) \text{ et } \left(\vec{u}, \overrightarrow{OM_{k+1}}\right).$$

En déduire une mesure de l'angle $\left(\overrightarrow{OM_k}, \overrightarrow{OM_{k+1}}\right)$.

3 Pour k entier tel que $0 \leq k \leq n - 1$, démontrer que la longueur de la hauteur issue de M_{k+1} dans le triangle OM_kM_{k+1} est égale à :

$$\left(1 + \frac{k+1}{n}\right) \times \sin\left(\frac{2\pi}{n}\right).$$

4 On admet que l'aire du triangle OM_kM_{k+1} est égale à :

$$a_k = \frac{1}{2}\sin\left(\frac{2\pi}{n}\right) \times \left(1 + \frac{k}{n}\right)\left(1 + \frac{k+1}{n}\right)$$

et que l'aire totale délimitée par la ligne brisée est égale à :

$$A_n = a_0 + a_1 + \ldots + a_{n-1}.$$

L'algorithme suivant permet de calculer l'aire A_n lorsqu'on entre l'entier n :

Variables : A est un nombre réel
k est un entier
n est un entier
Traitement : Lire la valeur de n
A prend la valeur 0
Pour k allant de 0 à $n - 1$
  A prend la valeur
  $$A + \frac{1}{2}\sin\left(\frac{2\pi}{n}\right) \times \left(1 + \frac{k}{n}\right)\left(1 + \frac{k+1}{n}\right)$$
Fin Pour
Sortie : Afficher A

On entre dans l'algorithme $n = 10$.
Recopier et compléter le tableau ci-dessous qui illustre le fonctionnement de l'algorithme :

k	0	1	2	3	4	5	6	7	8	9
A	0,323	0,711	1,170	1,705	2,322	3,027	3,826	4,726		

5 On admet que $A_2 = 0$, que la suite (A_n) converge et que :

$$\lim_{n \to +\infty} A_n = \frac{7\pi}{3} \approx 7{,}3.$$

Recopier et compléter les lignes L6 et L13 de l'algorithme ci-dessous, qui permet de déterminer le plus petit entier n tel que $A_n \geq 7{,}2$. On ne demande pas de déterminer n.

L1 VARIABLES : A est un nombre réel
L2 k est un entier
L3 n est un entier
L4 TRAITEMENT : n prend la valeur 2
L5 A prend la valeur 0
L6 **Tant que..............**
L7 n prend la valeur $n + 1$
L8 A prend la valeur 0

Pour k allant de 0 à $n-1$

A prend la valeur $A+\frac{1}{2}\sin\left(\frac{2\pi}{n}\right)\times\left(1+\frac{k}{n}\right)\left(1+\frac{k+1}{n}\right)$

Fin Pour

Fin Tant que

SORTIE : **Afficher.......**

Antilles-Guyane, juin 2013 **5 pts**

82 Suite, Algorithme, Convergence

On considère la suite (z_n) à termes complexes définie par $z_0 = 1 + \mathrm{i}$ et, pour tout entier naturel n, par :

$$z_{n+1} = \frac{z_n + |z_n|}{3}.$$

Pour tout entier naturel n, on pose $z_n = a_n + \mathrm{i}b_n$, où a_n est la partie réelle de z_n et b_n est la partie imaginaire de z_n.

Le but de cet exercice est d'étudier la convergence des suites (a_n) et (b_n).

Partie A

1 Donner a_0 et b_0.

2 Calculer z_1, puis en déduire que $a_1 = \frac{1+\sqrt{2}}{3}$ et $b_1 = \frac{1}{3}$.

3 On considère l'algorithme suivant :

Variables : A et B des nombres réels
K et N des nombres entiers
Initialisation : Affecter à A la valeur 1
Affecter à B la valeur 1
Traitement :
Entrer la valeur de N
Pour K variant de 1 à N
Affecter à A la valeur $\frac{A+\sqrt{A^2+B^2}}{3}$
Affecter à B la valeur $\frac{B}{3}$
Fin Pour
Afficher A

a. On exécute cet algorithme en saisissant N = 2. Recopier et compléter le tableau ci-dessous contenant l'état des variables au cours de l'exécution de l'algorithme (on arrondira les valeurs calculées à 10^{-4} près).

K	A	B
1		
2		

b. Pour un nombre N donné, à quoi correspond la valeur affichée par l'algorithme par rapport à la situation étudiée dans cet exercice ?

Partie B

1 Pour tout entier naturel n, exprimer z_{n+1} en fonction de a_n et b_n.
En déduire l'expression de a_{n+1} en fonction de a_n et b_n, et l'expression de b_{n+1} en fonction de b_n.

2 Quelle est la nature de la suite (b_n) ? En déduire l'expression de b_n en fonction de n, et déterminer la limite de la suite (b_n).

3 **a.** On rappelle que pour tous nombres complexes z et z' :

$$|z + z'| \leq |z| + |z'| \text{ (inégalité triangulaire).}$$

Montrer que pour tout entier naturel n :

$$|z_{n+1}| \leq \frac{2|z_n|}{3}.$$

b. Pour tout entier naturel n, on pose $u_n = |z_n|$.
Montrer par récurrence que pour tout entier naturel n :

$$u_n \leq \left(\frac{2}{3}\right)^n \sqrt{2}.$$

En déduire que la suite (u_n) converge vers une limite que l'on déterminera.

c. Montrer que, pour tout entier naturel n, $|a_n| = u_n$. En déduire que la suite (a_n) converge vers une limite que l'on déterminera.

Antilles-Guyane, juin 2007 — **5 pts** — 1 heure

83 Application géométrique

$(O ; \vec{u}, \vec{v})$ est un repère orthonormal direct du plan complexe.
Soit A le point d'affixe 1 + i.
Au point M d'affixe z, on associe le point M′ d'affixe z' telle que :

$$z' = \frac{1}{2}(z + i\overline{z}).$$

1 On pose $z = x + iy$ et $z' = x' + iy'$ avec x, y, x' et y' réels.

a. Démontrer les égalités suivantes :

$$x' = \frac{1}{2}(x + y) \text{ et } y' = \frac{1}{2}(x + y).$$

En déduire que le point M′ appartient à la droite (OA).

b. Déterminer l'ensemble des points M du plan tels que M = M′.

c. Démontrer que pour tout point M du plan, les vecteurs $\overrightarrow{MM'}$ et $\overrightarrow{OA}$ sont orthogonaux.

2 Soit r l'application du plan dans lui-même qui, à un point M(z), associe $M_1(z_1)$ tel que $z_1 = iz$. M_2 est le point d'affixe $z_2 = \overline{z}$, M_3 le point d'affixe z_3 tel que le quadrilatère $OM_1M_3M_2$ soit un parallélogramme.

a. Dans cette question uniquement, M a pour affixe 4 + i.
Placer les points M, M_1, M_2, M_3.

b. Exprimer z_3 en fonction de z.

c. $OM_1M_3M_2$ est-il un losange ? Justifier.

d. Vérifier que $z' - z = \frac{1}{2}iz_3$.

En déduire que $MM' = \frac{1}{2}OM_3$.

3 Démontrer que les points M, M_1, M_2 et M_3 appartiennent à un même cercle de centre O si, et seulement si, $MM' = \frac{1}{2}OM$.

Donner alors la mesure en radians de l'angle géométrique $\widehat{M'OM}$.

Inde, avril 2013 — 5 pts — 1 heure

84 Application géométrique

Le plan complexe est muni d'un repère orthonormé direct $(O ; \vec{u}, \vec{v})$.
On note i le nombre complexe tel que $i^2 = -1$.
On considère le point A d'affixe $Z_A = 1$ et le point B d'affixe $Z_B = i$.
À tout point M d'affixe $Z_M = x + iy$, avec x et y deux réels tels que $y \neq 0$, on associe le point M′ d'affixe $Z_{M'} = -iZ_M$.
On désigne par I le milieu du segment [AM].

Le but de l'exercice est de montrer que pour tout point M n'appartenant pas à (OA), la médiane (OI) du triangle OAM est aussi une hauteur du triangle OBM′ (propriété 1) et que BM′ = 2OI (propriété 2).

1 Dans cette question et uniquement dans cette question, on prend :

$$Z_M = 2e^{-i\frac{\pi}{3}}.$$

a. Déterminer la forme algébrique de Z_M.

b. Montrer que $Z_M = -\sqrt{3} - i$. Déterminer le module et un argument de $Z_{M'}$.

c. Placer les points A, B, M, M′ et I dans le repère $(O\,;\vec{u},\vec{v})$ en prenant 2 cm pour unité graphique.

Tracer la droite (OI) et vérifier rapidement les propriétés 1 et 2 à l'aide du graphique.

2 On revient au cas général en prenant $Z_M = x + iy$ avec $y \neq 0$.

a. Déterminer l'affixe du point I en fonction de x et y.

b. Déterminer l'affixe du point M′ en fonction de x et y.

c. Écrire les coordonnées des points I, B et M′.

d. Montrer que la droite (OI) est une hauteur du triangle OBM′.

e. Montrer que BM′ = 2OI.

Asie, juin 2015 — **5 pts** — 1 heure

85 Propriétés d'un nombre complexe

Le plan est muni du repère orthonormé direct $(O\,;\vec{u},\vec{v})$.

On donne le nombre complexe $j = -\frac{1}{2} + i\frac{\sqrt{3}}{2}$.

Le but de cet exercice est d'étudier quelques propriétés du nombre j, et de mettre en évidence un lien de ce nombre avec les triangles équilatéraux.

Partie A Propriétés du nombre j

1 a. Résoudre dans l'ensemble $\mathbb{C}$ des nombres complexes l'équation :

$$z^2 + z + 1 = 0.$$

b. Vérifier que le nombre complexe j est une solution de cette équation.

2 Déterminer le module et un argument du nombre complexe j, puis donner sa forme exponentielle.

3 Démontrer les égalités suivantes :

EXERCICES

a. $j^3 = 1$;
b. $j^2 = -1 - j$.

4 On note P, Q, R les images respectives des nombres complexes 1, j et j^2 dans le plan.
Quelle est la nature du triangle PQR ? Justifier la réponse.

Partie B

Soit a, b, c trois nombres complexes vérifiant l'égalité $a + jb + j^2c = 0$.
On note A, B, C les images respectives des nombres a, b, c dans le plan.

1 En utilisant la question **A 3 b.**, démontrer l'égalité :

$$a - c = j(c - b).$$

2 En déduire que AC = BC.

3 Démontrer l'égalité :

$$a - b = j^2 (b - c).$$

4 En déduire que le triangle ABC est équilatéral.

Centres étrangers, juin 2005 — **5 pts** — 1 heure

86 Application géométrique, Ensemble de points

Le plan complexe est rapporté à un repère orthonormal direct $(O ; \vec{u}, \vec{v})$ d'unité graphique 8 cm.
On appelle A le point d'affixe -1 et B le point d'affixe 1.
On appelle $\mathcal{E}$ l'ensemble des points du plan distincts de A, O et B.
À tout point M d'affixe z appartenant à l'ensemble $\mathcal{E}$, on associe le point N d'affixe z^2 et le point P d'affixe z^3.

1 Prouver que les points M, N et P sont deux à deux distincts.

2 On se propose, dans cette question, de déterminer l'ensemble $\mathcal{C}$ des points M appartenant à $\mathcal{E}$ tels que le triangle MNP soit rectangle en P.
a. En utilisant le théorème de Pythagore, démontrer que MNP est rectangle en P si et seulement si $|z + 1|^2 + |z|^2 = 1$.

b. Démontrer que $|z + 1|^2 + |z|^2 = 1$ équivaut à $\left(z + \frac{1}{2}\right)\overline{\left(z + \frac{1}{2}\right)} = \frac{1}{4}$.
c. En déduire l'ensemble $\mathcal{C}$ cherché.

3 Soit M un point de $\mathscr{E}$ et z son affixe. On désigne par r le module de z et α l'argument de z, $\alpha \in]-\pi ; \pi]$.
a. Démontrer que l'ensemble $\mathscr{F}$ des points M de $\mathscr{E}$ tels que l'affixe de P soit un réel strictement positif est la réunion de trois demi-droites (éventuellement privées de points).
b. Représenter les ensembles $\mathscr{C}$ et $\mathscr{F}$ dans le repère $(O ; \vec{u}, \vec{v})$.
c. Déterminer les affixes des points M de $\mathscr{E}$ tels que le triangle MNP soit rectangle en P, l'affixe de P étant un réel strictement positif.

D'après sujet de Bac — 6 pts — 1 h 10

87 Application géométrique, Ensemble de points, Construction géométrique

Le plan complexe est rapporté à un repère orthonormal $(O ; \vec{u}, \vec{v})$.
Dans tout l'exercice, z est un nombre complexe non nul.

À tout point M d'affixe z, on associe le point M′ d'affixe $z' = -\frac{1}{z}$, puis le point I milieu du segment [MM′]. L'affixe de I est donc $\frac{1}{2}\left(z - \frac{1}{z}\right)$.

Note : les questions **2**, **3** *et* **4** *sont largement indépendantes.*

1 **a.** Donner une relation entre les modules de z et z'.
Donner une relation entre leurs arguments.
b. Sur la figure ci-après est placé le point M_1 d'affixe z_1 sur le cercle de centre O et de rayon 2.
Expliquer comment on peut obtenir géométriquement le point M_1', puis le point I_1 milieu du segment $[M_1 ; M_1']$.
Effectuer cette construction.

2 Pour cette question, θ est un réel et M est le point d'affixe $z = e^{i\theta}$.
a. Calculer sous forme algébrique l'affixe de I.
b. Sur la figure ci-après est placé le point M_2 d'affixe z_2 sur le cercle $\mathscr{C}$ de centre O et de rayon 1. Expliquer comment, en utilisant le résultat de la question **2 a.**, on peut obtenir géométriquement le point I_2 milieu du segment $[M_2 ; M_2']$.
Effectuer cette construction.
Donner (sans justification) l'ensemble décrit par I lorsque M décrit $\mathscr{C}$.

EXERCICES

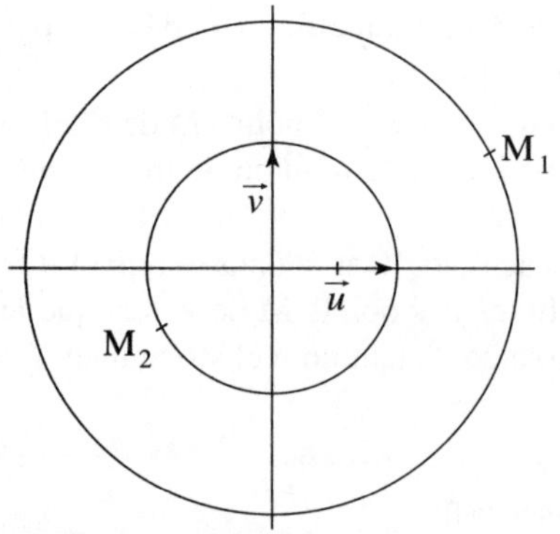

3 Dans cette question, M est un point du plan, distinct de O.
a. Déterminer les points M du plan complexe pour lesquels M et I sont confondus.
b. Développer $(z - 2\mathrm{i})^2 + 3$.
Déterminer les points M du plan complexe pour lesquels l'affixe de I est 2i.

4 Dans cette question, M est un point du plan, distinct de O, d'affixe $z = x + \mathrm{i}y$ (x et y réels).
a. Exprimer en fonction de x et y la partie réelle et la partie imaginaire de l'affixe de I.
b. Déterminer l'ensemble $\mathcal{A}$ des points M du plan pour lesquels I appartient à l'axe des abscisses.
c. Déterminer l'ensemble $\mathcal{B}$ des points M du plan pour lesquels I appartient à l'axe des ordonnées.

Amérique du Sud, novembre 2004 — **5 pts** — 1 heure

88 Application géométrique, Ensemble de points

Partie A

Le plan complexe est rapporté à un repère orthonormal direct $(\mathrm{O}\,;\vec{u},\vec{v})$.
Pour réaliser la figure, on prendra pour unité graphique 1 cm.
Soit P le point d'affixe p où $p = 10$ et Γ le cercle de diamètre [OP].
On désigne par Ω le centre de Γ.
Soit A, B, C les points d'affixes respectives a, b et c, où :

$$a = 5 + 5\mathrm{i},\ b = 1 + 3\mathrm{i} \text{ et } c = 8 - 4\mathrm{i}.$$

1 Montrer que A, B et C sont des points du cercle Γ.

2 Soit D le point d'affixe 2 + 2i.
Montrer que D est l'intersection de la droite (BC) et de la perpendiculaire à (BC) passant par O.

Partie B

À tout point M du plan différent de O, d'affixe z, on associe le point M′ d'affixe z' tel que $z' = \dfrac{20}{\overline{z}}$, où $\overline{z}$ désigne le nombre conjugué de z.

1 Montrer que les points O, M et M′ sont alignés.

2 Soit Δ la droite d'équation $x = 2$ et M un point de Δ d'affixe z. On se propose de déterminer géométriquement le point M′ associé au point M.
a. Vérifier que $z + \overline{z} = 4$.
b. Exprimer $z' + \overline{z'}$ en fonction de z et $\overline{z}$ et en déduire que :

$$5(z' + \overline{z'}) = z'\overline{z'}.$$

c. En déduire que M′ appartient à l'intersection de la droite (OM) et du cercle Γ. Placer M′ sur la figure.

Antilles-Guyane, septembre 2014 — **5 pts** — 1 heure

89 Application géométrique, Équation

On note ℂ l'ensemble des nombres complexes.
Le plan complexe est muni d'un repère orthonormé $(O\,;\vec{u},\vec{v})$. On prendra comme unité 2 cm sur chaque axe.
Le graphique sera fait sur une feuille de papier millimétré et complété au fur et à mesure des questions.
On considère la fonction f qui, à tout nombre complexe z associe :

$$f(z) = z^2 + 2z + 9.$$

1 Calculer l'image de $-1 + \mathrm{i}\sqrt{3}$ par la fonction f.

2 Résoudre dans ℂ l'équation $f(z) = 5$.
Écrire sous forme exponentielle les solutions de cette équation.
Construire alors sur le graphique, à la règle et au compas, les points A et B dont l'affixe est solution de l'équation (A étant le point dont l'affixe a une partie imaginaire positive).
On laissera les traits de construction apparents.

3 Soit λ un nombre réel. On considère l'équation $f(z) = \lambda$ d'inconnue z.

Déterminer l'ensemble des valeurs de λ pour lesquelles l'équation $f(z) = \lambda$ admet deux solutions complexes conjuguées.

4 Soit (F) l'ensemble des points du plan complexe dont l'affixe z vérifie :

$$|f(z) - 8| = 3.$$

Prouver que (F) est le cercle de centre $\Omega(-1; 0)$ et de rayon $\sqrt{3}$.
Tracer (F) sur le graphique.

5 Soit z un nombre complexe, tel que $z = x + \mathrm{i}y$ où x et y sont des nombres réels.

a. Montrer que la forme algébrique de $f(z)$ est :

$$x^2 - y^2 + 2x + 9 + \mathrm{i}\,(2xy + 2y).$$

b. On note (E) l'ensemble des points du plan complexe dont l'affixe z est telle que $f(z)$ soit un nombre réel.
Montrer que (E) est la réunion de deux droites D_1 et D_2 dont on précisera les équations.
Compléter le graphique en traçant ces droites.

6 Déterminer les coordonnées des points d'intersection des ensembles (E) et (F).

Polynésie, juin 2015 — **4 pts** — 50 min

90 Application géométrique

Le plan complexe est rapporté à un repère orthonormé $(\mathrm{O}\,;\vec{u}, \vec{v})$. À tout point M d'affixe z du plan, on associe le point M′ d'affixe z' définie par :

$$z' = z^2 + 4z + 3.$$

1 Un point M est dit invariant lorsqu'il est confondu avec le point M′ associé.
Démontrer qu'il existe deux points invariants. Donner l'affixe de chacun de ces points sous forme algébrique, puis sous forme exponentielle.

2 Soit A le point d'affixe $\dfrac{-3 - \mathrm{i}\sqrt{3}}{2}$ et B le point d'affixe $\dfrac{-3 + \mathrm{i}\sqrt{3}}{2}$.

Montrer que OAB est un triangle équilatéral.

3 Déterminer l'ensemble $\mathscr{E}$ des points M d'affixe $z = x + \mathrm{i}y$ où x et y sont réels, tels que le point M′ associé soit sur l'axe des réels.

4 Dans le plan complexe, représenter les points A et B ainsi que l'ensemble $\mathscr{E}$.

Polynésie, juin 2006 **5 pts** 1 heure

91 Application géométrique, Ensemble de points, Construction géométrique

Le plan complexe est muni du repère orthonormal direct $(O\ ;\ \vec{u}, \vec{v})$; unité graphique 2 cm.
On appelle A et B les points du plan d'affixes respectives $a = 1$ et $b = -1$.
On considère l'application f qui, à tout point M différent du point B, d'affixe z, fait correspondre le point M′ d'affixe z' définie par :

$$z' = \frac{z-1}{z+1}.$$

On fera une figure qui sera complétée tout au long de cet exercice.

1 Déterminer les points invariants de f, c'est-à-dire les points M tels que :

$$M = f(M).$$

2 **a.** Montrer que, pour tout nombre complexe z différent de -1 :

$$(z'-1)(z+1) = -2.$$

b. En déduire une relation entre $|z'-1|$ et $|z+1|$, puis entre $\arg(z'-1)$ et $\arg(z+1)$ pour tout nombre complexe z différent de -1.
Traduire ces deux relations en termes de distances et d'angles.

3 Montrer que si M appartient au cercle (C) de centre B et de rayon 2, alors M′ appartient au cercle (C′) de centre A et de rayon 1.

4 Soit le point P d'affixe $p = -2 + \mathrm{i}\sqrt{3}$.
a. Déterminer la forme exponentielle de $(p+1)$.
b. Montrer que le point P appartient au cercle (C).
c. Soit Q le point d'affixe $q = -\overline{p}$ où $\overline{p}$ est le conjugué de p.
Montrer que les points A, P′ et Q sont alignés.
d. En utilisant les questions précédentes, proposer une construction de l'image P′ du point P par l'application f.

EXERCICES

Géométrie dans l'espace

Nouvelle-Calédonie, novembre 2015 **5 pts** 1 heure

92 Plan, Droite

L'espace est rapporté à un repère orthonormé $(O\,;\vec{i},\vec{j},\vec{k})$.
On donne les points A (1 ; 0 ; – 1), B (1 ; 2 ; 3), C (– 5 ; 5 ; 0) et D (11 ; 1 ; – 2).
Les points I et J sont les milieux respectifs des segments [AB] et [CD].

Le point K est défini par $\overrightarrow{BK} = \frac{1}{3}\overrightarrow{BC}$.

1 **a.** Déterminer les coordonnées des points I, J et K.
b. Démontrer que les points I, J et K définissent un plan.
c. Montrer que le vecteur $\vec{n}$ de coordonnées (3 ; 1 ; 4) est un vecteur normal au plan (IJK).
En déduire une équation cartésienne de ce plan.

2 Soit $\mathcal{P}$ le plan d'équation $3x + y + 4z - 8 = 0$.
a. Déterminer une représentation paramétrique de la droite (BD).
b. Démontrer que le plan $\mathcal{P}$ et la droite (BD) sont sécants et donner les coordonnées de L, point d'intersection du plan $\mathcal{P}$ et de la droite (BD).
c. Le point L est-il le symétrique du point D par rapport au point B ?

Antilles-Guyane, juin 2016 **5 pts** 1 heure

93 Géométrie dans l'espace, Équation d'un plan, Représentation paramétrique d'une droite

ABCDEFGH est un cube d'arête égale à 1.
L'espace est muni du repère orthonormé $(D\,;\overrightarrow{DC},\overrightarrow{DA},\overrightarrow{DH})$.
Dans ce repère, on a :
D(0 ; 0 ; 0), C(1 ; 0 ; 0), A(0 ; 1 ; 0), H(0 ; 0 ; 1) et E(0 ; 1 ; 1).
Soit I le milieu de [AB].
Soit $\mathcal{P}$ le plan parallèle au plan (BGE) et passant par le point I.

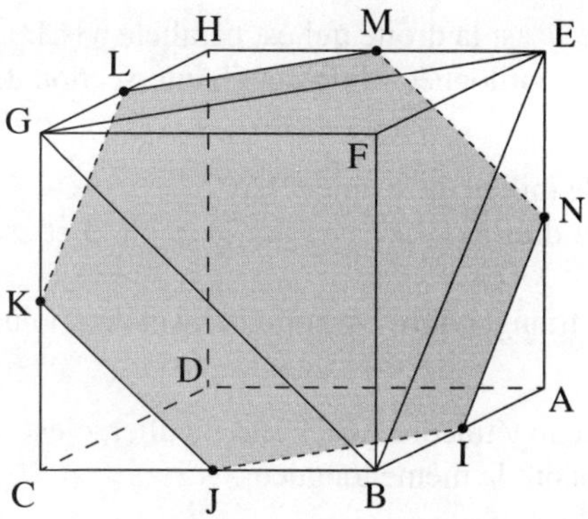

On admet que la section du cube par le plan $\mathcal{P}$ représentée ci-avant est un hexagone dont les sommets I, J, K, L, M et N appartiennent respectivement aux arêtes [AB], [BC], [CG], [GH], [HE] et [AE].

1 **a.** Montrer que le vecteur $\overrightarrow{DF}$ est normal au plan (BGE).
b. En déduire une équation cartésienne du plan $\mathcal{P}$.

2 Montrer que le point N est le milieu du segment [AE].

3 **a.** Déterminer une représentation paramétrique de la droite (HB).
b. En déduire que la droite (HB) et le plan $\mathcal{P}$ sont sécants en un point T dont on précisera les coordonnées.

4 Calculer, en unités de volume, le volume du tétraèdre FBGE.

France métropolitaine, septembre 2014 — **5 pts** — 1 heure

94 Plan, Triangle, Tétraèdre

Dans l'espace muni d'un repère orthonormé $(O\,;\vec{i}, \vec{j}, \vec{k})$, on considère le tétraèdre ABCD dont les sommets ont pour coordonnées :

$$A(1\,;-\sqrt{3}\,;0)\,;\ B(1\,;\sqrt{3}\,;0)\,;\ C(-2\,;0\,;0)\,;\ D(0\,;0\,;2\sqrt{2}).$$

1 Démontrer que le plan (ABD) a pour équation cartésienne $4x + z\sqrt{2} = 4$.

2 On note $\mathcal{D}$ la droite dont une représentation paramétrique est :

$$\begin{cases} x = t \\ y = 0 \\ z = t\sqrt{2} \end{cases},\ t \in \mathbb{R}.$$

a. Démontrer que $\mathcal{D}$ est la droite qui est parallèle à (CD) et passe par O.
b. Déterminer les coordonnées du point G, intersection de la droite $\mathcal{D}$ et du plan (ABD).

3 **a.** On note L le milieu du segment [AC].
Démontrer que la droite (BL) passe par le point O et est orthogonale à la droite (AC).
b. Prouver que le triangle ABC est équilatéral et déterminer le centre de son cercle circonscrit.

4 Démontrer que le tétraèdre ABCD est régulier, c'est-à-dire un tétraèdre dont les six arêtes ont la même longueur.

Liban, mai 2013 — 4 pts — 50 min

95 Plan, Droite, Position relative de droites et de plans

Cet exercice est un questionnaire à choix multiples. Aucune justification n'est demandée. Pour chacune des questions, une seule des propositions est correcte.
Chaque réponse correcte rapporte un point. Une réponse erronée ou une absence de réponse n'ôte pas de point. On notera sur la copie le numéro de la question, suivi de la lettre correspondant à la proposition choisie.

L'espace est rapporté à un repère orthonormé $(O ; \vec{i}, \vec{j}, \vec{k})$.
Les points A, B, C et D ont pour coordonnées respectives A(1 ; –1 ; 2), B(3 ; 3 ; 8), C(–3 ; 5 ; 4) et D(1 ; 2 ; 3).
On note $\mathcal{D}$ la droite ayant pour représentation paramétrique :

$$\begin{cases} x = t + 1 \\ y = 2t - 1, t \in \mathbb{R}, \\ z = 3t + 2 \end{cases}$$

et $\mathcal{D}'$ la droite ayant pour représentation paramétrique :

$$\begin{cases} x = k + 1 \\ y = k + 3 \quad , k \in \mathbb{R}. \\ z = -k + 4 \end{cases}$$

On note $\mathcal{P}$ le plan d'équation $x + y - z + 2 = 0$.

1 **a.** Les droites $\mathcal{D}$ et $\mathcal{D}'$ sont parallèles.
b. Les droites $\mathcal{D}$ et $\mathcal{D}'$ sont coplanaires.

c. Le point C appartient à la droite $\mathcal{D}$.
d. Les droites $\mathcal{D}$ et $\mathcal{D}'$ sont orthogonales.

2 **a.** Le plan $\mathcal{P}$ contient la droite $\mathcal{D}$ et est parallèle à la droite $\mathcal{D}'$.
b. Le plan $\mathcal{P}$ contient la droite $\mathcal{D}'$ et est parallèle à la droite $\mathcal{D}$.
c. Le plan $\mathcal{P}$ contient la droite $\mathcal{D}$ et est orthogonal à la droite $\mathcal{D}'$.
d. Le plan $\mathcal{P}$ contient les droites $\mathcal{D}$ et $\mathcal{D}'$.

3 **a.** Les points A, D et C sont alignés.
b. Le triangle ABC est rectangle en A.
c. Le triangle ABC est équilatéral.
d. Le point D est le milieu du segment [AB].

4 On note $\mathcal{P}'$ le plan contenant la droite $\mathcal{D}'$ et le point A. Un vecteur normal à ce plan est :
a. $\vec{n}(-1 ; 5 ; 4)$;
b. $\vec{n}(3 ; -1 ; 2)$;
c. $\vec{n}(1 ; 2 ; 3)$;
d. $\vec{n}(1 ; 1 ; -1)$.

Inde, avril 2008 **4 pts** 50 min

96 Tétraèdre, Plan, Droite, Position relative de droites et de plans

On considère un tétraèdre ABCD.
On note I, J, K, L, M, N les milieux respectifs des arêtes :

[AB], [CD], [BC], [AD], [AC] et [BD].

On désigne par G le point tel que $\overrightarrow{GA} + \overrightarrow{GB} + \overrightarrow{GC} + \overrightarrow{GD} = \vec{0}$.

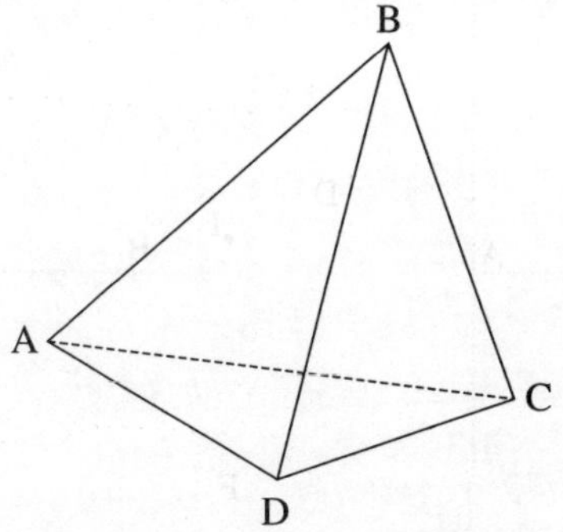

1 Montrer que les droites (IJ), (KL) et (MN) sont concourantes en G.
On suppose dans la suite que AB = CD, BC = AD et AC = BD.

2 **a.** Quelle est la nature du quadrilatère IKJL ? Préciser également la nature des quadrilatères IMJN et KNLM.
b. En déduire que (IJ) et (KL) sont orthogonales. On admettra que, de même, les droites (IJ) et (MN) sont orthogonales et les droites (KL) et (MN) sont orthogonales.

3 **a.** Montrer que la droite (IJ) est orthogonale au plan (MKN).
b. Quelle est la valeur du produit scalaire $\overrightarrow{IJ} \cdot \overrightarrow{MK}$? En déduire que (IJ) est orthogonale à la droite (AB). Montrer de même que (IJ) est orthogonale à la droite (CD).
c. Montrer que G appartient aux plans médiateurs de [AB] et [CD].
d. *Dans cette question, toute trace de recherche, même incomplète, ou d'initiative, même non fructueuse, sera prise en compte dans l'évaluation.*
Comment démontrerait-on que G est le centre de la sphère circonscrite au tétraèdre ABCD ?

Liban, mai 2016 — **4 pts** — 50 min

97 Géométrie dans l'espace, Position relative de deux plans, Construction géométrique

On considère un solide ADECBF constitué de deux pyramides identiques ayant pour base commune le carré ABCD de centre I. Une représentation en perspective de ce solide est donnée ci-dessous. Toutes les arêtes sont de longueur 1.

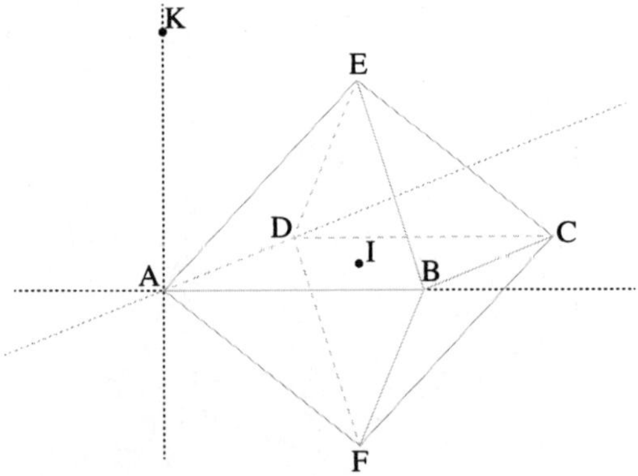

L'espace est rapporté au repère orthonormé $(A\ ;\ \overrightarrow{AB}, \overrightarrow{AD}, \overrightarrow{AK})$.

1 **a.** Montrer que $IE = \frac{\sqrt{2}}{2}$. En déduire les coordonnées des points I, E et F.

b. Montrer que le vecteur $\vec{n}\begin{pmatrix} 0 \\ -2 \\ \sqrt{2} \end{pmatrix}$ est normal au plan (ABE).

c. Déterminer une équation cartésienne du plan (ABE).

2 On nomme M le milieu du segment [DF] et N celui du segment [AB].
a. Démontrer que les plans (FDC) et (ABE) sont parallèles.
b. Déterminer l'intersection des plans (EMN) et (FDC).
c. Construire sur la figure précédente la section du solide ADECBF par le plan (EMN).

D'après sujet de Bac — 4 pts — 50 min

98 Plan, Droite, Position relative de droites et de plans

On se propose d'étudier une modélisation d'une tour de contrôle de trafic aérien, chargée de surveiller deux routes aériennes représentées par deux droites de l'espace.
L'espace est rapporté à un repère orthonormal $(O\ ;\ \vec{i}, \vec{j}, \vec{k})$ d'unité 1 km.
Le plan $(O\ ;\ \vec{i}, \vec{j})$ représente le sol.
Les deux « routes aériennes » à contrôler sont représentées par deux droites (D_1) et (D_2), dont on connaît des représentations paramétriques :

$$(D_1)\begin{cases} x = 3 + a \\ y = 9 + 3a \\ z = 2 \end{cases} \text{avec } a \in \mathbb{R}\ ;\ (D_2)\begin{cases} x = 0{,}5 + 2b \\ y = 4 + b \\ z = 4 - b \end{cases} \text{avec } b \in \mathbb{R}.$$

1 **a.** Indiquer les coordonnées d'un vecteur $\vec{u}_1$ directeur de la droite (D_1) et d'un vecteur $\vec{u}_2$ directeur de la droite (D_2).
b. Prouver que les droites (D_1) et (D_2) ne sont pas coplanaires.

EXERCICES

2 On veut installer au sommet S de la tour de contrôle, de coordonnées S(3 ; 4 ; 0,1), un appareil de surveillance qui émet un rayon représenté par une droite notée (R). Soit (P_1) le plan contenant S et (D_1) et soit (P_2) le plan contenant S et (D_2).
a. Montrer que (D_2) est sécante à (P_1).
b. Montrer que (D_1) est sécante à (P_2).
c. Un technicien affirme qu'il est possible de choisir la direction de (R) pour que cette droite coupe chacune des droites (D_1) et (D_2).
Cette affirmation est-elle vraie ? Justifier la réponse.

France métropolitaine, juin 2014 — 5 pts — 1 heure

99 Tétraèdre, Plan, Droite, Position relative de droites et de plans, Fonction trigonométrique

Dans l'espace, on considère un tétraèdre ABCD dont les faces ABC, ACD et ABD sont des triangles rectangles et isocèles en A. On désigne par E, F et G les milieux respectifs des côtés [AB], [BC] et [CA].
On choisit AB pour unité de longueur et on se place dans le repère orthonormé $(A ; \overrightarrow{AB}, \overrightarrow{AC}, \overrightarrow{AD})$ de l'espace.

1 On désigne par $\mathcal{P}$ le plan qui passe par A et qui est orthogonal à la droite (DF).
On note H le point d'intersection du plan $\mathcal{P}$ et de la droite (DF).
a. Donner les coordonnées des points D et F.
b. Donner une représentation paramétrique de la droite (DF).
c. Déterminer une équation cartésienne du plan $\mathcal{P}$.
d. Calculer les coordonnées du point H.
e. Démontrer que l'angle $\widehat{EHG}$ est un angle droit.

2 On désigne par M un point de la droite (DF) et par t le réel tel que $\overrightarrow{DM} = t\overrightarrow{DF}$. On note α la mesure en radians de l'angle géométrique $\widehat{EMG}$.
Le but de cette question est de déterminer la position du point M pour que α soit maximale.
a. Démontrer que $ME^2 = \frac{3}{2}t^2 - \frac{5}{2}t + \frac{5}{4}$.
b. Démontrer que le triangle MEG est isocèle en M.
En déduire que $ME \sin\left(\frac{\alpha}{2}\right) = \frac{1}{2\sqrt{2}}$.

c. Justifier que α est maximale si et seulement si $\sin\left(\dfrac{\alpha}{2}\right)$ est maximal.

En déduire que α est maximale si et seulement si ME^2 est minimal.
d. Conclure.

Amérique du Sud, novembre 2013 **4 pts** 50 min

100 Cube, Droite, Aire, Volume

On considère le cube ABCDEFGH, d'arête de longueur 1, représenté ci-dessous et on munit l'espace du repère orthonormé $(A\,;\,\overrightarrow{AB}, \overrightarrow{AD}, \overrightarrow{AE})$.

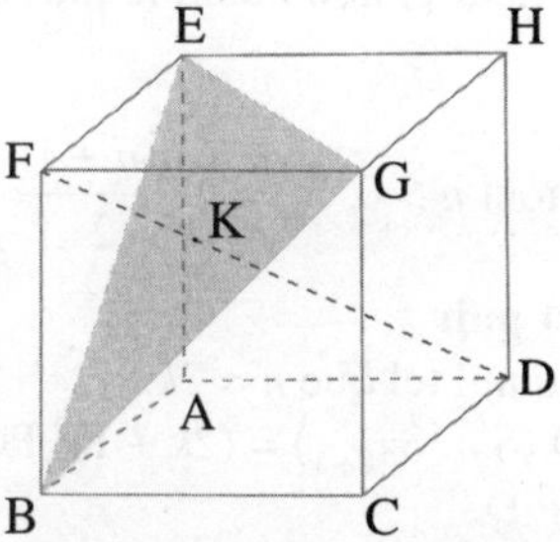

1 Déterminer une représentation paramétrique de la droite (FD).

2 Démontrer que le vecteur $\vec{n}\begin{pmatrix}1\\-1\\1\end{pmatrix}$ est un vecteur normal au plan (BGE) et déterminer une équation du plan (BGE).

3 Montrer que la droite (FD) est perpendiculaire au plan (BGE) en un point K de coordonnées $K\left(\dfrac{2}{3}\,;\,\dfrac{1}{3}\,;\,\dfrac{2}{3}\right)$.

4 Quelle est la nature du triangle BEG ? Déterminer son aire.

5 En déduire le volume du tétraèdre BEGD.

Arithmétique (spécialité)

La Réunion, juin 2005 — 5 pts — 1 heure

101 Suite, PGCD, Condition de primalité

Dans cet exercice, on pourra utiliser le résultat suivant :
« Étant donnés deux entiers naturels a et b non nuls, si PGCD $(a, b) = 1$ alors PGCD $(a^2, b^2) = 1$ ».

Une suite (S_n) est définie pour $n > 0$ par $S_n = \sum_{p=1}^{n} p^3$. On se propose de calculer, pour tout entier naturel non nul n, le plus grand commun diviseur de S_n et S_{n+1}.

1 Démontrer que, pour tout $n > 0$, $S_n = \left(\frac{n(n+1)}{2}\right)^2$.

2 Étude du cas où n est pair
Soit k l'entier naturel non nul tel que $n = 2k$.
a. Démontrer que PGCD $(S_{2k}, S_{2k+1}) = (2k+1)^2$ PGCD $(k^2, (k+1)^2)$.
b. Calculer PGCD $(k, k+1)$.
c. Calculer PGCD (S_{2k}, S_{2k+2}).

3 Étude du cas où n est impair
Soit k l'entier naturel non nul tel que $n = 2k + 1$.
a. Démontrer que les entiers $2k + 1$ et $2k + 3$ sont premiers entre eux.
b. Calculer PGCD (S_{2k+1}, S_{2k+2}).

4 Déduire des questions précédentes qu'il existe une unique valeur de n, que l'on déterminera, pour laquelle S_n et S_{n+1} sont premiers entre eux.

D'après sujet de Bac — 3 pts — 40 min

102 PGCD

Soit n un entier naturel non nul.
On considère les nombres a et b tels que :

$$a = 2n^3 + 5n^2 + 4n + 1 \text{ et } b = 2n^2 + n.$$

1 Montrer que $2n + 1$ divise a et b.

2 Un élève affirme que le PGCD de a et b est $2n + 1$.
Son affirmation est-elle vraie ou fausse ? (La réponse sera justifiée).

D'après sujet de Bac 3 pts 40 min

103 PGCD, PPCM, Système d'équations

1 Soit a et b des entiers naturels non nuls tels que PGCD $(a + b\ ;\ ab) = p$, où p est un nombre premier.

a. Démontrer que p divise a^2.
(On remarquera que $a^2 = a(a + b) - ab$.)

b. En déduire que p divise a.
On constate donc, de même, que p divise b.

c. Démontrer que PGCD $(a\ ;\ b) = p$.

2 On désigne par a et b des entiers naturels tels que $a \leq b$.

a. Résoudre le système :

$$\begin{cases} \text{PGCD}(a, b) = 5 \\ \text{PPCM}(a, b) = 170 \end{cases}$$

b. En déduire les solutions du système :

$$\begin{cases} \text{PGCD}(a + b, ab) = 5 \\ \text{PPCM}(a, b) = 170 \end{cases}$$

Centres étrangers, juin 2005 5 pts 1 heure

104 Décomposition, Équation, Congruence

Partie A

Soit N un entier naturel, impair non premier.
On suppose que $\text{N} = a^2 - b^2$ où a et b sont deux entiers naturels.

1 Montrer que a et b n'ont pas la même parité.

2 Montrer que N peut s'écrire comme produit de deux entiers naturels p et q.

3 Quelle est la parité de p et de q ?

Partie B

On admet que 250 507 n'est pas premier.
On se propose de chercher des couples d'entiers naturels $(a\ ;\ b)$ vérifiant la relation (E) $a^2 - 250\,507 = b^2$.

1 Soit X un tentier naturel.

a. Donner dans un tableau, les restes possibles de X modulo 9 ; puis ceux de X^2 modulo 9.

EXERCICES

b. Sachant que $a^2 - 250\,507 = b^2$, déterminer les restes possibles modulo 9 de $a^2 - 250\,507$; en déduire les restes possibles modulo 9 de a^2.
c. Montrer que les restes possibles modulo 9 de a sont 1 et 8.

2 Justifier que si le couple $(a\ ;\ b)$ vérifie la relation (E), alors $a \geq 501$. Montrer qu'il n'existe pas de solution du type $(501\ ;\ b)$.

3 On suppose que le couple $(a\ ;\ b)$ vérifie la relation (E).
a. Démontrer que a est congru à 503 ou à 505 modulo 9.
b. Déterminer le plus petit entier naturel k tel que le couple $(505 + 9k\ ;\ b)$ soit solution de (E), puis donner le couple solution correspondant.

Partie C

1 Déduire des parties précédentes une écriture de 250 507 en un produit de deux facteurs.

2 Les deux facteurs sont-ils premiers entre eux ?

3 Cette écriture est-elle unique ?

Antilles-Guyane, juin 2015 — **5 pts** — 1 heure

105 PGCD, Codage

Les parties A et B peuvent être traitées de façon indépendante.

Partie A

Pour deux entiers naturels non nuls a et b, on note $r(a, b)$ le reste dans la division euclidienne de a par b.
On considère l'algorithme suivant :

Variables :	c est un entier naturel
	a et b sont des entiers naturels non nuls
Entrées :	Demander a
	Demander b
Traitement :	Affecter à c le nombre $r(a, b)$
	Tant que $c \neq 0$
	Affecter à a le nombre b
	Affecter à b la valeur de c
	Affecter à c le nombre $r(a, b)$
	Fin Tant que
Sortie :	Afficher b

1 Faire fonctionner cet algorithme avec $a = 26$ et $b = 9$ en indiquant les valeurs de a, b et c à chaque étape.

2 Cet algorithme donne en sortie le PGCD des entiers naturels non nuls a et b. Le modifier pour qu'il indique si deux entiers naturels non nuls a et b sont premiers entre eux ou non.

Partie B

À chaque lettre de l'alphabet, on associe grâce au tableau ci-dessous un nombre entier compris entre 0 et 25.

A	B	C	D	E	F	G	H	I	J	K	L	M
0	1	2	3	4	5	6	7	8	9	10	11	12

N	O	P	Q	R	S	T	U	V	W	X	Y	Z
13	14	15	16	17	18	19	20	21	22	23	24	25

On définit un procédé de codage de la façon suivante :
Étape 1 : on choisit deux entiers naturels p et q compris entre 0 et 25.
Étape 2 : à la lettre que l'on veut coder, on associe l'entier x correspondant dans le tableau ci-dessus.
Étape 3 : on calcule l'entier x' défini par les relations :

$$x' \equiv px + q\ [26] \quad \text{et} \quad 0 \leq x' \leq 25.$$

Étape 4 : à l'entier x', on associe la lettre correspondante dans le tableau.

1 Dans cette question, on choisit $p = 9$ et $q = 2$.
a. Démontrer que la lettre V est codée par la lettre J.
b. Citer le théorème qui permet d'affirmer l'existence de deux entiers relatifs u et v tels que $9u + 26v = 1$. Donner sans justifier un couple (u, v) qui convient.
c. Démontrer que $x' \equiv 9x + 2\ [26]$ équivaut à $x \equiv 3x' + 20\ [26]$.
d. Décoder la lettre R.

2 Dans cette question, on choisit $q = 2$ et p est inconnu. On sait que J est codé par D. Déterminer la valeur de p (on admettra que p est unique).

3 Dans cette question, on choisit $p = 13$ et $q = 2$. Coder les lettres B et D. Que peut-on dire de ce codage ?

EXERCICES

Asie, juin 2008 — 5 pts — 1 heure

106 Représentation graphique, Réseau, Équation diophantienne

Soit a et b deux entiers naturels non nuls ; on appelle « réseau » associé aux entiers a et b l'ensemble des points du plan, muni d'un repère orthonormal, dont les coordonnées $(x\ ;\ y)$ sont des entiers vérifiant les conditions : $0 \leq x \leq a$ et $0 \leq y \leq b$. On note $R_{a,\,b}$ ce réseau.
Le but de l'exercice est de relier certaines propriétés arithmétiques des entiers x et y à des propriétés géométriques des points correspondants du réseau.

Partie A Représentation graphique de quelques ensembles

Dans cette question, les réponses sont attendues sans explication, sous la forme d'un graphique qui sera dûment complété.
Représenter graphiquement les points $M(x\ ;\ y)$ du réseau $R_{8,\,8}$ vérifiant :

1 $x \equiv 2$ (modulo 3) et $y \equiv 1$ (modulo 3).

2 $x + y \equiv 1$ (modulo 3).

3 $x \equiv y$ (modulo 3).

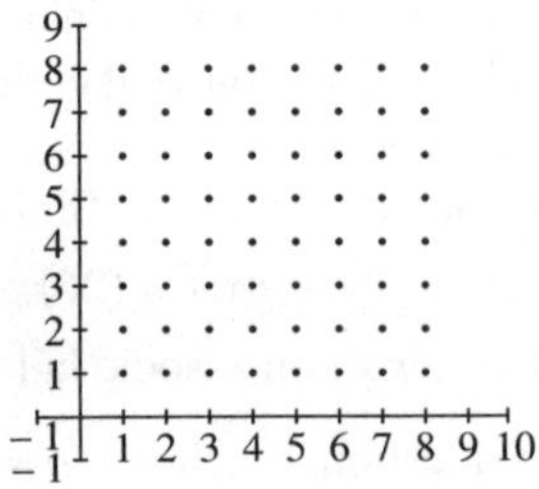

Partie B Résolution d'une équation

On considère l'équation (E) $7x - 4y = 1$, où les inconnues x et y sont des entiers relatifs.

1 Déterminer un couple d'entiers relatifs $(x_0\ ;\ y_0)$ solution de l'équation (E).

2 Déterminer l'ensemble des couples d'entiers relatifs solutions de l'équation (E).

3 Démontrer que l'équation (E) admet une unique solution $(x\ ;\ y)$ pour laquelle le point $M(x\ ;\ y)$ correspondant appartient au réseau $R_{4,\,7}$.

Partie C Une propriété des points situés sur la diagonale du réseau

Si a et b sont deux entiers naturels non nuls, on considère la diagonale [OA] du réseau $R_{a,\,b}$ avec $O(0\ ;\ 0)$ et $A(a\ ;\ b)$.

1 Démontrer que les points du segment [OA] sont caractérisés par les conditions :

$$0 \leq x \leq a \; ; 0 \leq y \leq b \; ; ay = bx.$$

2 Démontrer que si a et b sont premiers entre eux, alors les points O et A sont les seuls points du segment [OA] appartenant au réseau $R_{a,\,b}$.

3 Démontrer que si a et b ne sont pas premiers entre eux, alors le segment [OA] contient au moins un autre point du réseau.
(On pourra considérer le PGCD d des nombres a et b et poser $a = da'$ et $b = db'$.)

Nouvelle-Calédonie, novembre 2014 — 5 pts — 1 heure

107 PGCD, Algorithme

On considère l'algorithme suivant, où A et B sont des entiers naturels tels que A < B :

Entrées :	A et B entiers naturels tels que A < B
Variables :	D est un entier
	Les variables d'entrées A et B
Traitement :	
	Affecter à D la valeur de B – A
	Tant que D > 0
	B prend la valeur de A
	A prend la valeur de D
	Si B > A Alors
	D prend la valeur de B – A
	Sinon
	D prend la valeur de A – B
	Fin Si
	Fin Tant que
Sortie :	Afficher A

1 On entre A = 12 et B = 14.
En remplissant le tableau donné ci-après, déterminer la valeur affichée par l'algorithme.

A	B	D
12	14	

2 Cet algorithme calcule la valeur du PGCD des nombres A et B.
En entrant A = 221 et B = 331, l'algorithme affiche la valeur 1.
a. Justifier qu'il existe des couples $(x\,;\,y)$ d'entiers relatifs solutions de l'équation :

$$\text{(E)}\quad 221x - 331y = 1.$$

b. Vérifier que le couple (3 ; 2) est une solution de l'équation (E).
En déduire l'ensemble des couples $(x\,;\,y)$ d'entiers relatifs solutions de l'équation (E).

3 On considère les suites d'entiers naturels (u_n) et (v_n) définies pour tout entier naturel n par :

$$u_n = 2 + 221n \quad \text{et} \quad \begin{cases} v_0 = 3 \\ v_{n+1} = v_n + 331 \end{cases}$$

a. Exprimer v_n en fonction de l'entier naturel n.
b. Déterminer tous les couples d'entiers naturels $(p\,;\,q)$ tels que :

$$u_p = v_q,\quad 0 \leq p \leq 500 \quad \text{et} \quad 0 \leq q \leq 500.$$

Antilles-Guyane, septembre 2011 — 2 pts — 1 heure

108 Algorithme d'Euclide, Suite

1 **a.** Calculer $(1+\sqrt{6})^2$, $(1+\sqrt{6})^4$, $(1+\sqrt{6})^6$.
b. Appliquer l'algorithme d'Euclide à 847 et 342. Que peut-on en déduire ?

2 Soit n un entier naturel non nul. On note a_n et b_n les entiers naturels tels que $(1+\sqrt{6})^n = a_n + b_n\sqrt{6}$. Que valent a_1 et b_1 ? D'après les calculs de la question **1 a.**, donner d'autres valeurs de a_n et b_n.

3 **a.** Calculer a_{n+1} et b_{n+1} en fonction de a_n et b_n.
b. Démontrer que, si 5 ne divise pas $a_n + b_n$, alors 5 ne divise pas non plus $a_{n+1} + b_{n+1}$. En déduire que, quel que soit n entier naturel non nul, 5 ne divise pas $a_n + b_n$.
c. Démontrer que, si a_n et b_n sont premiers entre eux, alors a_{n+1} et b_{n+1} sont premiers entre eux. En déduire que, quel que soit n entier naturel non nul, a_n et b_n sont premiers entre eux.

Inde, avril 2012 — 5 pts — 1 heure

109 Équation diophantienne, Chiffrement de Hill, Congruence, Système d'équations

Partie A Restitution organisée de connaissances

Soit a, b, c, d des entiers relatifs et n un entier naturel non nul.
Montrer que si $a \equiv b \pmod{n}$ et $c \equiv d \pmod{n}$, alors :

$$ac \equiv bd \pmod{n}.$$

Partie B Inverse de 23 modulo 26

On considère l'équation (E) $23x - 26y = 1$,
où x et y désignent deux entiers relatifs.

1 Vérifier que le couple $(-9\,;-8)$ est solution de l'équation (E).

2 Résoudre alors l'équation (E).

3 En déduire un entier a tel que $0 \leq a \leq 25$ et $23a \equiv 1 \pmod{26}$.

EXERCICES

Partie C **Chiffrement de Hill**

On veut coder un mot de deux lettres selon la procédure suivante.

Étape 1 Chaque lettre du mot est remplacée par un entier en utilisant le tableau ci-dessous :

A	B	C	D	E	F	G	H	I	J	K	L	M	N	O	P	Q	R	S	T	U	V	W	X	Y	Z
0	1	2	3	4	5	6	7	8	9	10	11	12	13	14	15	16	17	18	19	20	21	22	23	24	25

On obtient un couple d'entiers $(x_1\ ;\ x_2)$ où x_1 correspond à la première lettre du mot et x_2 correspond à la deuxième lettre du mot.

Étape 2 $(x_1\ ;\ x_2)$ est transformé en $(y_1\ ;\ y_2)$ tel que :

$$(S_1)\begin{cases} y_1 \equiv 11x_1 + 3x_2 \pmod{26} \\ y_2 \equiv 7x_1 + 4x_2 \pmod{26} \end{cases} \quad \text{avec } 0 \leq y_1 \leq 25 \text{ et } 0 \leq y_2 \leq 25.$$

Étape 3 $(y_1\ ;\ y_2)$ est transformé en un mot de deux lettres en utilisant le tableau de correspondance donné dans l'étape 1.

Exemple : $\underbrace{\text{TE}}_{\text{mot en clair}} \overset{\text{étape 1}}{\Rightarrow} (19, 4) \overset{\text{étape 2}}{\Rightarrow} (13, 19) \overset{\text{étape 3}}{\Rightarrow} \underbrace{\text{NT}}_{\text{mot codé}}$

1 Coder le mot ST.

2 On veut maintenant déterminer la procédure de décodage.

a. Montrer que tout couple $(x_1\ ;\ x_2)$ vérifiant les équations du système (S_1), vérifie les équations du système :

$$(S_2)\begin{cases} 23x_1 \equiv 4y_1 + 23y_2 \pmod{26} \\ 23x_2 \equiv 19y_1 + 11y_2 \pmod{26} \end{cases}$$

b. À l'aide de la **partie B**, montrer que tout couple $(x_1\ ;\ x_2)$ vérifiant les équations du système (S_2), vérifie les équations du système

$$(S_3)\begin{cases} x_1 \equiv 16y_1 + y_2 \pmod{26} \\ x_2 \equiv 11y_1 + 5y_2 \pmod{26} \end{cases}$$

c. Montrer que tout couple $(x_1\ ;\ x_2)$ vérifiant les équations du système (S_3), vérifie les équations du système (S_1).

d. Décoder le mot YJ.

D'après sujet de Bac — 5 pts — 1 heure

110 Décomposition, PGCD

Pour tout entier naturel n supérieur ou égal à 5, on considère les nombres :

$$a = n^3 - n^2 - 12n \quad \text{et} \quad b = 2n^2 - 7n - 4.$$

1 Montrer, après factorisation, que a et b sont des entiers naturels divisibles par $n - 4$.

2 On pose $\alpha = 2n + 1$ et $\beta = n + 3$. On note d le PGCD de α et β.

a. Établir une relation entre α et β indépendante de n.

b. Démontrer que d est un diviseur de 5.

c. Démontrer que les nombres α et β sont multiples de 5 si et seulement si $n - 2$ est multiple de 5.

3 Montrer que $2n + 1$ et n sont premiers entre eux.

4 **a.** Déterminer, suivant les valeurs de n et en fonction de n, le PGCD de a et b.

b. Vérifier les résultats obtenus dans les cas particuliers $n = 11$ et $n = 12$.

D'après sujet de Bac — 3 pts — 40 min

111 PGCD

Soit a et b deux entiers premiers entre eux.

1 Montrer que $a + b$ et ab sont premiers entre eux. En déduire que les nombres $a + b$ et $a^2 - ab + b^2$ sont premiers entre eux ou divisibles par 3.

2 Démontrer l'égalité :

$$\text{PGCD}(a + b, a^2 - ab + b^2) = \text{PGCD}(a + b, 3).$$

Antilles-Guyane, juin 2009 — 5 pts — 1 heure

112 Équation diophantienne, Congruence, Factorielle

Soit A l'ensemble des entiers naturels de l'intervalle [1 ; 46].

1 On considère l'équation (E) $23x + 47y = 1$ où x et y sont des entiers relatifs.

a. Donner une solution particulière $(x_0 ; y_0)$ de (E).
b. Déterminer l'ensemble des couples $(x ; y)$ solutions de (E).
c. En déduire qu'il existe un unique entier x appartenant à A tel que :

$$23x \equiv 1 \ (47).$$

2 Soit a et b deux entiers relatifs.
a. Montrer que si $ab \equiv 0 \ (47)$, alors $a \equiv 0 \ (47)$ ou $b \equiv 0 \ (47)$.
b. En déduire que si $a^2 \equiv 1 \ (47)$, alors $a \equiv 1 \ (47)$ ou $a \equiv -1 \ (47)$.

3 **a.** Montrer que pour tout entier p de A, il existe un entier relatif q tel que :

$$p \times q \equiv 1 \ (47).$$

Pour la suite, on admet que pour tout entier p de A, il existe un unique entier, noté inv(p), appartenant à A tel que $p \times \text{inv}(p) \equiv 1 \ (47)$.
Par exemple :
inv(1) = 1 car $1 \times 1 \equiv 1 \ (47)$, inv(2) = 24 car $2 \times 24 \equiv 1 \ (47)$,
inv(3) = 16 car $3 \times 16 \equiv 1 \ (47)$...
b. Quels sont les entiers p de A qui vérifient $p = \text{inv}(p)$?
c. Montrer que $46! \equiv -1 \ (47)$.

Centres étrangers, juin 2015 — **5 pts** — 1 heure

113 Triplets pythagoriciens

Dans cet exercice, on s'intéresse aux triplets d'entiers naturels non nuls (x, y, z) tels que $x^2 + y^2 = z^2$. Ces triplets seront nommés « triplets pythagoriciens » en référence aux triangles rectangles dont ils mesurent les côtés, et notés en abrégé « TP ».
Ainsi (3, 4, 5) est un TP car $3^2 + 4^2 = 9 + 16 = 25 = 5^2$.

Partie A Généralités

1 Démontrer que, si (x, y, z) est un TP, et p un entier naturel non nul, alors le triplet (px, py, pz) est lui aussi un TP.

2 Démontrer que, si (x, y, z) est un TP, alors les entiers naturels x, y et z ne peuvent pas être tous les trois impairs.

3 Pour cette question, on admet que tout entier naturel non nul n peut s'écrire d'une façon unique sous la forme du produit d'une puissance de 2 par un entier impair : $n = 2^\alpha \times k$ où α est un entier naturel (éventuellement nul) et k un entier naturel impair.
L'écriture $n = 2^\alpha \times k$ est nommée *décomposition* de n.

Voici par exemple les *décompositions* des entiers 9 et 120 :

$$9 = 2^0 \times 9,\ 120 = 2^3 \times 15.$$

a. Donner la *décomposition* de l'entier 192.

b. Soient x et z deux entiers naturels non nuls, dont les *décompositions* sont :

$$x = 2^\alpha \times k \quad \text{et} \quad z = 2^\beta \times m.$$

Écrire la *décomposition* des entiers naturels $2x^2$ et z^2.

c. En examinant l'exposant de 2 dans la *décomposition* de $2x^2$ et dans celle de z^2, montrer qu'il n'existe pas de couple d'entiers naturels non nuls (x, z) tels que $2x^2 = z^2$.

On admet que la question **A 3** permet d'établir que les trois entiers naturels x, y et z sont deux à deux distincts. Comme, de plus, les entiers naturels x, y jouent un rôle symétrique, dans la suite, pour tout TP (x, y, z), les trois entiers naturels x, y et z seront rangés dans l'ordre suivant :

$$x < y < z.$$

Partie B Recherche de triplets pythagoriciens contenant l'entier 2015

1 Décomposer en produit de facteurs premiers l'entier 2015, puis, en utilisant le TP donné dans le préambule, déterminer un TP de la forme $(x, y, 2015)$.

2 On admet que, pour tout entier naturel n :

$$(2n + 1)^2 + (2n^2 + 2n)^2 = (2n^2 + 2n + 1)^2.$$

Déterminer un TP de la forme $(2015, y, z)$.

3 **a.** En remarquant que $403^2 = 169 \times 961$, déterminer un couple d'entiers naturels non nuls (x, z) tels que $z^2 - x^2 = 403^2$, avec $x < 403$.

b. En déduire un TP de la forme $(x, 2015, z)$.

D'après sujet de Bac — 5 pts — 1 heure

114 PGCD, PPCM

Dans tout l'exercice, x et y désignent des entiers naturels non nuls vérifiant $x < y$.

S est l'ensemble des couples $(x\,;\,y)$ tels que PGCD $(x\,;\,y) = y - x$.

1 **a.** Calculer PGCD (363 ; 484).

b. Le couple (363 ; 484) appartient-il à S ?

2 Soit n un entier naturel non nul ; le couple $(n\,;\,n + 1)$ appartient-il à S ? Justifier votre réponse.

EXERCICES

3 a. Montrer que $(x\ ;\ y)$ appartient à S si et seulement s'il existe un entier naturel k non nul tel que $x = k(y - x)$ et $y = (k + 1)(y - x)$.

b. En déduire que pour tout couple $(x\ ;\ y)$ de S :

$$\text{PPCM}\ (x\ ;\ y) = k(k + 1)(y - x).$$

4 a. Déterminer l'ensemble des entiers naturels diviseurs de 228.

b. En déduire l'ensemble des couples $(x\ ;\ y)$ de S tels que PPCM $(x\ ;\ y) = 228$.

Antilles-Guyane, juin 2014 — **5 pts** — 1 heure

115 Équation diophantienne, Algorithme

En montagne, un randonneur a effectué des réservations dans deux types d'hébergements : l'hébergement A et l'hébergement B.

Une nuit en hébergement A coûte 24 € et une nuit en hébergement B coûte 45 €.

Il se rappelle que le coût total de sa réservation est de 438 €.

On souhaite retrouver les nombres x et y de nuitées passées respectivement en hébergement A et en hébergement B.

1 a. Montrer que les nombres x et y sont respectivement inférieurs ou égaux à 18 et à 9.

b. Recopier et compléter les lignes (1), (2) et (3) de l'algorithme suivant afin qu'il affiche les couples $(x\ ;\ y)$ possibles.

```
Entrée :          x et y sont deux nombres
Traitement :      Pour x variant de 0 à …             (1)
                     | Pour y variant de 0 à …        (2)
                     |    | Si …….                    (3)
                     |    |    | Afficher x et y
                     |    | Fin Si
                     | Fin Pour
                  Fin Pour
Fin traitement
```

2 Justifier que le coût total de la réservation est un multiple de 3.

3 a. Justifier que l'équation $8x + 15y = 1$ admet pour solution au moins un couple d'entiers relatifs.

b. Déterminer une telle solution.

c. Résoudre l'équation (E) $8x + 15y = 146$ où x et y sont des nombres entiers relatifs.

4 Le randonneur se souvient avoir passé au maximum 13 nuits en hébergement A.
Montrer alors qu'il peut retrouver le nombre exact de nuits passées en hébergement A et celui des nuits passées en hébergement B.
Calculer ces nombres.

D'après sujet de Bac — 3 pts — 40 min

116 Divisibilité

Le nombre n désigne un entier naturel.

1 Démontrer que $n^2 + 5n + 4$ et $n^2 + 3n + 2$ sont divisibles par $n + 1$.

2 Déterminer l'ensemble des valeurs de n pour lesquelles $3n^2 + 15n + 19$ est divisible par $n + 1$.

3 En déduire que, quel que soit n, $3n^2 + 15n + 19$ n'est pas divisible par :

$$n^2 + 3n + 2.$$

D'après sujet de Bac — 3 pts — 40 min

117 PGCD

k étant un entier relatif, on pose :

$$x = 2k - 1 \text{ et } y = 9k + 4.$$

Montrer que tout diviseur commun à x et à y divise 17. En déduire, suivant les valeurs de k, le plus grand diviseur commun de x et y.

D'après sujet de Bac — 3 pts — 40 min

118 PGCD

1 Établir que, quel que soit $(a, b, q) \in \mathbb{Z}^3$,

$$a \wedge b = b \wedge (a - bq).$$

La notation $a \wedge b$ désigne le PGCD des entiers relatifs a et b.

2 Montrer que, quel que soit $n \in \mathbb{Z}$,

$$(5n^3 - n) \wedge (n + 2) = (n + 2) \wedge 38.$$

3 Déterminer l'ensemble des entiers relatifs n tels que $(n + 2)$ divise $(5n^3 - n)$.

4 Quelles sont les valeurs possibles du PGCD de $(5n^3 - n)$ et $(n + 2)$?
Déterminer l'ensemble des entiers relatifs n tels que :

$$(5n^3 - n) \wedge (n + 2) = 19.$$

D'après sujet de Bac — 5 pts — 1 heure

119 Suite, Divisibilité

1 Calculer en fonction de n la somme des n premiers entiers naturels non nuls.

2 Démontrer que, pour tout entier naturel non nul :

$$\sum_{p=1}^{p=n} p^3 = \left(\sum_{p=1}^{p=n} p\right)^2.$$

(Le candidat pourra utiliser un raisonnement « par récurrence ».)
Soit s la suite de terme général :

$$s_n = \sum_{p=1}^{p=n} p^3.$$

Exprimer s_n en fonction de n.

3 Soit D_n le plus grand diviseur commun des nombres s_n et s_{n+1}.
Calculer D_n lorsque :
a. $n = 2k$;
b. $n = 2k + 1$.

4 En déduire que, pour $n > 1$, D_n est différent de 1 et que trois termes consécutifs s_n, s_{n+1}, s_{n+2} de la suite s sont premiers entre eux dans leur ensemble.

Polynésie, juin 2005 — 5 pts — 1 heure

120 Suite, Écriture décimale, PGCD

On considère la suite (u_n) d'entiers naturels définie par :

$$\begin{cases} u_0 = 14 \\ \text{pour tout entier naturel } n,\ u_{n+1} = 5u_n - 6. \end{cases}$$

1 Calculer u_1, u_2, u_3 et u_4. Quelle conjecture peut-on émettre concernant les deux derniers chiffres de u_n ?

2 Montrer que, pour tout entier naturel n, $u_{n+2} \equiv u_n$ (modulo 4).
En déduire que pour tout entier naturel k :

$$u_{2k} \equiv 2 \text{ et } u_{2k+1} \equiv 0 \text{ (modulo 4).}$$

3 **a.** Montrer par récurrence que pour tout entier naturel n, $2u_n = 5^{n+2} + 3$.
b. En déduire que, pour tout entier naturel n, $2u_n \equiv 28$ (modulo 100).

4 Déterminer les deux derniers chiffres de l'écriture décimale de u_n suivant les valeurs de n.

5 Montrer que le PGCD de deux termes consécutifs de la suite (u_n) est constant. Préciser sa valeur.

France métropolitaine, septembre 2015 **5 pts** 1 heure

121 Nombre de Mersenne

Les nombres de la forme $2^n - 1$, où n est un entier naturel non nul, sont appelés **nombres de Mersenne**.

1 On désigne par a, b et c trois entiers naturels non nuls tels que :

$$\text{PGCD}(b\,;c) = 1.$$

Prouver, à l'aide du théorème de Gauss, que si b divise a et c divise a, alors le produit bc divise a.

2 On considère le nombre de Mersenne $2^{33} - 1$.
Un élève utilise sa calculatrice et obtient les résultats ci-dessous.

$(2^{33} - 1) \div 3$	2863311530
$(2^{33} - 1) \div 4$	2147483648
$(2^{33} - 1) \div 12$	715827882,6

Il affirme que 3 divise $(2^{33} - 1)$ et 4 divise $(2^{33} - 1)$ et 12 ne divise pas $(2^{33} - 1)$.
a. En quoi cette affirmation contredit-elle le résultat démontré à la question **1** ?
b. Justifier que, en réalité, 4 ne divise pas $(2^{33} - 1)$.
c. En remarquant que $2 \equiv -1[3]$, montrer que, en réalité, 3 ne divise pas $2^{33} - 1$.

d. Calculer la somme $S = 1 + 2^3 + (2^3)^2 + (2^3)^3 + \ldots + (2^3)^{10}$.
e. En déduire que 7 divise $(2^{33} - 1)$.

3 On considère le nombre de Mersenne $2^7 - 1$. Est-il premier ? Justifier.

4 On donne l'algorithme suivant, où MOD(N, k) représente le reste de la division euclidienne de N par k.

Variables :	n entier naturel supérieur ou égal à 3
	k entier naturel supérieur ou égal à 2
Initialisation :	Demander à l'utilisateur la valeur de n.
	Affecter à k la valeur 2.
Traitement :	Tant que MOD($2^n - 1$, k) $\neq 0$ et $k \leq \sqrt{2^n - 1}$
	Affecter à k la valeur $k + 1$
	Fin de Tant que.
Sortie :	**Afficher** k.
	Si $k > \sqrt{2^n - 1}$
	Afficher « CAS 1 »
	Sinon
	Afficher « CAS 2 »
	Fin de Si.

a. Qu'affiche cet algorithme si on saisit $n = 33$? Et si on saisit $n = 7$?
b. Que représente le CAS 2 pour le nombre de Mersenne étudié ? Que représente alors le nombre k affiché pour le nombre de Mersenne étudié ?
c. Que représente le CAS 1 pour le nombre de Mersenne étudié ?

Asie, juin 2014 — **5 pts** — 1 heure

122 Décomposition, Nombre de Mersenne, Algorithme de Lucas Lehmer

Partie A

Le but de cette partie est de démontrer que l'ensemble des nombres premiers est infini, en raisonnant par l'absurde.

1 On suppose qu'il existe un nombre fini n de nombres premiers, notés p_1, p_2, …, p_n. On considère le nombre E, produit de tous les nombres premiers augmenté de 1 : $E = p_1 \times p_2 \times \ldots \times p_n + 1$.

Démontrer que E est un entier supérieur ou égal à 2, et que E est premier avec chacun des nombres $p_1, p_2, \ldots, p_n$.

2 En utilisant le fait que E admet un diviseur premier, conclure.

Partie B

Pour tout entier naturel $k \geq 2$, on pose $M_k = 2^k - 1$.
On dit que M_k est le k-ième nombre de Mersenne.

1 **a.** Reproduire et compléter le tableau suivant, qui donne quelques valeurs de M_k.

k	2	3	4	5	6	7	8	9	10
M_k	3								

b. D'après le tableau précédent, si k est un nombre premier, peut-on conjecturer que le nombre M_k est premier ?

2 Soit p et q deux entiers naturels non nuls.

a. Justifier l'égalité :

$$1 + 2^p + (2^p)^2 + (2^p)^3 + \ldots + (2^p)^{q-1} = \frac{(2^p)^q - 1}{2^p - 1}.$$

b. En déduire que $2^{pq} - 1$ est divisible par $2^p - 1$.

c. En déduire que, si un entier k supérieur ou égal à 2 n'est pas premier, alors M_k ne l'est pas non plus.

3 **a.** Prouver que le nombre de Mersenne M_{11} n'est pas premier.

b. Que peut-on en déduire concernant la conjecture de la question **1** **b.** ?

Partie C

Le test de Lucas-Lehmer permet de déterminer si un nombre de Mersenne donné est premier. Ce test utilise la suite numérique (u_n) définie par $u_0 = 4$ et, pour tout entier naturel n $u_{n+1} = u_n^2 - 2$.
Si n est un entier naturel supérieur ou égal à 2, le test permet d'affirmer que le nombre M_n est premier si et seulement si $u_{n-2} \equiv 0$ modulo M_n. Cette propriété est admise dans la suite.

1 Utiliser le test de Lucas-Lehmer pour vérifier que le nombre de Mersenne M_5 est premier.

2 Soit n un entier naturel supérieur ou égal à 3.
L'algorithme suivant, qui est incomplet, doit permettre de vérifier si le nombre de Mersenne M_n est premier, en utilisant le test de Lucas-Lehmer.

EXERCICES

Variables :	u, M, n et i sont des entiers naturels
Initialisation :	u prend la valeur 4
Traitement :	Demander un entier $n \geq 3$ M prend la valeur......... Pour i allant de 1 à .... faire | u prend la valeur ...... Fin Pour Si M divise u alors afficher « M .... » | sinon afficher « M .... »

Recopier et compléter cet algorithme de façon à ce qu'il remplisse la condition voulue.

Asie, juin 2009 — 5 pts — 1 heure

123 Reste chinois, Équation diophantienne

1 On se propose, dans cette question, de déterminer tous les entiers relatifs N tels que $\begin{cases} N \equiv 5 \text{ (modulo 13)} \\ N \equiv 1 \text{ (modulo 17)} \end{cases}$

a. Vérifier que 239 est solution de ce système.

b. Soit N un entier relatif solution de ce système.
Démontrer que N peut s'écrire sous la forme $N = 1 + 17x = 5 + 13y$ où x et y sont deux entiers relatifs vérifiant la relation $17x - 13y = 4$.

c. Résoudre l'équation $17x - 13y = 4$ où x et y sont des entiers relatifs.

d. En déduire qu'il existe un entier relatif k tel que $N = 18 + 221k$.

e. Démontrer l'équivalence entre $N \equiv 18$ (221) et $\begin{cases} N \equiv 5 \quad \text{(modulo 13)} \\ N \equiv 1 \quad \text{(modulo 17)} \end{cases}$

2 *Dans cette question, toute trace de recherche, même incomplète, ou d'initiative, même infructueuse, sera prise en compte dans l'évaluation.*

a. Existe-t-il un entier naturel k tel que $10^k \equiv 1$ (modulo 17) ?

b. Existe-t-il un entier naturel ℓ tel que $10^\ell \equiv 18$ (modulo 221) ?

Matrices (spécialité)

Polynésie, juin 2015 — 5 pts — 1 heure

124 Matrice, Suite, Puissance d'une matrice

On considère la matrice $A = \begin{pmatrix} -4 & 6 \\ -3 & 5 \end{pmatrix}$.

1 On appelle I la matrice identité d'ordre 2.
Vérifier que $A^2 = A + 2I$.

2 En déduire une expression de A^3 et une expression de A^4 sous la forme $\alpha A + \beta I$, où α et β sont des réels.

3 On considère les suites (r_n) et (s_n) définies par $r_0 = 0$ et $s_0 = 1$ et, pour tout entier naturel n :

$$\begin{cases} r_{n+1} = r_n + s_n \\ s_{n+1} = 2r_n \end{cases}$$

Démontrer que, pour tout entier naturel n, $A^n = r_n A + s_n I$.

4 Démontrer que la suite (k_n) définie pour tout entier naturel n par :

$$k_n = r_n - s_n$$

est géométrique de raison –1. En déduire, pour tout entier naturel n, une expression explicite de k_n en fonction de n.

5 On admet que la suite (t_n) définie pour tout entier naturel n par :

$$t_n = r_n + \frac{(-1)^n}{3}$$

est géométrique de raison 2. En déduire, pour tout entier naturel n, une expression explicite de t_n en fonction de n.

6 Déduire des questions précédentes, pour tout entier naturel n, une expression explicite de r_n et s_n en fonction de n.

7 En déduire alors, pour tout entier naturel n, une expression des coefficients de la matrice A^n.

EXERCICES

Exercice-type — 4 pts — 50 min

125 Puissance d'une matrice

1 Soit $A = \begin{pmatrix} 2 & 4 \\ -1 & -2 \end{pmatrix}$ et $I_2 = \begin{pmatrix} 1 & 0 \\ 0 & 1 \end{pmatrix}$.

a. Calculer A^2.

b. Montrer par récurrence que pour tout entier naturel n non nul :

$$(I_2 + A)^n = I_2 + nA.$$

2 Application

a. Soit $M_1 = \begin{pmatrix} 3 & 4 \\ -1 & -1 \end{pmatrix}$.

Calculer, pour tout entier naturel n non nul, la matrice M_1^n.

b. Même question pour la matrice $M_2 = \begin{pmatrix} -2 & 1 \\ -9 & 4 \end{pmatrix}$.

3 Soit $T = \begin{pmatrix} 3 & 3 \\ -2 & -2 \end{pmatrix}$.

a. Calculer T^2.

b. Montrer par récurrence que pour tout entier naturel n non nul :

$$(I_2 + T)^n = I_2 + (2^n - 1)T.$$

c. Calculer pour tout entier naturel n non nul $\begin{pmatrix} 4 & 3 \\ -2 & -1 \end{pmatrix}^n$.

Exercice-type — 4 pts — 50 min

126 Puissance d'une matrice, Inversibilité

Pour tout réel α non nul, on considère les matrices :

$$A = \begin{pmatrix} 0 & \alpha & \alpha^2 \\ \frac{1}{\alpha} & 0 & \alpha \\ \frac{1}{\alpha^2} & \frac{1}{\alpha} & 0 \end{pmatrix} \text{ et } I = \begin{pmatrix} 1 & 0 & 0 \\ 0 & 1 & 0 \\ 0 & 0 & 1 \end{pmatrix}.$$

1 **a.** Calculer $(A + I)(2I - A)$.

b. En déduire que $I = \frac{1}{2}(A - I)A$, puis que A est inversible.

Préciser l'inverse de A.

2 On pose $B = \frac{1}{3}(A + I)$ et $C = \frac{1}{3}(2I - A)$.

a. Montrer que $B + C = I$ et $A = 2B - C$.

b. Montrer que $B^2 = B$ et $C^2 = C$.

3 On note $A^0 = I$. Montrer, par récurrence, que pour tout entier naturel n :

$$A^n = 2^n B + (-1)^n C.$$

Asie, juin 2015 — 5 pts — 1 heure

127 Équation diophantienne, Matrice, Nombres triangulaires

On dit qu'un entier naturel non nul N est un nombre triangulaire s'il existe un entier naturel n tel que :

$$N = 1 + 2 + \ldots + n.$$

Par exemple, 10 est un nombre triangulaire car $10 = 1 + 2 + 3 + 4$.
Le but de ce problème est de déterminer des nombres triangulaires qui sont les carrés d'un entier.
On rappelle que, pour tout entier naturel non nul n :

$$1 + 2 + \ldots + n = \frac{n(n+1)}{2}.$$

Partie A Nombres triangulaires et carrés d'entiers

1 Montrer que 36 est un nombre triangulaire, et qu'il est aussi le carré d'un entier.

2 **a.** Montrer que le nombre $1 + 2 + \ldots + n$ est le carré d'un entier si et seulement s'il existe un entier naturel p tel que :

$$n^2 + n - 2p^2 = 0.$$

b. En déduire que le nombre $1 + 2 + \ldots + n$ est le carré d'un entier si et seulement s'il existe un entier naturel p tel que :

$$(2n + 1)^2 - 8p^2 = 1.$$

EXERCICES

Partie B Étude de l'équation diophantienne associée

On considère (E) l'équation diophantienne $x^2 - 8y^2 = 1$, où x et y désignent deux entiers relatifs.

1 Donner deux couples d'entiers naturels inférieurs à 10 qui sont solution de (E).

2 Démontrer que, si un couple d'entiers relatifs non nuls (x, y) est solution de (E), alors les entiers relatifs x et y sont premiers entre eux.

Partie C Lien avec le calcul matriciel

Soit x et y deux entiers relatifs. On considère la matrice $A = \begin{pmatrix} 3 & 8 \\ 1 & 3 \end{pmatrix}$.

On définit les entiers relatifs x' et y' par l'égalité $\begin{pmatrix} x' \\ y' \end{pmatrix} = A\begin{pmatrix} x \\ y \end{pmatrix}$.

1 Exprimer x' et y' en fonction de x et de y.

2 Déterminer la matrice A^{-1}, puis exprimer x et y en fonction de x' et y'.

3 Démontrer que (x, y) est solution de (E) si et seulement si (x', y') est solution de (E).

4 On considère les suites (x_n) et (y_n) définies par $x_0 = 3$, $y_0 = 1$ et, pour tout entier naturel n, $\begin{pmatrix} x_{n+1} \\ y_{n+1} \end{pmatrix} = A\begin{pmatrix} x_n \\ y_n \end{pmatrix}$. On admet que, ainsi définis, les nombres x_n et y_n sont des entiers naturels pour toute valeur de l'entier n.
Démontrer par récurrence que, pour tout entier naturel n, le couple (x_n, y_n) est solution de (E).

Partie D Retour au problème initial

À l'aide des parties précédentes, déterminer un nombre triangulaire supérieur à 2015, qui est le carré d'un entier.

France métropolitaine, septembre 2013 — **5 pts** — 1 heure

128 Graphe probabiliste, Puissance d'une matrice, Suite

Les parties A et B peuvent être traitées indépendamment l'une de l'autre.

Dans un village imaginaire isolé, une nouvelle maladie contagieuse, mais non mortelle, a fait son apparition.

Rapidement, les scientifiques ont découvert qu'un individu pouvait être dans l'un des trois états suivants :
S « l'individu est sain, c'est-à-dire non malade et non infecté » ;
I « l'individu est porteur sain, c'est-à-dire non malade mais infecté » ;
M « l'individu est malade et infecté ».

Partie A

Les scientifiques estiment qu'un seul individu est à l'origine de la maladie sur les 100 personnes que compte la population et que, d'une semaine à la suivante, un individu change d'état suivant le processus suivant :

- parmi les individus sains, la proportion de ceux qui deviennent porteurs sains est égale à $\frac{1}{3}$ et la proportion de ceux qui deviennent malades est égale à $\frac{1}{3}$;
- parmi les individus porteurs sains, la proportion de ceux qui deviennent malades est égale à $\frac{1}{2}$.

La situation peut être représentée par un graphe probabiliste comme ci-dessous.

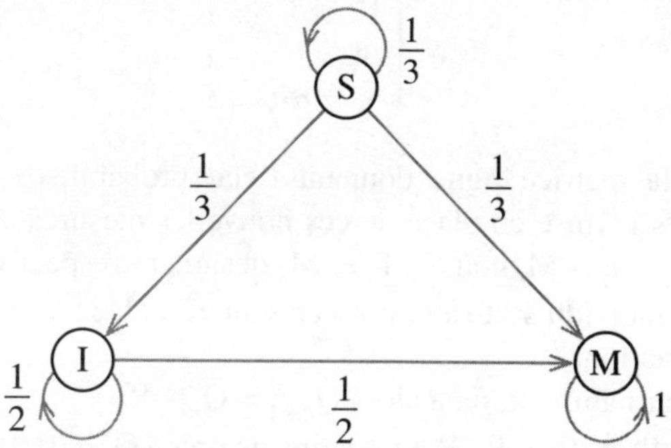

On note $P_n = (s_n \quad i_n \quad m_n)$ la matrice ligne donnant l'état probabiliste au bout de n semaines où s_n, i_n et m_n désignent respectivement la probabilité que l'individu soit sain, porteur sain ou malade la n-ième semaine.
On a alors $P_0 = (0{,}99 \quad 0 \quad 0{,}01)$ et, pour tout entier naturel n :

$$\begin{cases} s_{n+1} = \frac{1}{3}s_n \\ i_{n+1} = \frac{1}{3}s_n + \frac{1}{2}i_n \\ m_{n+1} = \frac{1}{3}s_n + \frac{1}{2}i_n + m_n \end{cases}$$

1 Écrire la matrice A appelée matrice de transition, telle que pour tout entier naturel n, $P_{n+1} = P_n \times A$.

2 Démontrer par récurrence que pour tout entier naturel n non nul :

$$P_n = P_0 \times A^n.$$

3 Déterminer l'état probabiliste P_4 au bout de quatre semaines. On pourra arrondir les valeurs à 10^{-2}.
Quelle est la probabilité qu'un individu soit sain au bout de quatre semaines ?

Partie B

La maladie n'évolue en réalité pas selon le modèle précédent puisqu'au bout de 4 semaines de recherche, les scientifiques découvrent un vaccin qui permet d'enrayer l'endémie et traitent immédiatement l'ensemble de la population.
L'évolution hebdomadaire de la maladie après vaccination est donnée par la matrice de transition :

$$B = \begin{pmatrix} \frac{5}{12} & \frac{1}{4} & \frac{1}{3} \\ \frac{5}{12} & \frac{1}{4} & \frac{1}{3} \\ \frac{1}{6} & \frac{1}{2} & \frac{1}{3} \end{pmatrix}.$$

On note Q_n la matrice ligne donnant l'état probabiliste au bout de n semaines après la mise en place de ces nouvelles mesures de vaccination. Ainsi $Q_n = (S_n \quad I_n \quad M_n)$ où S_n, I_n et M_n désignent respectivement la probabilité que l'individu soit sain, porteur sain et malade la n-ième semaine après la vaccination.
Pour tout entier naturel n, on a alors $Q_{n+1} = Q_n \times B$.
D'après la **partie A**, $Q_0 = P_4$. Pour la suite, on prend $Q_0 = (0{,}01 \quad 0{,}10 \quad 0{,}89)$ où les coefficients ont été arrondis à 10^{-2}.

1 Exprimer S_{n+1}, I_{n+1} et M_{n+1} en fonction de S_n, I_n et M_n.

2 Déterminer la constante réelle k telle que $B^2 = kJ$ où J est la matrice carrée d'ordre 3 dont tous les coefficients sont égaux à 1.
On en déduit que pour tout entier n supérieur ou égal à 2, $B^n = B^2$.

3 **a.** Démontrer que pour tout entier n supérieur ou égal à 2 :

$$Q_n = \begin{pmatrix} \frac{1}{3} & \frac{1}{3} & \frac{1}{3} \end{pmatrix}.$$

b. Interpréter ce résultat en terme d'évolution de la maladie.
Peut-on espérer éradiquer la maladie grâce au vaccin ?

Amérique du Nord, juin 2015 — 5 pts — 1 heure

129 Matrice inversible, Congruence

On donne les matrices :

$$M = \begin{pmatrix} 1 & 1 & 1 \\ 1 & -1 & 1 \\ 4 & 2 & 1 \end{pmatrix} \text{ et } I = \begin{pmatrix} 1 & 0 & 0 \\ 0 & 1 & 0 \\ 0 & 0 & 1 \end{pmatrix}.$$

Partie A

1 Déterminer la matrice M^2. On donne $M^3 = \begin{pmatrix} 20 & 10 & 11 \\ 12 & 2 & 9 \\ 42 & 20 & 21 \end{pmatrix}$.

2 Vérifier que $M^3 = M^2 + 8M + 6I$.

3 En déduire que M est inversible et que :

$$M^{-1} = \frac{1}{6}(M^2 - M - 8I).$$

Partie B Étude d'un cas particulier

On cherche à déterminer trois nombres entiers a, b et c tels que la parabole d'équation $y = ax^2 + bx + c$ passe par les points :

$$A(1\ ;\ 1),\ B(-1\ ;\ -1),\ C(2\ ;\ 5).$$

1 Démontrer que le problème revient à chercher trois entiers a, b et c tels que :

$$M\begin{pmatrix} a \\ b \\ c \end{pmatrix} = \begin{pmatrix} 1 \\ -1 \\ 5 \end{pmatrix}.$$

2 Calculer les nombres a, b et c et vérifier que ces nombres sont des entiers.

Partie C Retour au cas général

Les nombres a, b, c, p, q, r sont des entiers.

Dans un repère $(O\ ;\ \vec{i},\ \vec{j})$, on considère les points $A(1\ ;\ p)$, $B(-1\ ;\ q)$ et $C(2\ ;\ r)$. On cherche des valeurs de p, q et r pour qu'il existe une parabole d'équation $y = ax^2 + bx + c$ passant par A, B et C.

EXERCICES

1 Démontrer que si $\begin{pmatrix} a \\ b \\ c \end{pmatrix} = M^{-1}\begin{pmatrix} p \\ q \\ r \end{pmatrix}$, avec a, b et c entiers, alors :

$$\begin{cases} -3p + q + 2r \equiv 0\ [6] \\ 3p - 3q \equiv 0\ [6] \\ 6p + 2q - 2r \equiv 0\ [6] \end{cases}$$

2 En déduire que :

$$\begin{cases} q - r \equiv 0\ [3] \\ p - q \equiv 0\ [2] \end{cases}$$

3 Réciproquement, on admet que si $\begin{cases} q - r \equiv 0\ [3] \\ p - q \equiv 0\ [2] \\ \text{A, B, C ne sont pas alignés} \end{cases}$, alors il existe trois entiers a, b et c tels que la parabole d'équation $y = ax^2 + bx + c$ passe par les points A, B et C.

a. Montrer que les points A, B et C sont alignés si et seulement si :

$$2r + q - 3p = 0.$$

b. On choisit $p = 7$. Déterminer des entiers q, r, a, b et c tels que la parabole d'équation $y = ax^2 + bx + c$ passe par les points A, B et C.

Centres étrangers, juin 2016 — **5 pts** — 1 heure

130 Chiffrement de Hill, Congruence, Matrice

Le but de cet exercice est d'étudier, sur un exemple, une méthode de chiffrement publiée en 1929 par le mathématicien et cryptologue américain Lester Hill. Ce chiffrement repose sur la donnée d'une matrice A, connue uniquement de l'émetteur et du destinataire.

Dans tout l'exercice, on note A la matrice définie par :

$$A = \begin{pmatrix} 5 & 2 \\ 7 & 7 \end{pmatrix}.$$

Partie A Chiffrement de Hill

Voici les différentes étapes de chiffrement pour un mot comportant un nombre pair de lettres (page suivante).

Question : utiliser la méthode de chiffrement exposée pour chiffrer le mot « HILL ».

<table>
<tr><td>Étape 1</td><td>On divise le mot en blocs de deux lettres consécutives puis, pour chaque bloc, on effectue chacune des étapes suivantes.</td></tr>
<tr><td>Étape 2</td><td>On associe aux deux lettres du bloc les deux entiers x_1 et x_2, tous deux compris entre 0 et 25, qui correspondent aux deux lettres dans le même ordre, dans le tableau suivant :
<table>
<tr><td>A</td><td>B</td><td>C</td><td>D</td><td>E</td><td>F</td><td>G</td><td>H</td><td>I</td></tr>
<tr><td>0</td><td>1</td><td>2</td><td>3</td><td>4</td><td>5</td><td>6</td><td>7</td><td>8</td></tr>
<tr><td>J</td><td>K</td><td>L</td><td>M</td><td>N</td><td>O</td><td>P</td><td>Q</td><td>R</td></tr>
<tr><td>9</td><td>10</td><td>11</td><td>12</td><td>13</td><td>14</td><td>15</td><td>16</td><td>17</td></tr>
<tr><td>S</td><td>T</td><td>U</td><td>V</td><td>W</td><td>X</td><td>Y</td><td>Z</td><td></td></tr>
<tr><td>18</td><td>19</td><td>20</td><td>21</td><td>22</td><td>23</td><td>24</td><td>25</td><td></td></tr>
</table></td></tr>
<tr><td>Étape 3</td><td>On transforme la matrice $X = \begin{pmatrix} x_1 \\ x_2 \end{pmatrix}$ en la matrice $Y = \begin{pmatrix} y_1 \\ y_2 \end{pmatrix}$, vérifiant $Y = AX$.</td></tr>
<tr><td>Étape 4</td><td>On transforme la matrice $Y = \begin{pmatrix} y_1 \\ y_2 \end{pmatrix}$ en la matrice $R = \begin{pmatrix} r_1 \\ r_2 \end{pmatrix}$, où r_1 est le reste de la division euclidienne de y_1 par 26 et r_2 celui de la division euclidienne de y_2 par 26.</td></tr>
<tr><td>Étape 5</td><td>On associe aux entiers r_1 et r_2 les deux lettres correspondantes du tableau de l'étape 2.
Le bloc chiffré est le bloc obtenu en juxtaposant ces deux lettres.</td></tr>
</table>

Partie B Quelques outils mathématiques nécessaires au déchiffrement

1 Soit a un entier relatif premier avec 26.
Démontrer qu'il existe un entier relatif u tel que :

$$u \times a \equiv 1 \text{ modulo } 26.$$

2 On considère l'algorithme suivant :

Variables :	a, u, et r sont des nombres (a est naturel et premier avec 26)
Traitement :	Lire a
	u prend la valeur 0, et r prend la valeur 0
	Tant que $r \neq 1$
	u prend la valeur $u + 1$
	r prend la valeur du reste de la division euclidienne de $u \times a$ par 26
	Fin du Tant que
Sortie :	Afficher u

On entre la valeur $a = 21$ dans cet algorithme.

a. Reproduire sur la copie et compléter le tableau suivant, jusqu'à l'arrêt de l'algorithme.

u	0	1	2	…
r	0	21	…	…

b. En déduire que $5 \times 21 \equiv 1$ modulo 26.

3 On rappelle que A est la matrice $A = \begin{pmatrix} 5 & 2 \\ 7 & 7 \end{pmatrix}$ et on note I la matrice :

$$I = \begin{pmatrix} 1 & 0 \\ 0 & 1 \end{pmatrix}.$$

a. Calculer la matrice $12A - A^2$.

b. En déduire la matrice B telle que $BA = 21I$.

c. Démontrer que si $AX = Y$, alors $21X = BY$.

Partie C Déchiffrement

On veut déchiffrer le mot VLUP.

On note $X = \begin{pmatrix} x_1 \\ x_2 \end{pmatrix}$ la matrice associée, selon le tableau de correspondance, à un bloc de deux lettres avant chiffrement, et $Y = \begin{pmatrix} y_1 \\ y_2 \end{pmatrix}$ la matrice définie par l'égalité :

$$Y = AX = \begin{pmatrix} 5 & 2 \\ 7 & 7 \end{pmatrix} X.$$

Si r_1 et r_2 sont les restes respectifs de y_1 et y_2 dans la division euclidienne par 26, le bloc de deux lettres après chiffrement est associé à la matrice :

$$R = \begin{pmatrix} r_1 \\ r_2 \end{pmatrix}.$$

1 Démontrer que $\begin{cases} 21x_1 = 7y_1 - 2y_2 \\ 21x_2 = -7y_1 + 5y_2 \end{cases}$

2 En utilisant la question **B 2**, établir que :

$$\begin{cases} x_1 \equiv 9r_1 + 16r_2 \text{ modulo } 26 \\ x_2 \equiv 17r_1 + 25r_2 \text{ modulo } 26 \end{cases}$$

3 Déchiffrer le mot VLUP, associé aux matrices $\begin{pmatrix} 21 \\ 11 \end{pmatrix}$ et $\begin{pmatrix} 20 \\ 15 \end{pmatrix}$.

Antilles-Guyane, juin 2016 — 5 pts — 1 heure

131 Arithmétique, Algorithme, Matrice

Les parties A et B sont indépendantes.

Partie A

On considère l'équation suivante d'inconnues x et y entiers relatifs :

$$7x - 3y = 1 \text{ (E)}.$$

1 Un algorithme incomplet est donné ci-dessous. Le recopier et le compléter, en écrivant ses lignes manquantes (1) et (2) de manière à ce qu'il donne les solutions entières $(x\,;\,y)$ de l'équation (E) vérifiant :

$$-5 \leq x \leq 10 \quad \text{et} \quad -5 \leq y \leq 10.$$

```
Variables :   X est un nombre entier
              Y est un nombre entier
Début :       Pour X variant de –5 à 10
                 (1)..................
                      (2)..................
                      Alors Afficher X et Y
                      Fin Si
                 Fin Pour
              Fin Pour
Fin
```

2 **a.** Donner une solution particulière de l'équation (E).

b. Déterminer l'ensemble des couples d'entiers relatifs solutions de l'équation (E).

c. Déterminer l'ensemble des couples $(x\,;\,y)$ d'entiers relatifs solutions de l'équation (E) tels que :

$$-5 \leq x \leq 10 \text{ et } -5 \leq y \leq 10.$$

Partie B

Le plan est rapporté à un repère orthonormé $(O\,;\,\vec{u}, \vec{v})$.

On considère la droite $\mathcal{D}$ d'équation :

$$7x - 3y - 1 = 0.$$

On définit la suite (A_n) de points du plan de coordonnées $(x_n\,;\,y_n)$ vérifiant pour tout n entier naturel :

$$\begin{cases} x_0 = 1 \\ y_0 = 2 \end{cases} \quad \text{et} \quad \begin{cases} x_{n+1} = \dfrac{-13}{2}x_n + 3y_n \\ y_{n+1} = \dfrac{-35}{2}x_n + 8y_n \end{cases}$$

1 On note M la matrice $\begin{pmatrix} \frac{-13}{2} & 3 \\ \frac{-35}{2} & 8 \end{pmatrix}$.

Pour tout entier naturel n, on pose $X_n = \begin{pmatrix} x_n \\ y_n \end{pmatrix}$.

a. Montrer que, pour tout entier naturel n, $X_{n+1} = MX_n$.

b. Sans justifier, exprimer pour tout entier naturel n, X_n en fonction de M^n et X_0.

2 On considère la matrice $P = \begin{pmatrix} -2 & -3 \\ -5 & -7 \end{pmatrix}$ et on admet que la matrice inverse de P, notée P^{-1}, est définie par $P^{-1} = \begin{pmatrix} 7 & -3 \\ -5 & 2 \end{pmatrix}$.

a. Vérifier que $P^{-1}M\,P$ est une matrice diagonale D que l'on précisera.

b. Pour tout entier naturel n, donner D^n sans justification.

c. Démontrer par récurrence que, pour tout entier naturel n :

$$M^n = P\,D^n\,P^{-1}.$$

3 On admet que, pour tout entier naturel n, $M^n = \begin{pmatrix} -14 + \frac{15}{2^n} & 6 - \frac{6}{2^n} \\ -35 + \frac{35}{2^n} & 15 - \frac{14}{2^n} \end{pmatrix}$.

En déduire, pour tout entier naturel n, une expression de x_n et de y_n en fonction de n.

4 Montrer que, pour tout entier naturel n, le point A_n appartient à la droite $\mathcal{D}$.

MIXTE
Papier issu de sources responsables
FSC
www.fsc.org
FSC® C022030

Nathan est un éditeur qui s'engage pour la préservation de son environnement et qui utilise du papier fabriqué à partir de bois provenant de forêts gérées de manière responsable.

Dépôt légal : août 2018 - N° de projet : 10244684
Imprimé en France par Maury-Imprimeur
45330 Malesherbes
N° d'imprimeur : 228919